L'OPTIQ

ET LA

CATOPTRIQVE

DV

REVEREND PERE MERSENNE
MINIME.

NOVVELLEMENT MISE EN LVMIERE,
aprés la mort de l'Autheur.

A PARIS,

Chez la veufue F. LANGLOIS , dit CHARTRES, ruë
S. Iacques, aux Colomnes d'Hercule.

M. DC. LI.

Auec Priuilege du Roy.

ADVERTISSEMENT
DE L'IMPRIMEVR
AV LECTEVR.

CEt aduertiſſement eſt à deux fins. L'vne, pour faire ſçauoir que c'eſt icy le dernier œuure du Reuerend Pere Merſenne Religieux de l'ordre des Minimes du Conuent de Paris, tres celebre pour ſa haute Doctrine, & connu de tous les ſçauans de ce ſiecle, tant dedans que dehors le Royaume; au grand regret deſquels il eſt mort au commencement de Septembre 1648. laiſſant ces deux petits traitez de l'Optique, & de la Catoptrique, à peu prés acheuez, & leur impreſſion commencée, mais qui pour quelques conſiderations, n'a pû eſtre pourſuiuie iuſques à maintenant.

L'autre fin eſt pour purger ce grand homme de l'accuſation formée contre luy apres ſa mort, par le Reuerend Pere Alphonſe Antoine de Saraza de la compagnie des Ieſuiſtes; qui dans vn petit œuure Latin imprimé à Anuers en 1649. pretend que c'eſt ſans raiſon & mal à propos, meſme contre les loix de la Geometrie, que noſtre R.P. Mers. dans ſon œuure des reflexiós Phyſico-mathematiques, a repriſe ſa pretenduë quadrature du cercle publiée par le Reuerend Pere Gregoire de S. Vincent de la meſme compagnie des Ieſuiſtes, dans ſon gros œuure Latin imprimé au meſme lieu en 1647. & intitulé de ce titre illuſtre *De quadratura Circuli.*

Chacun ſçait combien la propoſitió de la quadrature du cercle eſt celebre entre les Geometres: c'eſt pourquoy les noſtres la voyant promiſe au frontiſpice d'vn liure qui partoit d'vne telle main, ils le leurent auec toute l'attention que merite le ſujet: mais n'y trouuans point ce que leur promettoit vn titre ſi magnifique, cela leur dépleut.

Toutefois, le R.P.M. les ayant priez de luy en dóner leur iugemét clair & net, & tel qu'ils le voudroiét publier en vn beſoin, ils luy dirent que l'œuure contenoit quátité de fort belles propoſitiós, où il y auoit pourtát quelque peu à reprédre; & que l'auteur

auoit fort trauaillé à la recherche de la quadrature du cercle, &
de l'hyperbole: mais que n'en ayant trouué aucune des deux,
il n'auoit pas laiffé de donner le titre fpecieux de la quadrature
du cercle, aux efforts qu'il auoit faicts fur ce fujet; quoy que nj
pour celle cy, nj pour l'autre, il ne donnâft rien qui puft foulager les Geometres, puis que quand il n'y auroit autre chofe
à redire dans fon œuure, il reduïfoit ces quadratures à d'autres propofitions autant ou plus difficiles, peut eftre, que les
quadratures mefmes : fçauoir de comparer entre elles deux
raifons, & donner deux termes connus, comme deux lignes
droites, de telle forte que l'antecedent foit au cófequent comme l'vne des raifons eft à l'autre : qui eft autant que de deman-
der la conftruction des Logarithmes en lignes droites, à la rigueur Geometrique, ce que perfonne n'a encore trouué iufques à maintenant.

Pour éclaircir dauantage ce iugement, nos geometres don-
nerent au R. P. Mers. cét exemple tiré des Logarithmes communs, & qui eftant vn des cas les plus fimples de ce genre, fait
d'autát mieux voir la difficulté des autres plus embaraffez. Eftát
propofée la raifon de 100 à 1, & celle de 2 à 1; & affignant à 100
pour logarithme, vne ligne droite de 250000 mefures, & à 1,
vne ligne droite de 50000 mefures, ce qui eft libre; fi on de-
mandoit exactement & à la rigueur geometrique, la ligne droite qui feroit le Logarithme de 2. ou, ce qui reuient à vn mefme
but; fi ayant prife la difference des deux Logarithmes donnez,
qui eft de 200000 mefures; & la pofant pour le Logar. de la raifon de 100 à 1; on vouloit trouuer la difference des Logarithmes
de 2, & 1, laquelle difference feroit le Logar. de la raifon de 2
à 1. il eft certain qu'en cét exemple, par le calcul vulgaire contenu dans les tables qui ne font qu'à peu prés du iufte; (& où le
Logar. de l'vnité eftant o, les Logarithmes des nombres naturels, font immediatement les differences entre les mefmes Logarithmes & celuy de l'vnité; & en confequence, les mefmes
Logar. font à peu prés entre-eux, cóme les raifons qu'ont les
nombres naturels, à l'vnité) le Logarit. demandé feroit énui-
ron de 30103. mefures. Mais il eft affeurement vn peu plus grand
qu'il ne faut: & de le donner iufte à la rigueur geometrique,
c'eft la propofition qu'ils ont prononcée eftre autant ou plus
difficile, peut eftre, que les quadratures dont eft queftion: que
s'il eftoit dans cette rigueur, on feroit affeuré que la premiere
difference 200000 feroit à celle cy 30103, de mefme que la
raifon de 100 à 1, eft à la raifon de 2 à 1.

La difficulté eft encore plus grande, quand les termes des
raifons propofées, font irrationaux incommenfurables entre-
eux & à la mefure expofée, qui reprefente ordinairement l'vni-

té, & qu'ils ne sont point tous contenus dans vne mesme progression de grandeurs continuellement proportionelles. Mais
l'exemple donné suffit à ceux qui sont entendus en la doctrine
des Logarithmes.

Que si les deux raisons proposées n'ont pas vn mesme terme
commun, tel qu'est le terme 1 aux precedentes; la question se
resoudra encore de mesme, mais à deux fois. Comme si estans
proposées les raisons de 100 à 1, & de 3 à 2; & assignant à 100, & à
1, les logar. 250000, & 50000. ou prenant leur differéce 200000
pour le logar. de la raison de 100 à 1 ; on demande le log. de la
raison de 3 à 2. il faudra premierement trouuer le logar. de la
raison de 2 à 1, qui est enuiron 30103: puis le logar. de la raison de
3 à 1, qui est enuiron 47712. De ces deux logar. la difference 17-
609 sera enuiron le logar. de la raison de 3 à 2. & lors on pro-
noncera que la raison de 100 à 1, est à la raison de 3 à 2, enuiron
comme 200000 à 17 609.

Remarquez donc cette condition essentielle, & vniuerselle
des logar. d'exprimer par les raisons qu'ils ont entre-eux, celles
de deux, ou plusieurs autres raisons comparées entre elles; soit
que ces raisons comparées soient commensurables, ou incommensurables. Ainsi la raison du logar. 200000 au logar. 1000-
00, exprime celle de la raison de 100 à 1, comparée à la raison de
10 à 1; dont la premiere est doublée de la secóde, comme le premier logar. est double de l'autre : & ces deux raisons sont commensurables, comme leurs logar. De mesmes, la raison du lo-
garitme 100000, au logar. 17609, exprime à peu prés celle de la
raison de 10 à 1, comparée à la raison de 3 à 2. le dis à peu prés: car
le logar. 17609 n'est pas iuste, estant vn peu moindre qu'il ne
faut ; & le iuste seroit incomméfurable au logar. 100000; comme la raison de 10 à 1. est incommensurable à la raison de 3 à 2.

Cette remarque seruira pour faire comprendre la beueuë du
R. P. de Saraza, qui n'attribuë des logar. qu'aux grandeurs dont
les raisons sont commensurables : Beueüe qui luy a caché le
sens du R. P. Mers. dans sa censure ; & qui luy a fait dire qu'elle
n'estoit pas geometrique.

Le R. P. Mers. ayant ce iugement de nos geometres, dont
quelques-vns viuent encore, qui s'en souuiennent fort bien ; &
d'autres tres celebres sont morts, cóme luy mesme ; il ne fit aucune difficulté de publier que la quadrature dont il s'agit, n'est
non plus resoluë que ce probleme, auquel elle est reduite par
son auteur, sinon directement, au moins par vne interpreta-
tion tres facile.

Estans données trois grandeurs commensurables ou incommensurables ; & les logar. de deux: trouuer le logar. de la troisiesme.

á iiij

L'auteur vit cette cenfure, mais il la iugea indigne de réponfe, à ce que nous affeure le R. P. de Saraza; qui fut pourtant d'auis contraire, pour vne raifon qu'il allegue, auec affez de mepris de noftre R. P. Mers. difant que le contenu de la cenfure, pouuoit eftre du tout meprifé; & qu'il l'eftoit en effet par les perfonnes doctes: que s'il répondoit, le feul motif de fa réponfe, eftoit de crainte que le filence ne paffaft auprés des ignorans, pour vn adueu de la faute découuerte.

En fuite, le mefme R. P. de Saraza pofe pour fondement de fon entreprife, cette condition defectueufe des logarithmes, que nous auons déja remarquée; fçauoir qu'ils n'appartiennent legitimement qu'à des grandeurs continuellement proportionelles; & en confequence, qu'à des raifons commenfurables: puis fur ce fondement, il baftit fa pretenduë folution du problême du R. P. Mers. c'eft à dire, de nos Geometres; le determinant premierement à fa mode; & montrant de la mefme forte qu'il peut eftre impoffible; & en fin, il conclut qu'il a efte mal propofé.

Mais comme fon fondement eft ruineux, fon batiment tombe de luy mefme: & il ne faut que deux mots de refponfe à tout fon difcours de dix propofitions contenuës en 13 pages: fçauoir qu'il propofe fes propres penfées, touchant les logarithmes, pour les combatre; & non pas celles de nos Geometres: & ainfi il refute fon propre fens, & non pas le leur qui eft tout autre.

Dans fon fens, le problême feroit impoffible toutes les fois que les grandeurs propofées ne fe trouueroient point contenuës dans quelque lifte ou progreffion de grandeurs continuellement proportionelles; du nombre defquelles chacune des données doit eftre, felon luy, pour rendre le probleme poffible; foit qu'elles fe fuiuent d'ordre immediatement l'vne aprés l'autre dans la progreffion; ou qu'il en ait tant d'autres qu'on voudra entremélées. Et ainfi, dans le mefme fens, les raifons des mefmes grandeurs, doiuent eftre commenfurables: & par confequent auffi, les logarithmes de ces raifons, (ce font les differences des logarithmes des grandeurs) deuroient eftre commenfurables. D'où il arriueroit dans les nombres, que donnant à l'vnité vn logar. & vn autre au nombre 10, comme on fait vulgairement pour la conftruction des tables; il n'y auroit que les nombres de la proportion denaire, & leurs moyens proportionaux, qui euffent de veritables logar. comme 100, 1000, 10000, Rq. de 10, Rc. de 10, & cæ. tous les autres nombres, fçauoir 2, 3, 4, 5, 6, 7, 8, 9, 11, & cæ. tant entiers, que rompus, rationaux, ou irrationaux, n'en auroient point de veritables, ny rationaux, ny irrationaux.

Au contraire, dans le fens de nos Geometres, iamais le probleme n'est impossible. Car les grandeurs données ayans quelques raisons entre elles, ces raisons pourront estre comparées; & leur comparaison s'expliquera par les differences des logar. des grandeurs; comme aux exemples expliquez cy deuant.

Or qu'il soit tousiours possible dans ce sens, le R. P. de Saraza le demontre luy mesme, sans y penser, par les espaces hyperboliques, qui expriment à la rigueur geometrique, les logarithmes de toutes les grandeurs, & de leurs raisons, tant commensurables, qu'incommensurables: & rien ne l'a empesché de la voir, sinon la preoccupation des continuellement proportionelles, ausquelles seules il vouloit attribuer des logar. Et qui auroit donné des lignes droites qui fussent entre-elles en mesmes raisons que tous ces espaces hyperboliques commensurables & incommensurables, auroit donné les logar. à la rigueur geometrique; & en consequence, il auroit comparé toutes les raisons des grandeurs à qui appartiendroient ces logar. & enfin (supposé qu'il n'y eust rien autre chose à redire dans l'Oeuure du R. P. de S. Vincent) il auroit la quadrature, tant du cercle, que de l'hyperbole. Mais de la tenter par ce biais, il est à craindre que ce ne soit vouloir resoudre vne difficulté par vne autre plus grande, suiuant le sentiment de nos geometres, & du R. P. Mersenne, qui n'oste pourtant à personne la liberté de s'y exercer; veu que tous les exercices de ce genre, quand ils n'obtiendroient pas leur fin principale, produisent d'ordinaire des fruits inopinez tres beaux, & dignes de la peine qu'on y a employée: & il y à apparence que ces belles connoissances contenuës dans l'oeuure du R. P. de S. Vincent, sont les fruits d'vne pareille culture.

Pour conclusion. Puis que les lois de la logique veulent que tant pour resoudre, que pour refuter vne proposition, elle soit prise dans le veritable sens du proposant; il paroit clairement que le R. P. de Saraza n'a ny resolu, ny refuté la proposition du R. P. Mersenne. Il paroit aussi par ce qui a esté dit cy dessus, qu'elle n'est iamais impossible. Et en fin, il éuident qu'elle ne contient rien qui soit contre les regles obseruées de tout temps en la geometrie. Au contraire; en ce point, ces regles sont si fauorables au proposant, que quand sa question seroit impossible, ou sujette à quelque determination; il n'est point obligé de le specifier; & c'est à celuy qui en entreprent la solution, de la determiner, ou en demontrer l'impossibilité; n'ayant aucun droit de rien reprocher au proposant, sur ce sujet. Que s'il y auoit eu de l'impossibilité au probleme du R. P. Merf. (ce qui n'est point) & que la proposition du R. P. de S. Vincent fust tombée dans le cas de cette impossibilité; ses quadratures auroient esté impossibles; & le probleme auroit tousiours subsisté dans les lois de la geometrie.

Sur le fujet de la mefme cenfure du R. P. Merf. nous auons
auffi veu vne feüille volante Latine imprimée à Cologne, dont
l'Auteur ne prend autre qualité que le nom de *Richardus Chidlæus*
Scotus. Mais pource qu'elle ne contient que de pures injures contre noftre R. P. fans aucun point de doctrine, l'Auteur ne merite
autre refponfe, finon qu'à l'auenir il faut qu'il écriue en honnefte
homme, s'il veut qu'on faffe quelque cas de luy.

TABLE
DES PROPOSITIONS
CONTENVES AVX DEVX
LIVRES SVIVANS.

ẽ

DE LA CATOPTRIQVE.

PREMIERE PROPOSITION.

FIN.

LIVRE

LIVRE PREMIER

DE

L'OPTIQVE.

'O N a eu iufques à prefent vne fi grande multitude de penfées pour expliquer ce que nous appellons lumiere, qu'il eft, ce femble, difficile d'y ajoû-
ter ; car les vns ont penfé qu'elle eftoit l'ame du
monde, qui departoit les ames particulieres à chaque animal; à quoy l'on peut raporter l'opinion de
ceux qui difent qu'elle a plus d'eftre, ou d'effence
qu'aucune autre chofe corporelle creeé, ou qu'elle eft fpirituelle,
ou qu'elle eft moyenne proportionelle entre les chofes corporelles
& fpirituelles.

Les autres ont creu qu'elle eftoit vne qualité tres-excellente,
mais parce que ce mot de *qualité* ne nous imprime point de notion
affez claire & diftincte, ie prefere la penfée qui l'exprime par le
mouuement, tres-jufte d'vne matiere fluide, dont le Soleil eft compofé, ou qu'il contient en foy, & laquelle il meut en rond, afin qu'e-
le pouffe la matiere cœlefte, qui l'enuironne de tous coftez, & qui
remplit tous les pores des plus groffiers.

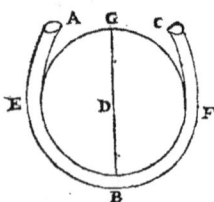

Or l'on peut conceuoir ce mouuement en
plufieurs façons, par exemple, en imaginant
que le Soleil, ou vn autre luminaire, pouffe &
preffe ladite matiere cœlefte, comme les parties
fuperieures de l'eau enfermées dans le tuyau A
BC (qui embraffe la terre D, & qui eft remply
d'eau iufques en C, & A) preffent les parties
d'en bas quoy que tres-efloignées. Car fi l'on met vne goute d'eau,
dans le goulet C, elle ébranlera toute l'eau de ce tuyau, & en fera
tombervne goute par le bout A, quoy qu'il y ait 8000. lieües depuis
C, iufques à A, en allant par FBE: & la mefme chofe arriueroit quoy

A

qu'il y euſt autant de chemin d'A à B ou à C comme dans le tour du firmament.

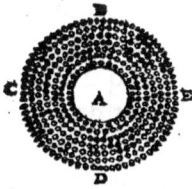

L'on peut donc penſer que le Soleil imaginé en A, eſt remply d'vne matiere liquide, laquelle tornant autour de ſon centre preſſe toutes les matieres cœleſtes BDCE, qui l'enuironnent en forme de petites boules, dont chacune eſt moindre que la centmillieſme partie du moindre grain de ſable qu'on puiſſe voir auec nos meilleurs microſcopes: & que ces petites boules pouſſées en droite ligne, comme la pierre qu'on torne dans vne fonde, (qui eſſaye touſiours à s'echaper pour continuer ſon mouuement en droite ligne par la tangente du cercle que fait la fonde, comme i'expliqueray plus au long dans vn autre lieu.) produiſent la lumiere que nous aperceuons icy; laquelle ne paroiſt plus lors qu'elle ceſſe d'auoir ce mouuement droit, à l'égard de nos yeux, c'eſt à dire lors qu'on ne peut mener vne ligne droite de l'œil au Soleil, ſans aucun empeſchement des corps opaques, qui ne permettent pas que ſon action vienne à nous par vne ligne droite, parce qu'elle interromp l'action des parties celeſtes.

L'eau qui remplit vn vaiſſeau où il y a pluſieurs pierres, & autres choſes rondes, ou meſme d'autres ſortes de figures, & qui preſſe le fond dudit vaſe auſſi fort que ſi elle le rempliſſoit toute ſeule, peut faire comprendre comme la matiere celeſte qui eſt centmillefois plus liquide que l'eau, & beaucoup plus ſubtile que l'air, paſſe à trauers les moindres pores de nos corps ſenſibles, tant durs que mols; Et lors que cette matiere a touſiours vne telle communication que ſes petites boules ſe touchent, les corps où elle ſe trouue en cette diſpoſition, ſont diafanes; & quand elle n'a pas cette communication de parties, le corps eſt dit opaque, parce qu'il ne tranſmet pas l'action du Soleil, ou le mouuement de la matiere ſubtile iuſques à nos yeux.

Il y a encore vne autre penſée de la lumiere, à ſçauoir qu'elle eſt vne emiſſion de petites boulettes qui ſont perpetuellement pouſſées du Soleil iuſques à nous, d'vne ſi grande viteſſe, que nous la prenons pour vn momét: mais il eſt neceſſaire qu'elle paſſe par tous les petits vuides qu'on peut imaginer dans les corps diafanes, qui ſont depuis le Soleil, les eſtoiles, ou les autres luminaires iuſques à nous: & qu'elle diſtille, & ſorte du Soleil comme l'eau ſort d'vn canal plein d'eau par vn trou fait au bas, laquelle eſt pouſſée en ligne droite par la force de celle qui la preſſe depuis le haut dudit tuyau, ou comme celle qui iaillit en haut dans les iets ordinaires; & qui n'a plus de force de iaillir, quand on ferme les tuyaux; ce qui arriue à la lumiere par l'interpoſition des corps opaques qui empeſchent qu'elle ne coule dans nos yeux.

Chacun ſuiura ce qui luy plaira dauantage, car il ſuffit que l'on demeure d'acord des proprietez de la lumiere pour entendre l'optique, c'eſt pourquoy ie les explique icy; ceux qui voudront ſçauoir tout ce qu'on a medité iuſques à preſent de la nature de cette lumiere, peuuent lire la Philoſophie de François Patrice, les Paralipomenes de Kepler, le liure de la lumiere de M. de la Chambre, qui donne auſſi lumiere à l'amour d'inclination, & au debordement du Nil: la Dioptrique & les principes de la Philoſophie de M. des Cartes, qui a donné de nouuelles penſées de la lumiere, & qui tient que s'il y auoit du vuide au lieu où eſt le Soleil, nous verrions neanmoins la meſme lumiere, que nous voyons maintenant, comme il remarque à la 176. page de ſes principes, à cauſe du tourbillon de la matiere ſubtile.

L'on peut auſſi lire le liure de la lumiere de M. Boüillaud, & ce qu'en enſeigne M. Gaſſendi ſur le 10. liure de Diogene Laërce, ſans parler de ce que i'en ay dit dans la Balliſtique, & à la fin de l'Optique, parce que ie l'expliqueray dans la Dioptrique: & de ce que l'on en trouue dans la grande queſtion de la lumiere ſur le 3 verſet du 1. chapitre de la Geneſe, où i'ay expliqué 50 proprietez de la lumiere.

l'aioûte ſeulement qu'Ariſtote au 2. liure de l'ame, chapitre 7. ſemble auoir la meſme penſée de la matiere ſubtile, ou étherée, qui fait le diafane, dont ledit mouuement, ou comme il parle, *l'energie* eſt la lumiere: de ſorte que quand le mouuement de cette matiere ceſſe, nous ſommes en tenebres, qu'il dit eſtre le mouuement en puiſſance de cette meſme matiere celeſte.

Et peut eſtre que ſi l'on medite la Philoſophie d'Ariſtote, on y pourra trouuer les meſmes penſées dont on vſe maintenant dans pluſieurs nouuelles Philoſophies, qui commencent à naiſtre; ce qui n'eſt pas incroyable, puis que chaque Philoſophe eſſaye à trouuer la verité, & les veritables raiſons des aparences: & parce que tous les eſprits ſont de meſme eſpece, ils ſe rencontrent ſouuent en meſmes penſées, bien qu'ils les expliquent en des façons differentes. Voyons les proprietez de la lumiere, dont on demeure d'acord, iuſques à ce que ie parle plus amplement de ſa nature.

PREMIERE PROPOSITION.

Le Soleil, & les autres luminaires rempliſſent tout le monde de leurs rayons, qu'ils enuoyent également de tous coſtez.

CEtte propoſition contient la premiere proprieté de la lumiere, d'où toutes, ou pluſieurs autres dependent, car il s'enſuit que le rayonnement de chaque luminaire produit vne ſphere de lumiere tout autour de ſoy (ce que les Latins diſent, *radiare in orbem*) de ſorte qu'il n'y a point de lieu au monde, d'où l'on puiſſe tirer vne ligne droite au luminaire, que ce lieu n'en foit illuminé.

Ce que l'on entendra mieux par cette figure L Q E L, qui reprefente l'vn des grands cercles de la fphere du monde, lequel ie confidere fini ou infini; par exemple, foit le luminaire A, au centre de
ce monde (comme quelques-vns y mettent le Soleil): & qu'AB foit
le rayon du firmament; c'eft à dire la diftance du centre du monde
iufques aux eftoiles, qui contient pour le moins quatorze mil fois
la diftance du centre de noftre terre à fa circonference. Ie dis que
le rayon du Soleil va iufques en B, & que fi B C eft encore vn autre
corps diafane, le rayon A B s'y eftend, car ie ne connois aucune
chofe que les corps opaques, qui empefchent le rayonnement, ou
l'irradiation.

Et ceux qui croyent que le rayon a quelque terme, au delà duquel il ne peut aller, s'apuyent fur l'effay de leurs yeux, parce qu'ils
ne voyent plus la lumiere d'vne chandelle, lors quelle eft trop éloignée: mais ils fe defabuferont eux mefmes, s'ils vfent d'vne bonne
lunette de longue veuë; & comme ceux qui ne peuuent voir les 4.
compagnons de Iupiter, qu'on nomme les eftoiles Iouiales, & qui
difent qu'elles n'ont pas la force d'enuoyer leurs rayons iufqu'à
nous, confeffent leur erreur, quand ils les voyent auec lefdites lunettes, de mefme chacun doit penfer que la feule raifon qui nous
empefche de voir les luminaires trop éloignez, vient de la foibleffe
de noftre veuë, ou de ce qu'elle ne reçoit pas affez de leurs rayons
pour nous le faire aperceuoir.

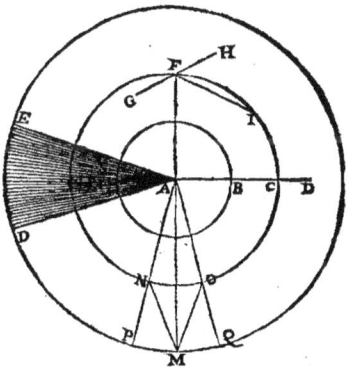

Supofons, par exemple, que le
luminaire A enuoye le feul rayon A
M au point M, & que l'œil mis en M
ne puiffe voir A par ce feul rayon, &
qu'il falle trois rayons pour donner
affez de force à l'œil pour le voir, ie
dis qu'il le verra fi les deux rayons A
P, & A Q s'affemblent auec le premier rayon au point M; ce qui ari-
uera par le moyen du verre conuexe de la lunette N O, qui flechira
lefdits rayons par les lignes NM & OM, de maniere que le feul ra-
mas des rayons fait voir que la lumiere ne fe perd point, & qu'il n'y
a point de lieu d'où l'on puiffe tirer vne ligne droite iufques au
corps lumineux, qui ne foit illuminé par vn, ou plufieurs rayons,
ou mefmes par vne infinité de rayons: par exemple, la flamme de la
chandelle mife au point A, enuoye tous les rayons ADE en DE, &
ces rayons font en auffi grand nombre que les lignes qui fe peuuent tirer, ou conceuoir depuis A iufques à D E, c'eft à dire qu'ils
font innombrables, ou infinis en nombre; & partant que s'ils
eftoient continuez bout à bout, ils feroient vne ligne infinie de
lumiere.

Le rayonnement ADE doit estre conçeu non seulement par tout ce cercle ; mais aussi dans toute la solidité de la sphere dont elle est vn des plus grands cercles, de sorte que chaque point Physique de lumiere, ou chaque point du luminaire produit vn solide de lumiere égal à tout le solide du monde.

Or cette figure fait encore conceuoir que si le cercle FCN bornoit le monde, & qu'il n'y eust plus rien qu'vn espace imaginaire, ou vn vuide par delà, representé par l'ourlet KFLODFK, le rayon AC passeroit oûtre, vers DCL, ou se determineroit au point C, d'où il se reflechiroit en A. Et si l'on s'imagine que le commencement de ce vuide, ou la fin du mônde ait la forme d'vn miroir plan GH, le rayon AF, qui tombant sur la surface du miroir concaue FI, dont le centre est en A, se reflechiroit sur soy-mesme de F en A, se reflechira de F en I à cause de l'inclination du miroir plan GH, & des angles égaux GFA, & IFA.

Il est certain que si oûtre ce que Dieu a creé (à sçauoir tout ce qui est compris par la derniere surface de la sphere representée par la circonference FCO) il n'y a nul espace, le rayon AC, ou A F ne ne peut passer par delà, puis qu'on supose qu'il n'y a plus rien, & par consequent qu'il n'y a point de par delà : de sorte que le Neant auroit la mesme proprieté de reflechir que le corps opaque.

Ie laisse la question qu'on fait si le pur espace a besoin de creation, ou s'il depéd de Dieu d'vne autre sorte que de la cause efficiente ; ou si c'est l'immensité mesme, qui est de toute eternité ; ce qui releueroit la Geometrie par dessus les autres sciences, car elle considere son espace comme vne immensité, & ne luy donnant point de bornes conclud suiuant la pensée de quelques-vns, qu'il est indiuisible, parce qu'il est infini : quoy que les autres le croyent diuisible, dont ie parleray plus au long dans vn autre lieu.

Lors que ie dis que la lumiere rayonne également de tous costés ie la considere vniforme, & homogene, ou de mesme nature en toutes ses parties, afin qu'on n'obiecte pas que la flamme du feu, ou des chandelles n'esclaire pas si fort en haut qu'à costé, car ie sçay que la fumée & les autres vapeurs l'empeschent plus d'vn costé que d'autre, or il n'est icy besoin que de considerer vn point de lumiere, sans fumée, & sans aucun autre empeschement.

PROPOSITION II.

La lumiere ne vient pas seulement du centre, mais aussi de chaque point de la surface lucide des luminaires.

IL est certain que le rayon, qu'on appelle *central*, a plus de vigueur que ceux qui viennent des autres points du luminaire, parce qu'il est le plus court, & qu'il se dissipe moins : par exemple, soit A le centre du corps lumineux IOQMSGI, le rayon AB eſt appellé central à l'égard de l'œil B; & ſi la prunele de l'œil eſt auſſi large que BD, comme elle eſt ordinairement, les rayons A D, & A C, qui viennent du centre A, ſeroient en plus forte que les rayons R D, & T C, qui viennent des points R & T de la ſurface; ce qu'on peut experimenter en regardant le Soleil, dont le diſque eſt couuert d'vne cheminée, d'vn pan de muraille, ou de tel autre corps qu'on voudra, car ſi l'on aperçoit ſeulement le coſté du Soleil SYV, l'œil ſuporte ayſement la lumiere qui pareſt aſſez foible. Et ſi l'on cache tout le Soleil, excepté la grandeur aparente d'vn denier, ou d'vn point, priſé vers ſon centre A, la lumiere pareſtra ſi viue que l'œil ne pourra quaſi la ſuporter.

Les lignes PQ, & RS, montrent que les points R e P, & par conſequent chaque autre point de toute la ſurface du luminaire enuoyent des rayons en tous les lieux auſquels on peut tirer des lignes droites deſdits points, & par conſequent fait vne ſphere de lumiere, de ſorte que l'on peut conceuoir autant de ſpheres lumineuſes comme de points, quoy que toutes enſemble elles ne faſſent que la ſphere vniuerſelle du luminaire.

Or plus les points ſont éloignez du centre A, & moins ils ont de force, tant parce qu'ils s'eloignent dauantage de l'œil, que par ce qu'ils n'agiſſent qu'obliquement. C'eſt pourquoy l'on peut leur apliquer la raiſon des peſanteurs qu'ont les corps ſur les plans differemment inclinez, dont la plus grande eſt de ceux qui peſent à plon ou perpendiculairement: quoy qu'il ſuffiſe icy de conſiderer tous les rayons comme s'il ſortoient du centre du luminaire, particulierement quand on parle des eſtoiles, qui ne pareſſent que comme des points Phyſiques, ou du Soleil qui ſe void ſous l'angle de demy degré: d'où il arriue que leurs rayons venans de leur centre iuſques à nous, quoy qu'ils faſſent des angles aigus, peuuent neanmoins eſtre pris comme s'ils eſtoient paralleles, parce que leur éloignement, ou leur difference du parallelifme n'eſt pas ſenſible, comme l'on auouëra ſi l'on fait vn angle de deux lignes droites égales au rayon du ciel du Soleil, qui n'ait qu'vne minute, ou demi degré d'ouuerture: ce que i'expliqueray plus au long dans la Catoptrique.

COROLLAIRE.

L'on peut experimenter auec vn morceau de bois, ou d'autre ma-

tiere, où il y ait vn trou de la groſſeur d'vne teſte d'epingle, ou d'v-
ne ligne ſi la partie du Soleil qu'on regardera vers le centre A, par
ledit trou, ſera plus lumineuſe, & de combien, qu'vne partie égale
priſe vers VR : & il eſt aiſé de prendre telle partie ſenſible du Soleil
qu'on voudra, parce que le trou en fait voir d'autant moins qu'on
l'éloigne dauantage de l'œil, qui void le Soleil tout entier quand
ledit trou en eſt proche ; & qui n'en void que comme vn point,
quand il en eſt fort éloigné. Et ſi l'on a peur de ſe gaſter l'œil, il eſt
aiſé de faire tomber la lumiere des deux ſuſdites parties du Soleil
par deux trous égaux & également éloignez du papier, ou d'vn autre plan, ſur lequel les rayons de ces deux parties tomberont, afin
de iuger de combien la lumiere de la partie centrale ſera plus forte
que celle de la partie R V : ce qu'on peut ſemblablement apliquer
à la Lune, & aux flambeaux, ou autres luminaires, dont la flamme
eſt eſſez large pour en prendre, & en voir deux parties comme ſi elles eſtoient ſeparées.

PROPOSITION III.

Le rayon n'illumine qu'en long, & en ligne droite lors qu'il paſſe par vn mi-
lieu parfaitement diafane, & n'illumine point en large, ou à coſté.

L'On entendra cecy fort ayſément ſi l'on conſidere le rayon, ou
le rayonnement qui paſſe à trauers vne chambre où il n'entre
aucune lumiere que par deux trous, qui la percent vis à vis l'vn de
l'autre, & qui ſont tellement faits que ceux qui ſont és autres lieux
de cette chambre ne puiſſent voir aucune reflexion des rayons qui
paſſent par leſdits trous, & qui ſortent dehors par le ſecond trou :
ce qu'on entendra plus aiſement par le cone rayonnant ABC, produit par la lumiere du Soleil RS, & qui aprés auoir entré par le trou
A va s'élargiſſant iuſques au trou BC, qui doit eſtre plus grand que
le trou A, afin que le cone lumineux puiſſe paſſer ſans toucher aux
bords internes du trou BC.

Cela poſé ie dis que le cone radieux ABC paſſát par le
milieu d'vne chambre, qui
n'ait que ces deux trous, celuy qui ſera dans quelque
lieu de la chambre, hors dudit cone, par exemple au
point G, ne verra rien, pour-
ueu qu'il ne ſe trouue point de petits corps opaques qui voltigent
dans ce cone, comme il arriue ordinairement.

Car ces petits corps qui peuuent reflechir quelque lumiere à
l'œil G, qui les verra comme des atomes, ſans que la main en puiſſe

feparer aucun, que fort difficilement. Mais il faudroit dreffer vne chambre dont tous les coftez, & le plancher auec le paué fuft en crouftée de poterie, ou de verre, ou de quelqu'autre matiere qui n'euft point de poudre, afin d'éprouuer fi ce cone feroit fans les petits corps voltigeans, & fi l'œil demeureroit entierement en tenebres fans apercevoir aucune chofe, comme il arriueroit en l'abfence de toute forte de corps opaques ou reflechiffant, car il ne demeureroit plus qu'vn parfait diafane qui ne pourroit eftre veu par l'œil G.

Or il femble qu'il eft difficile d'expliquer pourquoy chaque point de ce cone lumineux ne rayonne pas tout autour de foy, comme fait chaque point du luminaire, particulierement fi nous pofons que la lumiere n'eft que le mouuement d'vne matiere fubtile, ou etherée, car ce mouuement eft dans ce cone, mais parce qu'il ne fe fait qu'en ligne droite, il ne peut venir obliquement en HG, ou s'il y vient, il n'eft pas affez fenfible pour fe faire apercevoir à l'œil.

COROLLAIRE.

Il s'enfuit de cette propofition que fi la lumiere du Soleil entroit dans vne chambre par vne feneftre fort large, & qu'elle fortift par vne autre feneftre opofée, pour grandes que fuffent ces feneftres, & pour gros que fuft le cylindre ou le cone rayonnant de lumiere quand mefmes il rempliroit la moitié de la chambre, ceux qui feroient en tel lieu de cette chambre qu'on voudra, ne verroient rien, & feroient en tenebres, comme s'ils eftoient enfermez entre quatre murailles, ou dans vn lieu foufterrain, où il n'entre aucune lumiere.

Ce que l'on peut appliquer à l'entendement qui eft l'œil de l'ame raifonnable, lequel ne pourroit auoir aucune penfée de Dieu, s'il n'en receuoit la motion, & la lumiere; de forte qu'il eft permis de penfer que Dieu eft à nos entendemens ce que le Soleil eft à nos yeux: & il n'y a quafi point de confideration dans la lumiere & dans les rayons qu'on ne puiffe accommoder aux moyens dont Dieu fe fert pour nous attirer à luy; dont il fuffit que i'aye auerti pour donner fuiet à ceux qui veulent tirer du profit fpirituel de tout ce qu'il y a de plus excellent dans toutes les fciences de moralifer toute l'Optique.

PROPOSITION IV.

La lumiere se reserre & se dilate , ou se condense & se rarefie, ou se dimi-
nuë & s'augmente.

CEux qui ne veulent, ou ne peuuent admettre de refraction
ni de condensation dans les corps à raison qu'elle n'est pas intelligible, expliquent les resserrement, ou la condensation de lumiere par vn mouuement plus rapide, & plus viste: c'est pourquoy
ie me sert de differents termes dans cette proposition qui s'entendra tres-aisément par cette figure, dans laquelle le point lucide A enuoye ses rayons en BC, car ABC represente le cone radieux,
qui est vne partie de la sphere lumineuse que le luminaire A produit autour de soy.

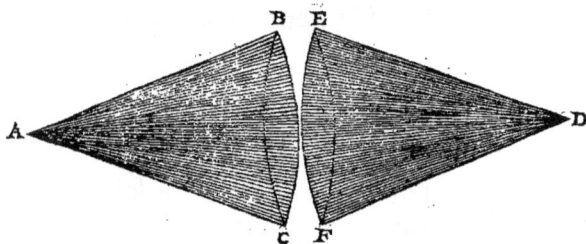

Or il est cer-
tain que toute
la lumiere qui
se trouue dans
la base BC du
cone ABC, se
trouue premie-
rement dans le
point lucide A, où la lumiere est d'autant plus viue & plus forte
qu'en chaque point de la base BC, que toute ladite base est plus
grande que le point A: c'est à dire que s'il faut mille points de la
grosseur du point A, pour remplir cette base BC, chacun de ces
points n'aura que la milliesme partie de la lumiere du point A: de
sorte qu'on peut dire que la lumiere A est dans sa plus grande solidité & condensation, ou dans son plus grand mouuement, & qu'elle est millefois plus dilatée & plus rare, ou que son mouuement est
mille fois plus lent en BC qu'en A.

Mais si l'on s'image qu'elle se resserre apres en mesme raison
qu'elle s'estoit dilatée, & qu'elle aille se terminer en D dans vn
point egal au point A, comme il arriueroit si vn ange, ou Dieu mesme la restreignoit en faisant le cone oposé BCD, qui se fait ordinairement par vn chrystal conuexe posé en BC, comme ie diray
dans la Dioptrique, pour lors la lumiere sera aussi forte en D qu'en
A, quand il y auroit vn milion de diametres de la terre d'A en D: suposé que par le chemin AD il ne se fust perdu aucun rayon, comme
il est aysé de conclurre par la premiere proposition.

COROLLAIRE.

Dans la pratique nous ne pouuons faire que la lumiere soit aussi

forte en D qu'en A, parce que nous n'auons point de cryftal fi diafane qu'il n'ait quelques parties opaques , ioint que la main de
l'homme ne peut donner vne figure fi parfaite au verre, ou aux autres corps diafanes, qu'ils ramaffent tous les rayons BC au point D,
comme fçauent fort bien les artifans, & ceux qui ont pratiqué cét
art. Ce qu'il faut femblablement conclure des miroirs; & puis l'air
n'eft point fi pur & fi diafane qu'il ne foit meflé de quelques petits
corps opaques, qui font perdre plufieurs rayons en les reflechiffant çà & là, quoy que nous ne l'aperceuions pas. Ceux qui mettent
de petits vuides dans tous les corps tiennent que la condenfation
de la lumiere fe fait par l'approche plus grande des corpufcules de
lumiere qui chaffent les petits vuides, qui la rerefient d'autant plus
qu'ils font plus grands, ou en plus grand nombre.

PROPOSITION V.

La lumiere fe reflechit, fe brife, & fe rompt fans fe pouuoir difcontinuer.

L'Experience monftre la reflexion & la ruption de la lumiere,
non feulement par les miroirs de métal & de cryftal, ou de verre, mais par toutes fortes de corps, car fi toutes les murailles, les arbres, la terre, & tous les corps qui nous enuironnent ne reflechif-
foient la lumiere, nous ne verrions iamais aucune chofe que le luminaire, lors que nous le regarderons directement : & nul ne verroit
fes mains, ni aucune partie de fon corps: d'où il eft aifé de conclure que nous auons autant d'obligation à l'autheur de la nature d'a-
uoir donné la force de reflechir aux corps opaques, comme nous
pouuons tirer d'vtilitez de tout ce que nous voyons.

Quant à la rupture elle pareft dans la propofition precedente, où
le rayon A B & ceux qui le fuiuent fe brifent, ou rompent au point
B & aux autres de la ligne BC pour tomber au point D, qu'ils ne rencontrent iamais fans cette ruption, car il n'y a que le feul rayon A
D qui paruienne d'A en D fans fe rompre, ce qu'il a de particulier à
raifon de fa perpendicularité. Mais il fe rompt par la reflexion auffi
bien que les rayons obliques, comme nous verrons dans la Catoptrique.

Cette ruption ou reflexion ne peut empefcher la continuité des
rayons: car pour peu qu'il y euft de difcontinuation, quand mefmes
elle ne feroit que d'vn point, la lumiere ne pafferoit pas oûtre; par
exemple, fi dans la figure de la 4 propofition les rayons A B D , & A
CD eftoient difcontinuez de B à E, & de C à F, & qu'vn ange oftaft
les points qui les continuoient, le rayon A B, ou A C ne pafferoit pas
oûtre: mais il retourneroit fur foy-mefme en A, ou fe termineroit
en B.

Mais afin que ceux qui ne veulent pas admettre les points Mathematiques, n'ayent point icy de difficulté, ils se peuuent imaginer des points Physiques, comme dans tous les autres lieux dont nous en parlerons.

Or la briseure & la reflexion se fait en vn point, de sorte que le mesme point qui termine le rayon d'incidence sert de commencement au rayon de reflexion, ou de fraction, comme le mesme point qui termine l'vn des costez de l'angle, sert de commencement à l'autre costé qu'on peut dire estre aussi continu auec le costé precedent comme si tous deux ne faisoient qu'vne ligne droite.

Ceux qui croyent que tout est composé d'atomes n'ont pas de difficulté à expliquer cette continuité, parce qu'ils n'en admettent point d'autre que le simple contact desdits atomes: & mesme les petits vuides parsemez entre les atomes n'empeschent pas que nous ne disions que les corps sont continus, pourueu qu'il y ait tousjours quelques atomes du mesme corps qui se touchent mutuellement, & que le sens n'y puisse apperceuoir aucune discontinuation.

PROPOSITION VI.

La lumiere se diminuë en raison doublée de ses éloignemens d'auec le luminaire, ou s'augmente en raison doublée de ses raprochements, ou retours de la base du cone radieux au sommet du mesme cone.

CEtte proposition est l'vne des plus remarquables de l'Optique, car cette raison doublée se rencontre dans vne grande partie des effets naturels; par exemple les forces qui tendent les cordes de luth, & des autres instrumens de Musique sont en raison doublées des sons ou des tremblemens que font lesdites cordes, de sorte que si l'on veut faire monter vne chorde à l'octaue, c'est à dire la tendre plus fort iusques à ce qu'elle tremble deux fois plus viste, il la faut tendre quatre fois plus fort: & si les cordes sont égales en longueur & en tension, celle qui fait l'octaue en bas, doit estre 4 fois plus grosse.

Dans les cheutes des corps pesans, leurs espaces sont en raison doublée du temps de leurs cheutes, ou comme les quarrez desdits temps: d'où il arriue que les hauteurs des tuyaux d'où coule l'eau par des trous égaux faits aux bouts d'en bas, sont aussi en raison doublée des pesanteurs ou quantitez des eaux qui coulent par ces trous en mesme temps: ce qui arriue encore aux siphons qui pour tirer 2 fois plus d'eau doiuent auoir leur branche qui tire l'eau, quatre fois plus longue: comme le fune pendule doit estre quatre fois plus long pour faire ses tours & retours deux fois plus lentement: ce qu'on applique aux corps qu'on iette, que l'on darde, & que l'on pousse pour fraper, car ces corps meus de mesme vitesse sont en raison

doublée de leurs coups, ou percuſſions : ce qui n'eſt pas neantmoins ſi euidentcomme aux exemples precedens,ou du moins ſi ayſé à experimenter,à raiſon des grandes difficultez de la percuſſion :
quoy qu'elle ſe puiſſe appliquer aux rayons, ſi on les imagine comme de petites fleches ou gouttes d'eau qui ſortent du Soleil, ou des
autres luminaires ,auec vne viteſſe beaucoup plus grande que celle
des bales d'arquebuſes, qui ne feroient pas plus d'vne lieuë dans la
cinquieſme partie d'vne minute, ou en 12 ſecondes, encore qu'elles
allaſſent durant tout ce temps auſſi viſte qu'à la ſortie du mouſ-
quet,ſupoſé que la lumiere ſoit le mouuement de la matiere qui
ſorte du Soleil quand il nous illumine : ſi ce n'eſt qu'au lieu de venir
à chaque moment du Soleil iuſques à nous,on s'imagine que ces petits corps qui font la lumiere, ayent eſté long temps à deſcendre la
premiere fois iuſques à nous, & que maintenant ils demeurent pen-
dus au Soleil comme la limaille ou la pouſſiere de fer à l'aymant, &
qu'il les anime de ce que nous appellons lumiere comme l'aymant
anime le fer d'vne force aymantine : ce qui reuient quaſi à ceux
qui font mouuoir la matiere celeſte autour du Soleil par tout le
monde , du meſme mouuement que ſe meut la matiere qui eſt dans
le Soleil , & qui le rend lumineux.

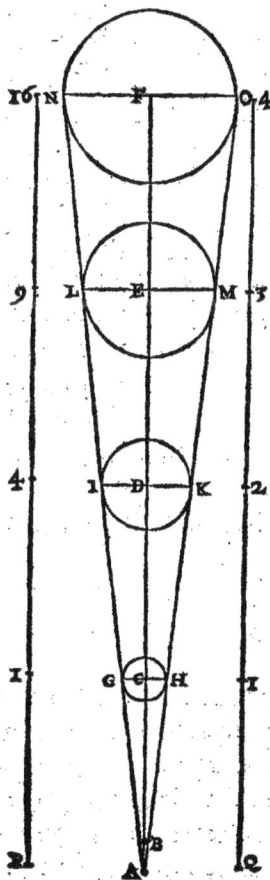

Or quoy qu'il en ſoit,ie preuue cette propoſition par la figure qui ſuit, dans laquelle
il faut s'imaginer vn luminaire au point A,
qui fera ſouuenir d'vn point lumineux qui
enuoye ſes rayons tout autour de luy , pour
engendrer ſa ſphere lucide toute remplie
de rayons, dont ANO repreſente vn petit
ſecteur, ou vn cone dont la baſe a NO pour
ſon diametre. Son axe eſt A F, qui ſignifie
ce rayon qui a le plus de force, tant parce
qu'il eſt plus court, que parce qu'il tombe à
plomb ſur le diametre, & partant ſur la baſe NO.

Cét axe eſt diuiſé en 4 parties égales, AC,
CD, DE & EF, comme eſt la ligne du coſté
droit QO, & celle du gauche PN. Cecy poſé, ie dis que le point de lumiere A illumine
plus fort la baſe GH du moindre cone A G
H, que celle du ſecond I K, & que la plus
grande illumination de GH eſt à la moindre
d'IK comme 4 à 1, c'eſt à dire en raiſon doublée de leurs diſtances d'auec le point lumineux A.

Ce qui ſe demonſtre par la figure meſme,
puis que la lumiere qui paſſe par GH eſt cel-

le qui remplit IK, & que chaque quart de la bafe IK eſt égal à la baſe entiere GH: de ſorte que la lumiere eſt 4 fois plus forte, plus viue, & plus preſſée dans la baſe GH que dans IK, & dans IK que dans LM, & dans LM, que dans la derniere baſe NO.

Les raiſons de ces illuminations differentes ſont exprimées par les nombres de la ligne PN, qui montrent les quarrez des nombres de la ligne QO: Par où l'on conclud que ſi on s'éloigne 4, ou 40 pas, ou 400000 lieuës du luminaire A; il donnera 4 fois moins de lumiere que ſi l'on s'en éloigne ſeulement 2, ou 20 pas, ou 200000 lieuës. C'eſt à dire que la diminution de la lumiere eſt en raiſon doublé des éloignemens d'auec la ſource de lumiere, comme les nombres de la ligne PN, à ſçauoir 1, 4, 8, 16, ſont en raiſon doublée des nombres de la ligne QO, à ſçauoir, 1, 2, 3, 4: de ſorte que la force des differentes illuminations eſt en raiſon inuerſe des baſes, qui ſont icy au nombre de 4, & qu'on peut imaginer plus grandes à l'infini; à proportion que l'on s'éloigne du luminaire A, ſoit qu'on le prenne pour la flamme d'vne chandelle ou pour le Soleil, ou pour tel autre corps lucide qu'on voudra.

Et lors qu'on deſirera ſçauoir la force de la lumiere en quelque lieu, il faudra ſeulement meſurer combien l'on eſt éloigné de la flamme, ou du luminaire, & apres auoir ſuppoſé la force de la lumiere proche du corps lumineux, par exemple en C, où ie ſuppoſe qu'on puiſſe lire aiſement, ſi l'on s'éloigne iuſques au point F, qui eſt 4 fois plus éloigné du point A, que C, il faut prendre le quarré de 4, qui eſt l'éloignement, pour auoir 16, qui ſignifie que la lumiere venant d'A en F, eſt 16 fois plus foible que celle d'A en C.

Et tout au contraire, ou à rebours ſi l'on veut auoir 16 fois plus de lumiere en vn lieu que dans vn autre, il faut s'approcher 4 fois plus pres du luminaire: car bien que le cone ANO contienne 64 fois le cone AGH; neanmoins la diminution de la lumiere doit ſeulement eſtre meſurée par les baſes de ces cones, puis que nous ne iugeons icy que de la maniere dont nous voyons les ſurfaces illuminées; car ſi l'on parle des ſpheres & des cones de lumiere, leur diminution ou leur augmentation eſt en raiſon triplée des diſtances d'où ils eſclairent par exemple le cone AIK eſt octuple du cone AGH, qui eſt contenu 64 dans le cone ANO.

COROLLAIRE I.

Il s'enſuit de ce qui a eſté dit dans cette propoſition, que ſi le Soleil eſtoit au point A, & que ſa diſtance d'auec le centre de la terre AF, fuſt diuiſée en 4 parties égales A C, C D, D E, E F, il illumineroit 16 fois moins le point F que le point C: ce qui arriueroit ſemblablement, ſi le Soleil eſtoit NO & le centre de la terre A; & pour lors ſes illuminations ſeroient en meſme raiſon que le 4 cercle de cette figure qui feruent de bafes à 4 cones tronquez, dont le plus gros eſt NOLM; & le moindre IKGH ; car quant au dernier GHA, il n'eſt pas tronqué, puis qu'il a ſon ſommet en A.

COROLLAIRE II.

Il ſemble qu'il eſt plus difficile de determiner la grandeur de la lumiere du Soleil meſme, que la diminution, ou l'augmentation de ſa lumiere, ſuiuant ſes differens éloignemens; l'on peut ſeulement penſer que la ſphere entiere de ſon actiuité luy eſt égale ; de ſorte que ſi l'on imagine que la ſphere lumineuſe, ou illuminée du Soleil A, ſoit terminée par la baſe NO, à quelque diſtance qu'elle ſe puiſ-ſe rencontrer, toute la lumiere qui ſera compriſe par la ſphere, dont la moitié de l'axe eſt AF, ſera égale à la lumiere du Soleil, ou des au-tres luminaires qui auront cette ſphere, comme ſont les eſtoiles, qui n'ont pas moins de lumiere que luy, qui ne nous enuoyroit aucu-ne lumiere ſenſible, s'il eſtoit auſſi éloigné de nous, comme elles, qui ſont peut eſtre auſſi groſſes comme la ſphere de Saturne, qui comprend tout le ſyſteme planetaire ; du moins on ne ſçauroit prouuer qu'elles ſoient moindres.

PROPOSITION VII.

Expliquer en quelle ſorte les lumieres de differens luminaires, ou pluſieurs rayons d'vn meſme luminaire peuuent eſtre, & operer ſur vn meſme point du corps illuminé.

L'Experience fait voir qu'vn meſme lieu peut eſtre eſclairé, & illuminé par pluſieurs chandelles & par pluſieurs eſtoiles, & qu'vne lumiere ne nuit point à l'autre, puis qu'elles ſe renforcent mutuellement.

Or ſi l'on ſupoſe qu'elle ne ſoit autre choſe que pluſieurs atomes, ou tres petites parties qui ſortent des corps lumineux, il eſt tres-dif-ficile d'expliquer comme il s'en peut rencontrer pluſieurs enſem-ble dans vn meſme point de l'eſpace illuminé, ſi l'on n'admet la pe-netration des corps, comme celle des qualitez qui ſemblent ſe pe-netrer, en ſorte que pluſieurs lumieres ſe penetrent: comme l'on dit que les couleurs penetrent les odeurs, & que toutes les qualitez penetrent la quantité, ou ſe penetrent mutuellement.

Où l'on peut remarquer que cette vnion de pluſieurs lumieres ne leur fait rien perdre de leur diſtinction, & ne leur aporte point de confuſion; car on ſepare l'vne de l'autre comme l'on veut ; puis qu'en oſtant l'vn des luminaires, ſoit en mettant la main, ou autre choſe deuant ſa flamme, ſoit en l'eſteignant, toute ſa lumiere ſe ſe-pare des autres lumieres, de meſme que ſi l'on ſeparoit le vin d'auec

l'eau, ou que de plufieurs vins meflez enfemble l'on en feparaft vn
fans qu'il y enreftaft vne feule goute.

Ceux qui penfent que la lumiere eft vne huyle tres-epurée, ont
icy dequoy s'eftonner de la facilité qu'on treuue à feparer vne huyle
d'vne autre, foit de deffus le papier couuert d'vne vintaine de ces
huyles lumineufes, ou de deffus quelqu'autre obiet illuminé de
plufieurs, flambeaux.

La diftinction de ces lumieres paroift auffi par les ombres differentes qu'elles font, car fi l'on met vn corps opaque entre plufieurs
chandelles allumées ; ce corps aura autant d'ombres differentes,
comme il y aura de chandelles, & fi toft qu'on oftera l'vne des chandelles, l'vne des ombres perira. Mais nous parlerons apres de l'ombre, qui n'eft qu'vne fuite ou vn affoibliffement de la lumiere, laquelle eftant conceuë comme vn mouuemét, il eft aifé d'entédre en
quelle forte deux ou plufieurs lumieres peuuent eftre dans vn mefme lieu, puis qu'il n'y a nulle difficulté d'entendre qu'autant de
mouuement qu'on voudra, peuuent fe rencontrer dans la mefme
partie d'vn corps, ou d'vn efpace : par exemple, fi plufieurs pouffent
de toute leur force vn bafton, vne pierre, ou vn autre corps, chaque
partie de ce corps pouffé reçoit les mouuemens de tous ceux qui le
pouffent : où, fi nous voulons confiderer la compofition des mouuemens, la pierre qu'on iette en haut de la portiere d'vn caroffe rou-
lant, reçoit le mouuement perpendiculaire vertical, & le mouuement parallele à l'horizon, en forte que chaque point de
ce corps eft mené par deux mouuemens en mefme temps ; & le
pourroit eftre par plufieurs autres, comme le mefme point d'vn obiet peut eftre illuminé par 2, ou plufieurs lumieres differentes, dont
on en peut feparer vne ou plufieurs afin qu'il n'en demeure qu'vne,
comme l'on peut ofter l'vn des mouuemens dont vn corps eftoit
meu.

Democrite auec quelques autres ont penfé que la lumiere pour
grande qu'elle foit, ne remplit pas tous les points de chaque efpace, & qu'il y demeure toufiours affez de pores, ou de petits vuides
pour receuoir les rayons des autres lumieres qui arriuent de nouueau. Mais il eft difficile de croire que fi le Soleil defcendoit iufqu'icy à vne lieuë proche de nous, il ne remplit pas entierement l'efpace voifin, & que le creux d'vn parfait miroir large d'vn pied n'illumine pas toute la partie du corps, fur laquelle frapent tous les rayons de fon foyer.

Et enfin ie voudrois qu'ils expliquaffent la quantité des rayons,
ou des atomes lucides, c'eft à dire des lumieres neceffaires pour
remplir tellement la partie d'vn corps illuminé qu'elle ne peut plus
receuoir aucun rayon, & partant que toutes les lumieres qui y arri-
ueroient ne peuffent plus rien augmenter.

Quant au mouuement, il n'a point cette difficulté parce qu'il peut touſiours eſtre augmenté; c'eſt pourquoy i'en prefere la penſée à toutes les autres, qui m'ont paru, puis que nous deuons preferer ce qui eſt plus intelligible & plus ſimple, lors qu'il ne ſuit aucun incon-uenient.

Mais i'expliqueray plus amplement cette difficulté en parlant de la reflexion & de la refraction ; il ſuffit d'aioûter icy que comme pluſieurs filets, cordes ou baſtons ſont plus forts qu'vn ſeul, & que plus il y en a enſemble de meſme groſſeur & plus ils ont de force, de meſme la plus grande multitude de rayons ioints enſemble font vne plus grande lumiere, & qui a plus de force tant pour bruſler que pour eſclerer.

Neanmoins ie trouue icy de la difficulté en ce qu'il ſemble que deux lumieres opoſées, nuiſent pluſtoſt qu'elles ne s'aydent, com-me il eſt aiſé d'experimenter partie à la chandelle, & partie au iour qui commence, car au lieu que la ſeule chandelle ſeruoit pour lire ayſement, on experimente que le iour de la feneſtre ioint à la lu-miere de ladite chandelle, nuiſt pluſtoſt à la lecture qu'elle ne luy ſert : il arriue la meſme choſe quand on liſt à la lumiere de deux chandelles égales, le liure eſtant entre deux, peut eſtre à cauſe que leurs rayons ſe meſlent & ſe broüillent enſemble & empeſchent que leurs images ſe trouuent aſſez diſtinctes dans l'œil, & ſembla-blement à cauſe des deux ombres qu'elles font.

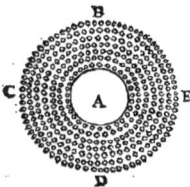

Ce que l'on peut ayſement expliquer par les atomes de lumieres : car ſupoſé que le luminaire E enuoye ſes rayons ED, comme de petits corps ronds, pour illuminer l'œil ou l'obiet D, & que l'autre luminaire opoſé C, enuoye auſſi ſes ra-yons de C à D, ces petites boules qui ſe rencon-trent en D, ſe nuiſent mutuellement, & ſont con-traintes de s'échaper de D vers A, ou vers quelqu'autre lieu.

Et ſi l'on conçoit que toute la lumiere du monde ſoit contenuë en ce cercle d'atomes, qui a autant de vuide que de plain, il s'enſui-ura que la lumiere ne peut eſtre condenſée, & fortifiée que de moi-tié : quoy qu'elle peut ſe diminuer à l'infini, parce que ces petits vuides peuuent deuenir plus grands ſans aucunes limites qui nous ſoient connuës : quoy qu'il falle bien conſiderer ſi l'on peut, ou l'on doit accorder de tels vuides parmi les corps, dont nous parlerons ailleurs.

Si la lumiere n'eſt qu'vn mouuement de ces petites parties, & qu'il n'y ait nul vuide, la difficulté ne laiſſe pas de demeurer, parce qu'en meſme moment que le petit corps qui eſt proche de D eſt meu par le mouuement qui vient du coſté du luminaire E de droit à gauche, le meſme corps D eſt auſſi meu par l'autre luminaire C de gauche à droit : & ſi les 2 luminaires ſont d'égale force, il ſemble que le petit atome D demeurera immobile : & partant que l'illumi-

nation,

nation, ou mefme l'inflammation, (fi ce font deux miroirs opofez
qui reflechiffent mutuellement & d'vne égale force ledit atome ou
d'autres femblables) fe fera fans le mouuement de ces corps. Ce
que i'ay propofé, afin que chacun penfe à cette difficulté, de la rencontre de differentes lumieres, dont ie parleray plus amplement
dans la Catoptrique, & qui fait douter fi deux luminaires égaux
également éloignez d'vn obiet, l'illuminent deux fois autant comme l'vn des deux.

PROPOSITION VIII.

Determiner la grandeur du plus grand luminaire du monde ; & ce que c'eft que
le Soleil.

L'On peut entendre cette grandeur on en eftenduë, ou en force ; car il peut arriuer qu'vn luminaire de grande eftenduë éf-
clerera beaucoup moins qu'vn autre de moindre eftenduë, comme
l'on remarque fur l'objet qu'on met au foyer d'vn miroir concaue,
qui enuoye vne fi grande multitude de rayons fur cét obiet, que les
yeux ont de la peine à le fouffrir ; quoy qu'il ne foit pas plus gros
qu'vne lentille ; au lieu que toute la lumiere qu'il reçoit ne donne
nulle peine quand elle demeure dans fon eftenduë égale à toute la
furface concaue du miroir.

Or cette difficulté eft bien grande tant en l'vne qu'en l'autre
forte, car bien que la plus part des hommes eftiment que ces deux
grandeurs de lumieres appartiennent au Soleil, comme au plus
grand des deux luminaires du Ciel, cóme parle Moyfe, neantmoins
les plus fçauans fufpendent leur iugement fur ce fuiet, à raifon que
plufieurs eftoiles leur femblent du moins auffi grandes, & auffi lumineufes, quoy que toutes ioignant enfemble leurs rayons ne nous
enuoyent pas icy la milliefme partie de la lumiere que nous rece-
uons du Soleil, à raifon de leur éloignement, lequel eft fi grand, que
fi le Soleil eftoit auffi éloigné de nous, peut eftre qu'il ne nous paroiftroit pas, ou qu'il nous fembleroit eftre plus petit qu'vne eftoile de la quatriefme grandeur.

C'eft pourquoy nous ne pouuons determiner abfolument qui eft
le plus grand des luminaires de l'vniuers, puis que l'on ne peut
fçauoir la grandeur d'vn corps inconnu, fi l'on ne fçait l'éloignement. Mais fi nous laiffons le ciel eftoilé, & tout ce qui peut eftre
au delà, & que nous ne parlions que de ce qui eft deffous, depuis Saturne iufques à la terre, nul ne doute que le Soleil ne foit le plus
grand de tous les aftres brillans, foit en eftenduë, foit en force de
lumiere, dont il eft le pere dans le fyfteme planetaire : foit qu'il ait
vn propre corps, ou qu'il ne foit qu'vne partie de quelque ciel fupe-
rieur qui foit percé d'vn trou égal à la grandeur folaire que nous

voyons, comme penſent ceux qui ont dit que la lumiere du ciel empyrée, ou des bien-heureux fait pareſtre, par vn trou fait exprez à
ce ciel, ce que nous appellons Soleil.

Ce que l'on ne peut neantmoins ſouſtenir auec raiſon, puis que
cét aſtre fait parallaxe, ce qui n'arriue point aux eſtoiles, qui ſont
plus proches de nous que cét empyrée, qui pourroit plus ayſément
faire pareſtre ce que nous appellons eſtoiles du firmament, car les
paralaxes, ou diuerſitez d'aſpects ne peuuent plus ſeruir pour ſçauoir leurs diſtances.

Or eſtans demeurez d'accord que le Soleil eſt noſtre plus grand
luminaire, il faut determiner ſa grandeur, que l'on explique ordinairement par ſa comparaiſon auec la terre, qui ſans doute illumine la lune, quand elle luy renuoye les rayons qu'elle reçoit du Soleil, comme la Lune éclaire la terre en luy renuoyant la lumiere
qu'elle reçoit du meſme Soleil : de ſorte que s'il y auoit des habitans
dans la lune, ils verroient noſtre terre en croiſſant, pleine, & en
decours, comme nous voyons la lune.

Le corps du Soleil, que l'on croid eſtre rond de tous les coſtez,
eſt 140 fois plus grand que la terre, dont il eſt éloigné, pour le moins
de 400 fois autant qu'il y a d'icy au cétre de ladite terre, lors qu'il
eſt dans ſon apogée, qui ſe trouue maintenant au 6 degré de l'écre-
uiſſe ou vers le commencement de luillet.

Dans ſon perigée, où il ſe rencontre au ſigne opoſé, il eſt plus prés
de nous de 20 fois autant qu'il y a d'icy au centre de la terre : d'où il
eſt aiſé de conclure que ſa plus grande chaleur que nous ſentons
icy, ne vient pas de ce qu'il eſt plus proche de nous, mais parce qu'il
enuoye ſes rayons moins obliquement.

ceux qui voudront la grandeur de cét aſtre reduite en nos lieuës,
en nos toiſes, ou en autres meſures, peuuent ſupoſer que le circuit
de la terre a pour le moins 9000 de nos lieuës, dont chacune eſt
de 2500 toiſes, ou 15000 pieds de Roy, car c'eſt la moindre meſure que nous luy puiſſions donner; & c'eſt ce que la couſtume apelle
mille tours de roue, lors que la roue a quinze pieds de circonference.

Et parce que le diametre du Soleil eſt du moins quintuple de celuy de la terre, il eſt avſé de determiner combien il a de lieuës tant
en ſa circonference, qu'en toutes ſes autres dimenſions : par exemple, ſa circonference, eſtant quintuple de celle de la terre, a 45000
lieuës. C'eſt ce Geant, (comme parle la S. Eſcriture), qui court toujours autour de la terre, & qui allonge chaque iour d'enuiron 59
minutes & huict ſecondes, par deſſus ce que fait l'equateur, &
qui n'employe ploye quaſi que deux minutes de temps à paſſer
ſous le meridien, de ſorte qu'vn cheual courant auſſi fort que celuy qui court la bague, feroit quaſi vn quart de lieuë, pendant
que le Soleil ſe leue; c'eſt à dire qu'il ſe meut de toute ſa largeur

qui à plus de 14 mille lieuës : & par conſequent le Soleil va du moins quarante mille fois plus viſte que le cheual le plus viſte qu'on puiſſe trouuer.

Ie ſupoſe icy que la terre ne faſſe pas le iour par ſon mouuement, car ſi elle faiſoit ſon tour en 24 heures, elle employeroit quatre mi-nutes à faire vn degré, & iroit ſeulement deux cens fois plus viſte que ledit cheual, ſi l'on fait ſon diametre de trois mille lieuës ou peu moins.

Quant à la nature, & aux proprietez du Soleil, il eſt difficile de determiner s'il eſt liquide, comme vn fleuue de lumiere, ou comme la flamme d'vne chandelle ; ou s'il eſt dur comme vne boule d'or, ou de terre. Entre ceux qui croyent que c'eſt vne flamme, il y en a qui penſent qu'il eſt nourri par les vapeurs & les fumées de l'eau & de la terre qui luy fourniſſent continuellement autant de matiére, comme il en perd, de meſme que le ſuif de la chandelle, ou l'huile de la lampe enuoyent autant de vapeurs graſſes & huileuſes à leurs flammes, comme elles en conſomment.

Quelques-vns aioutent que les fumées qui ſortent de la flam-me du Soleil montent iuſques au ciel des eſtoiles pour le faire tour-ner. De ſorte qu'ils s'imaginent que le Soleil n'eſt pas rond, mais qu'ayant ſa baſe arondie de noſtre coſté, il a ſa pointe en haut com-me la flamme de nos chandelles.

Les autres l'imaginent comme vne grande terre couuerte de plu-ſieurs montagnes qui iettent le feu comme Ætna, & pluſieurs au-tres ; ce que les obſeruations de Scheiner ſemblent prouuer ; par le grand nombre de fumée qui couurent ſouuent vne partie notable de la ſurface du Soleil, comme nous experimentons à ſes taches, qui s'euanoüiſſent peu à peu, ou qui ſont englouties par les flammes qui ſortent deſdites montagnes.

Mais parce qu'il eſt trop éloigné de nous pour penetrer plus a-uant dans cette difficulté, il ſuffit que nous l'imaginions comme vn grand torrent d'vne matiere tres ſubtile, qui communique ſon mouuement à toute la matiere qui s'en trouue capable, & que ſans aprofondir dauantage ce qui regarde ſon eſtre, nous en contem-plions les merueilleuſes proprietez qu'il a en partie commune auec les flammes de nos feux, qui ne vont pas moins viſte que les ſiennes : car la flamme de la chandelle d'vn denier enuoye ſes rayons auſſi loin, & auſſi viſte que le Soleil enuoye les ſiens.

COROLLAIRE.

Bien que la Lune nous paroiſſe auſſi grande que le Soleil, & qu'el-le ſoit l vn des grands luminaires que Dieu a crée, il eſt neantmoins certain qu'elle eſt cinq mille ſix cent fois plus petite, puis qu'elle eſt quarante fois moindre que la terre. Or les lunettes de 6 ou 7 pieds

de long nous font voir si clairement ses eminences, & plusieurs autres particularitez, que l'on ne peut douter qu'elle ne soit monta-
gneuse.

L'on peut voir la plus haute de ses montagnes dans la selenogra-
phie de M. Heuel, où il donne la maniere d'en mesurer la hauteur,
& montre qu'il y en a qui ont vne lieuë & demie de hauteur perpendiculaire.

Le Soleil est trop éloigné de nous pour trouuer par le moyen de
ces lunettes, s'il a des montagnes, & quelles sont leurs hauteurs;
il en faudroit faire de 44 pieds de long, pour nous faire voir le Soleil aussi distinctement comme nous voyons la Lune: ce que l'on
ne doit pas esperer, pour la trop grande difficulté qu'il y a de tailler
des cryftaux, & preparer des tuyaux de cette longueur.

Neantmoins on peut les acourcir à mesme raison que la lumiere
du Soleil est plus forte que celle de la Lune, à ce que l'on peut trouuer par le 2 Corollaire de la 6 proposition.

PROPOSITION IX.

Les rayons de toutes sortes de luminaires se reflechissent par la rencontre de
toutes sortes de corps opaques, & s'ils ne se reflechissoient point, nous
ne pourrions rien voir que leurs corps lumineux.

CEtte proposition est si euidente qu'il n'y a pas moyen d'en
douter, puis que nous ne pourrions voir aucune chose sans
cette reflexion: mais il n'est pas trop aysé d'expliquer comme elle se
fait, c'est à dire ce qui contraint les rayons à se reflechir, dont ie parleray dans la 10 proposition: car il suffit d'expliquer en celle-cy les
aparences de la reflexion: & pour ce sujet, imaginez quelque corps,
opaque & dur BEG, par exemple la surface de la terre, ou vn morceau de marbre, ou d'acier, &c.

Si ce plan BG est vniforme & poli, & que
le rayon AE d'vne flamme, ou d'vn point lumineux mis au point A rencontre le plan BG
au point E, il se reflechira au point C, ou quelqu'autre part vers D ou G, l'experience fait
voir que c'est en C, où l'œil doit estre pour voir la lumiere d'A, qui
luy seroit cachée par vn rideau tiré entre luy & la lumiere, comme
pouuoit estre FE.

Mais quand la surface du corps opaque n'est pas polie, comme
il arriue à tous les corps raboteux & inegaux, & qui ne sont pas capables d'estre polis, le rayon AE, ne se reflechit pas seulement d E en
C, mais aussi de tous les costez, par exemple en D en G, en F, &c.
de sorte que l'œil C qui regarde sur le corps BEG, & qu'vn rideau
empesche de voir la lumiere par la ligne CA, ne la peut plus voir par

le rayonnement d'EC, parce qu'il est trop foible, apres s'estre diuisé par la rencontre d'vn corps raboteux, en cent mille parties qui se
sont iettées, & reflechies çà & là de tous costez, suiuant les petites
surfaces de chaque parcelle qui se trouue dans les corps brutes, &
non polis.

C'est cette reflexion imparfaite qui fait ce que nous appellons
couleur, & qui, à proprement parler, n'est autre chose que la lumiere, qui par sa foiblesse ne se void que sous l'aparence de la couleur,
qui n'est pas assez forte pour nous representer le luminaire qui luy
donne l'estre; comme nous pouuons dire que les estres corporels ne
sont pas assez puissans pour nous faire connoistre leur auteur, à
raison de leur peu d'estre, & le peu de perfection qu'ils ont, à comparaison des estres spirituels & intelligens, qui sont comme des rayons plus forts & plus vnis & qui representent plus naïfuement la
source dont ils puisent la noblesse de leur estre.

Mais i'expliqueray plus amplement les couleurs dans vn autre
lieu: car il suffit icy de dire en quoy cosiste l'opacité des corps neces-
saires pour reflechir, laquelle n'est autre chose que l'empeschemét
& la resistance dont ils empeschent que les rayons ne passent à trauers, soit à raison que leurs pores sont trop interompus & obliques,
& que la matiere semblable à de l'eau tres-subtile, qui porte ou qui
fait la lumiere, ne peut passer, ou mouuoir l'autre matiere semblable qui touche l'œil.

Or le diafane est indifferent au dur, & au mol, car l'air & l'eau,
& plusieurs autres liqueurs sont diafanes quoy qu'elles ne soient
pas dures, & le crystal, le verre, le talc, & plusieurs autres corps sont
aussi transparens, quoy qu'ils soient fort durs. Il est euident que le
different arrengement des parties d'vn mesme corps peut leur faire
perdre leur transparences, comme il arriue au verre, & autres pierres brutes, qui ne sont point diafanes si on ne les polit, & à l'eau qui
apres estre battuë ou pleine d'escume n'est plus diafane; car ce ba-
tement change l'ordre de ces pores & de ces parties, qui repren-
nent incontinent leur transparence quand elles se remettent dans
leur ordre naturel, qui donne libre passage à la matiere de la lumiere.

Si l'opacité estoit ostée de tous les corps, nous ne pourrions rien
voir que le seul corps lucide d'où vient la lumiere, car nul corps ne
pourroit faire reflechir les rayons, qui passeroient à trauers; & bien
que les corps fussent opaques, s'ils estoient tous polis, nous ne verrions aussi que le corps du lucide; de sorte que nous auons toute
l'obligation à Dieu de tout ce que nous voyons de different tant au
ciel, que sur la terre, puis que s'il n'eust fait les parties opaques, ou
le raboteux des corps, nous n'eussions vû que le Soleil, ou les autres
luminaires, & peut estre qu'au ciel nous ne verrons que Dieu qui
contient tout en realité & en eminence comme la lumiere contient

toutes les couleur. Mais voyons pourquoy & comment se fait la
reflexion.

PROPOSITION X.

*Expliquer pourquoy les rayons se reflechissent & iusques où ils
se reflechissent.*

L'Vne des plus grandes difficultez de l'Optique, ou si l'on aime
mieux de la Catoptrique, consiste à sçauoir pourquoy les rayons de lumiere qui viennent du Soleil, ou d'vn autre luminaire
sur les corps opaques se reflechissent, au lieu de demeurer sur eux,
comme fait la pluye, qui s'imbibe dans la terre, & le sable qui tombant d'en haut demeure au mesme lieu sur lequel il tombe. Car si
la lumiere est vne qualité Aristotelique, qui la fait reflechir?

Mais si nous prenons la lumiere pour vn mouuement tres-vi-
ste de tres-petits corps qui ayent la figure spherique, & qui soient
tres-durs, il est plus aisé d'entendre comme se fait la reflexion, puis
que nous experimentons que les bales de tripot, & les boules d'y-
uoire, d'os & de marbre reiallissent d'autant plus fort & plus loin,
qu'elles sont poussées plus rudement contre les murailles, ou les
autres corps durs, qui empeschent leur passage.

La raison qui se prend du mouuement continué est bien probable, à sçauoir que le mouuement imprime à vn corps est capable
de l'entretenir tousiours en ce mouuement, s'il n'y a nulle cause
qui l'oste, & s'il ne se communique à vn autre corps, de sorte que
le mouuement qu'on donne à la bale, ne se communiquant pas, du
moins entierement à la muraille, demeurant encore dans la bale la
contraint de se mouuoir tandis qu'elle n'est pas depoüillée de son
mouuement, & parce qu'elle ne le peut continuer en droite ligne
à cause de la resistance, de la muraille, qui la determine à se mouuoir à sens contraire, elle se reflechit, le mouuement qu'elle a en
soy n'estant pas aneanti, & ne pouuant demeurer sans son effet, qui
consiste à transporter les corps qui ont du mouuement, iusques à ce
qu'il soit cessé en quelque sorte qui ce puisse estre.

Cette pensée reuient à celle qui pose 2 ou 3 sortes de puissances,
dont l'vne se porte iusques à vn certain lieu sans se reflechir, comme l'on void au plomb, qui tombant sur la terre demeure au mesme
lieu où il est tombé, & il s'enfonce ordinairement, à cause de sa pesanteur, lors que le lieu n'est pas dur: soit que cette demeure se face par la traction de la terre, qui tienne les corps pesans, comme la
la pierre d'aymant retient le fer qu'elle a atiré, soit que la pesanteur
qui pousse tousiours vers le centre l'empesche de reiallir, soit que
l'impulsion de l'air, ou de quelque corps plus subtil, le pousse, & le
presse tousiours: ce qui neantmoins sembleroit prouuer que nul

corps de ceux qu'on appelle pefans, ne fe deuroit reflechir, ce qui
eft contre l'experience.

Enfin de quelque caufe que ces effets puiffent venir, il eft certain
qu'il y a des corps qui ne fe reflechiffent point fenfiblement, comme font les corps mols & fpongieux, & des puiffances qui ne font
pas reflexiues, & qu'il y a d'autres corps qui fe reflechiffent.

Quelques vns raportent la caufe de cette reflexion au reffort tant
du corps reflechi, que du reflechiffant ; par exemple, lors que la bale de tripot frape la muraille, ou quelqu'autre corps la bale s'apla-
tit, & puis elle fe renfle fur le point où elle a frapé ; & la muraille fe
plie, ou s'enfonce auffi vn peu, de forte que ces deux retours, ou refforts ioints enfemble font la reflexion, plus ou moins grande, fuiuant la viteffe, & la force defdits refforts.

L'vne des grandes difficultez de la reflexion depend de la neceffité de ces refforts, à fçauoir fi le corps qui frape, & celuy qui eft frapé eftoient fi durs, qu'il ne fiffent aucun reffort, fi ledit corps frapât
fe reflechiroit, ou s'il ne fe feroit aucune reflexion, comme il ne s'en
fait aucune fur les corps qui font tres mols, & qui ne refiftent nullement. Mais ie traiteray plus amplement de cette matiere dans la
Catoptrique, où l'on verra pourquoy la reflexion fe fait à angles
égaux.

PROPOSITION XI.

*La lumiere fe rompt quand elle rencontre vn corps plus ou moins diafane que
celuy dont elle fort, ou par où elle entre.*

CEtte refraction paroift dans l'eau, dans laquelle nous penfons
que le bafton dont vne partie eft dans l'air, & l'autre dans
l'eau, eft rompu, ou tortu, quoy qu'il foit droit, à caufe que l'eau
femble aprocher la partie d'vn bafton trempé, & le rendre plus gros
ou plus court, ou plus éleué, & plus proche de l'œil pofé dans l'air
qu'il n'en eft en effet: car nous auons couftume de iuger des chofes
comme elles nous paroiffent, iufques à ce que le iugement inter-
uienne, pour nous defabufer de ces apparences, foit que le fens fe
trompent, comme croyent plufieurs, ou qu'ils ne foient pas deçeus,
comme penfent les autres, à raifon qu'ils raportent fidelement à
l'efprit la maniere dont ils reçoiuent l'image des obiets ; de forte
que fi l'œil raportoit à l'entendement, qu'il a receu l'image d'vn bafton droit, il tromperoit l'efprit qui concluroit de là que le bafton
a efté veû dans vn feul milieu, au lieu qu'il conclud le contraire, fuiuant la verité, à fçauoir que ce bafton eft partie dans l'air, & partie
dans l'eau.

Cefte mefme fraction nous fait paroiftre les corps plus ou moins
grands, que par vn mefme milieu ; dont i'expliqueray la caufe dans
la Dioptrique.

D'où il arriue que les verres conuexes nous grossissent les obiets,
comme les concaues nous les diminuët. Et si nous n'auions point de
diaphanes differens, & que, par exemple, il n'y eust que le seul air
transparant, plusieurs ne pouroient lire ni escrire, comme il ariue
à ceux qui ne peuuent faire ni l'vn ni l'autre sans lunettes: de sorte
que la refraction est grandement vtile tant en la terre que pour les
cieux, puis qu'elle est cause que nos iours en sont plus longs, parce
qu'elle nous fait voir le Soleil beaucoup plustost qu'il ne paroistroit,
& qu'elle acroist les crepuscules, qui ne paroistroient point s'il n'y
auoit que le pur air, comme l'on peut conclure parce que raporte
Photius du lieu où il fait au matin aussi obscur qu'en pleine nuit, vn
peu deuant que le Soleil se leue, au lieu qu'à Paris nous auons en
esté prés de 2 heures de clarté, ou de crepuscule, deuant le leuer du
Soleil, aussi bien qu'apres son coucher : ce qui n'arriue pas és lieux
de Perse, & de Carmanie dont Photius raporte l'histoire qu'il a prise
d'Agataride, page 1375, où il dit que le crepuscule du soir leur dure 3
heures, ce qui n'a pas beauoup d'aparence, si ce n'est que du costé
du leuant ces peuples ayent des sablons, & autres lieux, où il ne
pleuue point, & qui ne iettent point de vapeurs, & d'exalaisons qui
fassent refraction, & que du costé du couchant ils ayent la mer, ou
d'autres lieux d'où sortent plusieurs vapeurs, & nuës propres pour
renuoyer la lumiere du Soleil 2 ou trois heures apres son coucher.

Mais il ne se faut pas beaucoup trauailler pour les histoires rapor-
tées par ceux qui n'ont vû ce qu'ils disent, parce que l'on y rencontre souuent tant de faussetez, qu'elles font mespriser les auteurs,
& leurs ouurages.

PROPOSITION XII.

Determiner combien le rayon qui frape perpendiculairement le plan qu'il illu-
mine, fait plus d'impression sur ce plan, que lors qu'il le frappe obli-
quement.

SOit le triangle ABC qui represente 2 plans, le
droit, ou l'horizontal CB, & CA l'oblique ou
l'incliné sur l'horizon CB. Il est certain que la lumiere qui tombe obliquement sur AC n'esclaire
pas si fort, que celle qui tombe sur CB, car oûtre
l'experience que l'on a des corps illuminez perpendiculairement, & obliquement, & la lecture
qu'on fait des liures, dont les feüillets sont regardez obliquement & directement, la raison le persuade, qui veut qu'il y ait mesme raison de la force de la lumiere qui frappe, ou couure le plan AC,
& le plan CB, que de CB à CA, & par consequent,

ce

ce triangle rectangle ayant son hypothenuse AC de 5 parties, & sa base de 4, il s'ensuit que la lumiere frape moins fort AC que BC d'vne partie par dessus 5, c'est à dire que si l'illumination du plan AC est de 4 degrez, celle du plan CB est de cinq degrez.

Neantmoins il y a icy quelques difficultez à considerer, dont la premiere est que la lumiere qui se trouue sur des plans differens, semble deuoir estre en mesme raison que les plans, or le plan où le quarré CB est 16, & celuy de CA est 25, qui different dauantage que d'vne cinquiéme, ou d'vne quatriéme partie. Mais ces plans doiuent receuoir la lumiere de mesme façon, comme i'ay suposé dans la proposition precedente : autrement si l'vn la reçoit en biais & l'autre tout droit & à plomb, cette raison n'a plus de lieu.

La seconde est, que le plan AC reçoit autant de rayons que CB, sur lequel nul rayon ne descend qui n'ait passé & qui ne se trouue sur CA : or il doit y auoir vne lumiere égale où il y a vn mesme nombre de rayons; ce qui seroit vray s'ils estoient receus à mesme angles : mais parce que chaque rayon biaise sur AC, sur lequel il n'apuye pas de toute sa force, il ariue que la lumiere totale est plus foible.

Or quelques parties semblables du plan CA, & CB que l'on prenne, par exemple HI & GE, elles auront tousiours mesme raison entr'elles que ces 2 plans entiers: Et si les plans inclinez sont encore en plus grande raison que CA à CB, par exemple si le plan incliné MC est de 10 parties, dont CB est 4, c'est à dire, s'il est double du plan CA, comme il arriue quand l'arc PO, ou l'angle PCO est double de l'arc HO, ou de l'angle HCO ; la lumiere qui tombera sur le plan MC estant 2, celle du plan CB sera 5.

La 3 difficulté peut-estre proposée sur ce que les rayons qui tombent à plomb sur CB, peuuent estre si éloignez de leur luminaire, & ceux qui tombent sur le plan incliné CA, ou CM en peuuent estre si proche, qu'ils seront plus forts, particulierement ceux qui sont vers les sommets A, M, de ces plans; comme il arriueroit si le Soleil estoit au point K, & que n'y ayant que mille lieuës de K en I, il y eust 100000 lieuës de K à G, car pour lors le plan ML, quoy qu'incliné, seroit beaucoup plus illuminé que le plan GB, quoy qu'il reçoiue tous les rayons à plomb.

C'est en quoy les rayons sont differéts des poids ou des autres puissaces sèblables qui poussent, ou pressent les plans: car quelque éloigné que soit le principe de la pression, quand mesme il seroit aussi éloigné que le Soleil desdits plans; la mesme puissance, qui par exemple pousseroit vn baston inflexible contre le plan incliné MC, fera tousiours moins d'impression sur MC, ou AC, que sur CB.

D

Or l'on peut determiner combien le luminaire doit eftre plus proche du plan incliné, que de l'horizontal, pour faire vne égale impreffion fur tous deux, ou pour en faire vn plus ou moins grand fur
l'vn de ces plans en raifon donnée: par exemple, la lumiere ayant 5
degrez de force fur C D, & 2 fur M C, auroit femblablement 5 degrez de force fur M C, fi fon plus grand éloignement d'auec B C luy
ôftoit autant de force, côme l'obliquité en ofte au plan M C: ce qu'ô
determinera par la precedente propofition iointe à celle-cy.

COROLLAIRE.

L'on peut conclure de cette propofition, que l'vne des caufes du
peu de chaleur que nous auons à l'hyuer, vient de ce que les rayons
du Soleil frapent noftre plan horizontal fort obliquement ; d'où il
arriue que les rayons qui fe reflechiffent ne s'aydent point les vns
les autres: comme l'on void fur le plan M C, fur lequel le rayon K Q
tombant obliquement au point Q, fe reflechit en N: de forte que N
Qu'ayde point K Q, à caufe de leur feparatiô: au lieu que les rayons
tombant à plomb s'augmentent mutuellement par leur vnion.

Ie ne parle point icy de la diminution du rayon qui fe fait par les
nuës, les vapeurs, & femblables empefchemens, de peur de mefler
ces circonftances: ni de celle qui vient des differens changemens
des luminaires qui font plus ou moins grands & lucides: parce que
cela apartient à la propofition qui fuit.

PROPOSITION XIII.

Deux ou plufieurs luminaires eftant donnez, determiner la quantité de leur
illumination: où l'on void combien il faut mettre de chandelles enfemble
pour éclairer 2 ou 3 fois plus fort, ou en raifon donnée.

IL y a plufieurs chofes à confiderer dans la force des luminaires,
à fçauoir fi leur lumiere de mefme grandeur eft égale, c'eft à dire,
fi la flamme d'vne chandelle de la groffeur d'vn pouce, ou fi le cone lumineux qui fe fait par vn flambeau de cire, de telle groffeur qu'on voudra, eft auffi fort & donne autant de clarté & de
chaleur, qu'autant de lumiere du Soleil, ou d'vne eftoile: nous ferons apres vne propofition en faueur de cette difficulté.

Ie ne parle point icy de la lumiere de la lune, de Venus, ou des
autres corps qui la reflechiffent, mais de ceux qui la produifent immediatement: or il eft difficile de fçauoir combien vne égale quantité de lumiere prife, ou conçeuë dans le Soleil, eft plus forte que
la flamme d'vn flambeau, & de combien elle eft plus viue. Cette
plus grande force vient peut eftre de ce que fa lumiere qui nous
éclaire icy, n'a point de fumée comme nos flammes; & que fa matiere eft plus épurée, & mefme qu'elle eft incorruptible, ie laiffe

ceux qui penſent que le Soleil eſt vn corps tres compact, & ſemblable à vn or tres-pur enflammé : quoy que d'autres ayment mieux
imaginer qu'il eſt tres liquide & compoſé d'vne matiere qui ſe meut
d'vne grande viteſſe. Quoy qu'il en ſoit, puis que nous ne pouuons
auoir que de ſimples penſées, & des coniectures de ces grands corps
lucides qui ſont ſi éloignez de nous, il ſuffit de conſiderer nos flammes, & de raiſoner des autres à proportion.

Ie dis donc premierement que deux luminaires égaux eſclairent
également d'égales diſtâces, ou qu'ils illuminét également vn meſme
eſpace, ou vn égal, lors qu'on les conſidere ſeul à ſeul : car toutes les
cauſes égales produiſent vn effet égal, quâd toutes les circóſtances
ſont égales. Par exemple, deux chandelles de meſme groſſeur & de
meſme matiere allumées de meſme façon, enuoyent leurs rayons
auſſi loin, & illuminent l'air & les autres corps qu'elles eſclairent,
auſſi fort l'vne que l'autre.

Mais quand ces 2 chandelles illuminent les meſmes obiets en
meſme temps, & que l'on conſidere leurs 2 actions iointes enſemble ; par exemple, lors que la flamme, ou ſi vous voulez, le point lucide C illumine le point H du plan A B, & qu'il luy a communiqué
tout ce qu'il a peu ; à ſçauoir ſi la flamme égale D peut encore com-
muniquer autant de lumiere au meſme point? car bien qu'il ſoit
certain qu'il augmente la lumiere & la chaleur du
point H, toutes-fois il n'eſt pas ſi certain qu'il l'augmente de moitié, parce qu'il n'eſt peut eſtre pas capable de receuoir vne double lumiere, ou vn double mouuement ; ioint qu'on peut penſer que comme le mouuement CH produit par les deux mouuemens de CE vers AH, & de CA vers EH, eſt moindre
qu'eux, puis que C H eſt moindre que C A ioint à
C E, le mouuement ou l'illumination du point H peut auſſi eſtre
moindre, que les deux illuminations des deux flammes C & D con-
ſiderées ſeparément.

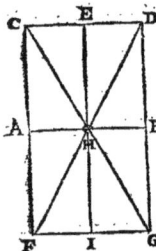

A quoy i'aioute que la flamme D pouſſe ou meut le point H par
la ligne D H, comme ſi elle le vouloit pouſſer au point F, & que la
flamme C le pouſſe vers G : & partant le mouuement ou l'illumination de H eſt vn mouuement compoſé de CH & de DH, de ſorte
que ſi le plan AB n'eſtoit dur, & reflechiſſant, & que les forces C, D
peuſſent paſſer à trauers ſans aucun empeſchement, il ſemble que
le point H, meu de ces 2 mouuemens, deuroit deſcendre en I par la
ligne HI compoſée des deux mouuemens HF & HG ; de meſme que
2 cordes HC & HD tirées d'vne égale force attireroient le point H
qui les conduit au point E par la ligne HE.

Or ſi l'on ne veut point s'amuſer à cette conſideration, & que
l'on ſupoſe qu'vne lumiere n'empeſche point que tant d'autres
qu'on voudra n'ayent autant d'effet ſur les corps deſia illuminez

que fur ceux qui ne l'eſtoient pas encore.

Ie dis en ſecond lieu qu'il ſemble que deux corps lucides égaux illuminent dauantage eſtant ſeparez, qu'eſtant ioints enſemble, à raiſon que c'eſt par leurs ſurfaces qu'ils illuminent, car les deux ſurfaces de 2 flammes égales ſont plus grandes quand elles ſont deſunies, puis qu'il ſemble qu'il en faille ioindre 4 enſemble, pour faire leur ſurface vn peu plus que double de la ſurface d'vne ſeule flamme conſiderée à part & deuant ſon vnion auec les autres : car la flamme octuple en grandeur n'a que quatre fois autant de ſurface.

Il y a beaucoup d'autres conſiderations à faire ſur cette vnion & diuiſion des luminaires par exemple qu'eſtant ſeparez ils peuuent illuminer le point ou le corps H des deux coſtez, comme feroient deux Soleils opoſez & éloignez de 180 degrez, qui éclaireroient toute la ſurface de la terre en meſme temps, ou comme 2, ou 4, fagots qui echauferoient le corps de tous les coſtez en meſme temps, & qui par conſequent receuroit plus de leur lumiere que s'ils eſtoient ioints enſemble pour vne ſeule flamme.

Il eſt aiſé d'en faire l'experience en pluſieurs façons, ſoit auec 4 feux, ou 4 chandelles également éloignées de quelque eſcriture; car en les raſſemblant on verra ſi elles illumineront moins d'vne meſme diſtance que lors qu'elles ſont ſeparées: mais il eſt difficile, & preſqu'impoſſible d'eſprouuer ſi leur lumiere ou leur chaleur ſera iuſtement double, parce que les ſens ne ſont pas capables d'vne telle preciſion: de ſorte qu'il s'en faut raporter au raiſonnement.

Si quelqu'vn imagine que la force de la lumiere ſuit la raiſon de la ſolidité des luminaires, il eſt aiſé de conclure qu'vne flamme dont le diametre eſt double d'vne autre flamme, illuminera 8 fois autant. Les differens éloignemens d'vne flamme, & puis de 2, de 4 & de 8 flammes ſituées dans la meſme circonference d'vn cercle, & puis iointes enſemble feront apercevoir à l'œil ce que l'eſprit en doit conclure: car il ſembe qu'vne flamme double en ſurface doit eſclairer auſſi fort de deux diſtáces, qu'vne flamme ſous double éclaire de la diſtance d'vne toiſe, & que la flamme compoſée de 8 autres flammes égales doit éclairer auſſi bien de 4 fois auſſi loin; puis qu'elle a 4 fois autant de ſurfaces, & qu'elle imprime 4 fois autant de mouuement.

Et ſi cela n'arriue pas, il faut penſer que les circonſtances l'empeſchent, ſoit que les petits corps qui compoſent l'air, ou qui rempliſſent ſes pores, ne puiſſent receuoir ce redoublement de lumiere, ou qu'elle diminuë comme fait le mouuement compoſé: ſoit que les petits atomes qui deuroient augmenter la lumiere, ne puiſſent trouuer aſſez de pores, ou de vuides en l'air illuminé, pour entrer dedans, & qu'ils ſoient contrains de prendre vn autre chemin pour faire place à ceux qui viennent continuellement du luminaire.

Mais ie parleray encore de cette difficulté dans la 20. propofition
où l'on verra de ñouuelles penſées ſur ce ſuiet.

PROPOSITION XIV. PREPARATOIRE.

Determiner ſi l'on peut trouuer combien nos flammes ſont plus foibles, & éclai-
rent moins qu'vne partie du Soleil égale auſdites flammes, par exemple;
de combien la groſſeur d'vn pouce du Soleil éclaire dauantage que la
flamme de meſme groſſeur d'vne chandelle, ou d'vne lampe.

CEtte difficulté n'eſt pas impoſſible à reſoûdre, puis que l'experience nous peut ſeruir pour ce ſuiet, quoy qu'elle ſoit tres
difficile : il eſt donc queſtion de trouuer combien vn morceau du
corps du Soleil de la groſſeur d'vn pouce, ou de telle autre groſſeur
qu'on voudra, illumine plus fort que la flamme d'vne chandelle ou
du feu, de meſme groſſeur : ce qui eſt la meſme choſe que ſi nous
imaginions qu'vn feu ſemblable au noſtre fuſt où eſt le Soleil, &
que nous vouluſſions ſçauoir s'il nous éclaireroit autant que fait le
Soleil, ou de combien il nous éclaireroit moins, car ie ne penſe pas
qu'il y ait aucun, qui penſe, ou qui croye que le feu, ou la chandelle
nous donnaſt dauantage de lumiere.

Nous pouuons donc premierement experimenter de combien
la lumiere du iour nous éclaire dauantage qu'vne chandelle d'vne
groſſeur donnée, i'apelle la lumiere du iour celle qui n'eſt pas faite
par la lumiere immediate du Soleil, ſoit directe ou reflechie, &
rompuë par des miroirs, ou des diaphanes polis, qui portent le rayon, & l'éclat du Soleil es lieux differents où la reflexion & la refraction les fait reiallir.

Cette lumiere du iour eſt celle qui pareſt dans les chambres à trauers les chaſſis de papier, ou des autres corps qui ne laiſſent point
paſſer les rayons, ou l'éclat & la ſplendeur du Soleil : ou qui ſe void
dehors à trauers les nuës, quand le temps eſt couuert, comme l'on
dit, ou meſme hors des rayons du Soleil quand il éclaire immediatement : cette lumiere du iour pareſt comme vne ombre à l'égard
de la premiere lumiere.

Or il eſt certain que cette lumiere peut eſtre ſi foible qu'vne chandelle nous éclairera dauantage, côme l'on experimente au matin &
au ſoir, vn peu auât & apres le leuer & coucher & du ſoleil, & dâs pluſieurs lieux des châbres, où le iour eſt moindre que la lumiere de nos
feux : & ſi l'on met pluſieurs verres, ou chaſſis les vns ſur les autres,
l'on obſcurcit tellement le iour qu'on ne peut lire, quoy que les rayons dû Soleil frapent à trauers, parce qu'ils ſe perdent peu à peu,
& qu'il n'en demeure pas aſſez ſur le dernier chaſſis pour pouuoir
lire à trauers : de ſorte que ſi l'on ſçauoit combien chaque chaſſis
nous oſte de rayons, nous pourrions tellement proportioner nos

chandelles qu'elles nous éclaireroient autant que le iour de l'vn des chaffis.

Si apres auoir fermé les feneftres d'vne chambre, en laiffant vn trou de la groffeur de la flamme d'vne chandelle à l'vne d'icelles, comme l'on fait quand on veut reprefenter tous les obiets de de-hors ou les taches du Soleil, & qu'en opofant vn carton, vn ais, ou quelqu'autre corps audit trou, il receuft la lumiere du Soleil d'vn cofté, & de l'autre cofté celle d'vne chandelle de la mefme groffeur du trou, & qu'on peuft iuger, de combien l'vne de ces lumieres eft plus forte que l'autre, il n'y auoit plus qu'à fuputer à quelle par-tie du corps du Soleil auffi proche de nous comme la chandelle, ref-pondroit cette lumiere folaire qui entre par le trou de la feneftre.

Car il ne fuffit pas que les trous foient égaux pour iuger de l'ega-lité des lumieres qui y paffent, il faut confiderer la grandeur du lu-minaire, d'où vient la lumiere, & fa diftance d'auec le trou, parce que le Soleil auffi bien que le feu ou le flambeau, peut eftre imagi-né fi prez du trou, qu'il n'y aura que la partie du Soleil égale au trou, d'où viendra la lumiere; ce qui fera la mefme chofe que fi l'on couppoit vne partie du Soleil affez grande pour boucher ledit trou.

Sur quoy l'on peut former vne nouuelle difficulté qui feruira pour la precedente, à fçauoir fi cette portion du Soleil apliquée au trou éclaireroit d'auantage que ne fait maintenant le Soleil entier éloigné de ce trou de 12, ou 15 cent femi-diametres, ou rayons de la terre: c'eft à dire fi le Soleil enuoye plus de rayons par ce trou, que ladite portion imaginée proche du trou; car fi les rayons de l'vn & de l'autre font également épais, il femble que le trou, ou ce qu'on void par le moyen de ce trou, doit eftre également illuminé.

Si nous auons égard à tous les points de la furface du Soleil d'où l'ô peut tirer vne ligne droite iufques audit trou, il eft certain que ce trou reçoit des rayons de toute cette furface: & qu'il n'en reçoit au-cû autre que de la feule portion du Soleil égale au trou, de forte que le peu de rayons qu'il reçoit de cette portion feront auffi forts que tous les rayons de toute cette furface du Soleil, s'ils illuminent le trou également, c'eft à dire fi le nombre des rayons eft égal.

Mais parce que cette difficulté merite vne propofition particu-liere, ie reuiens à la prefente, pour dire premierement qu'il eft certain que la groffeur d'vn pouce de lumiere du Soleil paffant par vn trou, a beaucoup plus de lumiere & plus d'effet, que la flamme de nos chandelles de mefme groffeur, comme enfeigne l'experience, car ce pouce de lumiere folaire peut faire brufler eftant rompuë par vn excellent diafane conuexe, ou reflechie par vn miroir concaue, ou du moins qu'elle peut beaucoup plus échauffer, & éclairer, car il pourroit arriuer que l'efpace d'vn pouce ne contiendroit pas affez de rayons pour brufler par reflexion; ce que i'effayray de determiner dans la Catoptrique, & dans la Dioptrique.

La feule lecture d'vn liure qu'on fera à la faueur de ces deux lumieres, contraindra d'auoüer que la lumiere du Soleil eft plus viue
que celle de la chandelle; mais parce que cette lumiere folaire eft
faite par les rayons de toute la demie furface du Soleil que nous
voyons, & que la flamme de la chandelle femble donner vn nombre de rayons d'autant moindre, qu'elle eft moindre que la furface
folaire, il eft neceffaire de determiner l'autre difficulté, à fçauoir fi
le Soleil, éloigné comme il eft, donne plus ou moins de lumiere
par le trou de la feneftre, que s'il eftoit tout proche du trou: de forte que cette propofition n'aura ferui que pour preparer à celle qui
fuit, laquelle feruira femblablement pour la mefme, comme nous
verrons cy-apres.

PROPOSITION XV.

Determiner fi le Soleil efclaire plus fort par le trou fait dans la feneftre d'vne
chambre, eftant éloigné comme il eft, que s'il eftoit fi prés dudit trou
qu'il le bouchaft : ou qu'vne portion du Soleil égale à ce trou
fuft apliquée pour le boucher : & combien de fois il
éclaire dauantage.

ENcore qu'il femble que ce foit vne mefme chofe ou que le Soleils'aplique luy mefme au trou d'vne chambre, ou qu'ó aproche ce trou de la furface du Soleil, & que l'on imagine qu'vne portion dudit Soleil égale au trou, y foit apliquée; il y a neantmoins
autant de difference qu'entre vn petit feu de la groffeur d'vn pouce, qui échaufferoit par l'ouuerture d'vn trou, & vn grand feu de
l'efpaiffeur, & largeur d'vne toife, ou plus, qui échaufferoit par le
mefme trou: or l'experience enfeigne que le feu plus épais, ou plus
grand échauffe dauantage, à raifon qu'il y a plus de parties qui agif-
fent: de forte qu'on peut dire que le Soleil apliqué au trou illumineroit beaucoup plus puiffamment qu'vne portion du foleil d'vn
pouce en groffeur: parce que fon action eft aydée, & augmentée
par fon épaiffeur, ou fa profondeur; ce qui nous fait encore naiftre
vne nouuelle difficulté, que ie reffere pour vn autre lieu, afin que ie
ne mefle point tant de confiderations, & que nous n'ayons maintenant que la grandeur des furfaces à comparer enfemble.

Il faut donc premierement fupofer que le diametre du Soleil
contient 5½ celuy de la terre, dót il eft éloigné de 1500 demi-diame-
tres de forte que le diametre du Soleil a 16500 lieües, ou 247500000
pieds.

Mais il fuffit que nous prenions des lieües, & partant faifons que
le diametre du trou pár où le Soleil entre, foit d'vne lieüe, & qu'on
veüille fçauoir quelle raifon a la lumiere du Soleil entrant par ce

trou, à la lumiere d'vne partie du mesme Soleil égale à ce trou, qu'on
imagine iointe audit trou : ce qui reuient à la mesme chose que si le
Soleil bouchoit ledit trou.

Il est certain que cette portió du Soleil ne seroit que la 272500000.
partie de la surface aparente du Soleil, que ie supose icy comme vn
cercle ; car cette partie seroit le quarré de 16500. Et pource que le Soleil est éloigné de 2250000 lieuës, la portion de la lumiere receuë
par ledit trou est signifiée par le quarré de ce nombre, parce que
la superficie de la demie sphere illuminée par le Soleil, a mesme raison à ce trou, que 1 au quarré de 2250000 ; & partant il y aura mesme
raison de toute la lumiere du Soleil, à celle qui entre par le trou,
comme du quarré de 2250000.

Or la lumiere du Soleil est à celle de sa portion égale à ce trou,
comme le quarré de 16500 à 1, donc la lumiere de ladite portion sera plus grande que celle du trou, de la raison du quarré de 2250000
au quarré de 16500 : qui est comme .8595 à 1 : de sorte qu'vne
portion d'vne lieuë, d'vn pied, ou d'vn pouce du Soleil appliquée
au trou d'vne lieuë, d'vn pied, ou d'vn pouce, éclairera dix-huict
mil cinq cens quatre-vint quinze fois d'auantage que la lumiere ordinaire du Soleil qui passe par le mesme trou.

D'où il est aisé de conclure que la grandeur d'vn pouce du Soleil
estant proche de nous brusleroit plus fort, que nos meilleurs, & plus
grands miroirs concaues, qui ne pourroient l'égaler s'ils n'auoient
leur diametre de 12 pieds, ou de 2 toises ; & s'ils ne r'assembloient
tout ce qu'ils receuroient de lumiere dans l'espace d'vn pouce : de
sorte que les flammes de nos chandelles de mesme grandeur qu'v-
ne portion du Soleil, ont si peu de lumiere à l'égard de cette portion, qu'elles ressemblent plustost aux tenebres, qu'à la lumiere : &
par consequent il suffit de comparer lesdites flammes, à la lumiere
dix-huit mille fois plus foible, comme est celle du Soleil qui passe
par le trou, dont nous vsons pour les comparer, ce que nous ferons
dans la propos. qui suit, apres auoir remarqué que la lumiere du Soleil s'affoiblit d'autant plus qu'il est plus eloigné de nous, suiuant les
loix expliquées dans la 6. prop.

PROPOSITION XVI.

*Rechercher de combien la lumiere immediate du Soleil est plus forte, ou plus
claire que celle de la flamme d'vne chandelle, & combien celle-cy est
plus forte que la lumiere de la Lune.*

IL faut premierement remarquer qu'il n'importe nullement de
quelle grandeur soit la flamme de la chandelle qu'on veut comparer à celle du Soleil, d'autant qu'on prend tousiours vn espace
illuminé

illuminé par le Soleil, égal à la lumiere, ou à son illumination : par exemple, si l'on supose la lumiere du Soleil d'vn pouce de grandeur, on prend aussi la flamme d'vn pouce.

En second lieu, il est certain que le Soleil peut estre imaginé si loin de nous, qu'il ne nous illuminera pas tant qu'vne chandelle, qui le surpasseroit, si son éloignement estoit égal à celuy des estoiles.

Troisiesmement, qu'il nous éclaireroit 36 fois moins, par exemple, s'il estoit 6 fois plus éloigné qu'il n'est, par la 6 proposition ; & partant, que son aparence ne seroit que de cinq minutes, ou enuiron ; puis que son diametre parestroit 6 fois moindre que nous ne le voyons maintenant : & s'il estoit aussi éloigné de nous comme sont les estoiles, à sçauoir 300 ou 400 fois plus éloigné qu'il n'est, il ne nous éclaireroit pas dauantage que lesdites estoiles, qui nous paroissent aussi grandes, comme il paroistroit : & partant il nous illumineroit beaucoup moins qu'elles, s'il estoit 600 fois plus éloigné ; de sorte que l'on peut tenir pour certain que la lumiere d'vne chandelle nous éclaireroit plus fort que la lumiere du Soleil qui n'auroit plus que la 360000 partie de sa vertu.

Si les diafanes concaues de verre diminuent autant la lumiere comme les miroirs concaues d'acier, ou de verre terminé par l'estain, les augmentent ; on pourroit voir apres qu'vn miroir concaue d'acier d'vn demi pied en diametre aura rassemblé la lumiere qu'il reçoit d'vne chandelle, & que le concaue de verre aura diuisé, ou dissipé la lumiere du Soleil, qu'il aura receuë en mesme grandeur, si cette lumiere du Soleil ainsi dissipée sera égale à la lumiere de la chandelle ramassée, ce qu'estant fait, & ayant trouué qu'elle est égale, le calcul qu'on fera de l'augmentation & de la diminution de ces lumieres donnera la conclusion, & montrera de combien la lumiere immediate du Soleil est plus forte, que celle d'vne chandelle dont on est tout proche : quoy qu'il y auroit tousiours de la difficulté, à cause que les rayons paralleles du Soleil se ramassent mieux par les miroirs, & les diafanes, que ceux des chandelles, qui ne peuuent estre pris pour paralleles ; ioint que la lumiere de la chandelle éclaire tousiours mieux à vn pied pres, qu'au lieu où sa lumiere est ramassée par vn verre, ou par vn miroir.

E

MANIERE D'EXPERIMENTER LA FORME
de la lumiere tant au matin qu'à midy , par le moyen de l'ombre.

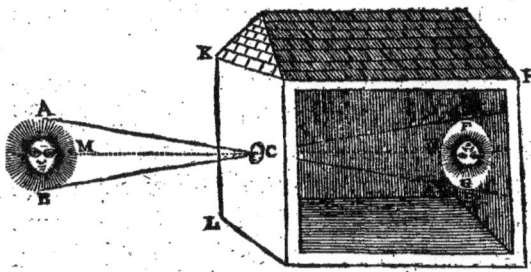

SVpofons vne fa-
le ou vne gallerie
aſſez longue, & que
le Soleil vienne de
ſe leuer, en ſorte qu'il
enuoye ſa lumiere iuſ-
ques au bout, ſuiuant
la figure du cone lumi-
neux CFG, dont la ba-
ſe FG ſoit tellement élargie ou rarefiée, que l'on voye clairement
que cette lumiere eſt plus foible que celle d'vne chandelle, qu'on
aura allumée à part, ſans qu'elle ayde à celle du Soleil, & aprez qu'en
approchant du trou C, l'on aura trouué le lieu où elle eſt égale à la
chandelle, il faut meſurer le diametre de la baſe, & ſa diſtance d'a-
uec le trou.

Et afin de ne ſe pas tromper, il faut opoſer quelque corps opaques à la chandelle, afin de voir s'il fera de l'ombre ſur la lumiere du
Soleil, ce qui témoignera qu'elle n'eſt pas plus forte en cét endroit
que la lumiere de ladite chandelle : quoy qu'il faille bien de la pre-
caution en ces ombres, comme ie diray en parlant de l'ombre.

Mais parce que la lumiere du matin ou du ſoir eſt beaucoup plus
foible que depuis midy iuſqu'à 2 ou 3 heures, il faut atacher vn ais
de ſuffiſante longueur & largeur ; & chercher vn lieu propre dans
quelque cour, ou iardin, d'où l'on puiſſe voir le Soleil vers ſon
midy, qui darde ſes rayons par vn trou fait au milieu de l'ais, de la
groſſeur d'vne ligne, ou d'vne autre meſure, ſuiuant ce qu'on
experimente : car ſi on reçoit le cone lumineux (dont le ſommet commence prez du trou, & la baſe finit à terre) dans vn
lieu expreſſement obſcurci par des tapis ou autrement, de ſorte
qu'il n'y ait point d'entrée en ce lieu que pour ledit cone, on verra
en quel lieu ſa baſe fera la lumiere égale à la chandelle ; & ſi au lieu
qu'il aura fallu 2 toiſes, par exemple, pour l'éloignement du trou
qui donne au matin la lumiere égale à la chandelle, il faut 10 toiſes
à la lumiere du midy, pour la trouuer égale à celle du matin ; on aura
ſa force du midy : & ſi l'on veut, on vſera, comme deuant de l'ombre
faite par la chandelle ſur la lumiere du Soleil.

Ce qui aprendra combien les vapeurs du matin font perdre des rayons, ou de la force du Soleil, de ſorte qu'à toute heure du iour, l'on
pourra ſçauoir la force de la lumiere : & lors que la ſurface du Soleil
eſt couuerte de macules, ou qu'il a pluſieurs facules, il ſera ayſé de

voir combien sa lumiere s'afoiblit ou s'augmente.

Au reste si le trou qu'on fera à la fenestre par où doit passer le rayó du Soleil, est d'vne ligne, & qu'il faille s'en eloigner de 20 toises; la base du cone lumineux aura pour le moins vn pied de diametre; de sorte que si proche dudit trou, la base du cone n'a qu'vne ligne, sa lumiere sera vint-mil sept cens trente-six fois plus forte que celle de la base dont le diametre a vn pied, parce que cette base contient 20736 fois la base lineaire du trou.

Ce qui fait assez voir qu'il n'est pas necessaire de s'en éloigner de 20 toises, vne seule experiéce d'vn quart d'heure enseignera le tout & donnera le moyen de connoistre combien la lumiere du Soleil est plus forte tout proche du Soleil, ou dans le Soleil mesme, que la lumiere de nos chádelles, & celle-cy, que la lumiere d'vn ver luisant; de sorte qu'on pourra mesurer chaque degré de lumiere, soit directe, reflechie, ou rompuë vne ou plusieurs fois.

Mais il faut remarquer qu'il sera plus commode d'atacher vne lame de fer blác ou d'autre matiere, au haut de quelque toit, qui soit ronde & qui ait vn pied en diametre & vn trou au milieu de la grosseur du petit doigt, afin qu'on puisse rencontrer plus aisement le cone rayonnant de la lumiere du Soleil qui sera iustement tout couuert par cette lame, & qui par cósequent aydera à enuisager le trou & le rayon du milieu, afin de sçauoir le lieu où le cone radieux doit tomber, & d'y accommoder comme vne petite chambre qui ait vne ouuerture de la mesme grandeur & figure de la lame.

Or l'on peut border cette ouuerture de quelque frange noire, par exemple de peluche, ou de drap, mais afin d'empescher les rayons de toutes les autres lumieres, & qu'il n'y entre que celle dudit cone, dont on comparera la base lumineuse à la lumiere d'vne chádelle cachée par vn tapis, ou vne lanterne sourde, afin qu'elle ne se mesle point auec celle du Soleil, que lors qu'on experimenta si elle iette l'ombre sur elle.

L'experience poura faire trouuer plusieurs autres precautions, dont il est difficile de s'auiser auant l'obseruation.

CONIECTVRES DE LA FORCE DE LA
lumiere du Soleil, & maniere pour la trouuer.

Entre plusieurs manieres dont il semble qu'on peut trouuer la proportion de la lumiere du Soleil & de la chandelle, la lecture de tres-petites, & de tres grosses lettres, ou characteres peut seruir, car s'il arriue que le mesme œil lise aussi bien des caracteres huit fois plus gros à la chandelle, que 8 fois plus petits à la lumiere du Soleil, qui passe par vn trou de la grosseur de la flamme de la chandelle, ce sera vn signe qu'elles sont égales : quoy qu'il arriue souuent qu'on ne list pas si bien à vne plus grande, qu'à vne moindre lumiere, parce que sa trop grande splendeur eblouït & fait pleurer les yeux.

Mais afin que ceux qui trouueront la commodité d'vne galerie, ou d'vne sale pour obseruer le Soleil leuant, ou le couchant, qui a coustume d'estre plus fort, ie mets quelques mesures qui pourront seruir, & quelques coniectures, dont on iugera apres l'obseruation.

Soit donc DE le trou de la chambre, ou du bastiment par où la lumiere du Soleil entre : si l'on supose que l'angle AOB soit d'vn demi degré, sous lequel le diametre AB du Soleil a coustume de parestre, & que la base FG soit éloignée de 5 pieds du trou O, le diametre FG sera d'vn demi pouce, car puis que le rayon OF de 5 pieds contient 60 pouces, & que la circonference du cercle dont OF est le rayon, contient du moins 6 fois OF, il est constant que cette circonference aura 360 pouces, (car il n'est pas icy necessaire de mesurer la circóference plus exactement :) dont chaque demidegré sera d'vn demi pouce, & partant le rayon de dix pieds donnera vn pouce pour la largeur de la lumiere FG : & par consequent il faudra s'éloigner du trou O de 60 pieds pour auoir la largeur de la base GF d'vn demi pied, & de 120 pieds ou de 20 toises pour l'auoir d'vn pied, qui donnera beaucoup moins de lumiere qu'vne chandelle ; soit qu'on prenne cette base au soir, ou au matin, ou à midy, mesme.

Et si l'on veut vser de la flamme de la chandelle, ou de la lampe (qui est plus commode, & plus exacte, parce qu'elle demeure en mesme hauteur) comme d'vn prélude, il faut tellement l'éloigner d'vn trou qu'on la voye sous l'angle de demi degré, afin qu'en mesurant sa proiection de lumiere conique, on sçache comme il faudra faire pour mesurer celle du Soleil.

Mais quand on receura son cone radieux, lors qu'il est eleué de 40, ou 50, degrez, plus ou moins, sur l'horizon, oûtre ce que i'ay dit cy-deuant, ceux qui sont sur les ports de mer, pourront attacher vne lame ronde au haut d'vn mas de nauire, & faire entrer le cone du Soleil qui aura passé par le trou de la lame, par la fenestre d'vne chambre, qu'ils obscurciront tellement qu'il n'y aura que cette lumiere conique du Soleil qui y soit sensible.

Ie laisse les autres commoditez des arbres toufus, à trauers lesquels on peut faire vne ouuerture qui conduira le cone lumineux : & au lieu de chambre, qui reçoiue la base de ce cone, l'on peut former vne petite hutte auec des couuertures, tapis, ou manteaux, en y laissant seulement vne ouuerture égale à la base dudit cone, & en empeschant le mieux qu'on pourra, que nulle autre lumiere n'y entre. Ceux qui trauaillent à des mines, ou quarieres profondes, où

le Soleil enuoye quelquefois fa lumiere, ont encore plus de commodité pour faire cette experience: ioint que le Soleil du midy donne plus de loifir pour l'obferuation : laquelle fe pourroit auffi faire dans vn puis, ou en des quarrieres profondes, comme celles
d'Angers, & des autres lieux, d'où l'on tire l'ardoife & les autres
pierres.

Si l'on pouuoit accommoder vn zodiaque large d'vn pied au haut
de quelque toit, par lequel on conduiroit vn trou par quelques refforts, afin qu'il fuiuift le cours & le lieu du Soleil, & que fa fplendeur
paffaft toufiours par le mefme trou, l'experience feroit tres-aifée:
ie laiffe plufieurs autres façons d'experimenter la force de la lumiere du Soleil, qui dépendent de la reflexion & des refractions.

Experience faite.

Encore que le 23. Iuillet i'aye, ce me femble, affez experimenté la
force, ou la clarté de la lumiere du Soleil vne ou deux heures auant
qu'il fe couchaft, pour determiner combien elle eft plus forte que
la lumiere de la chandelle dont on eft tout proche, neantmoins ie
feray bien aife que chacun en faffe auffi l'obferuation, pour fe confirmer dans la verité.

Ayant donc fait paffer la lumiere immediate du Soleil par vn trou
rond d'enuiron vne ligne, ou vn peu d'auantage, à deux toifes, ou 12
pieds du trou, i'ay treuué que le diametre de la bafe du cone lumineux du Soleil eftoit de 16 lignes, c'eft à dire d'vn pouce & vn tiers,
ou enuiron; & que cette lumiere deuenoit bluaftre, comme de l'a-
midon, en la prefence de la flamme de la chandelle; & qu'à l'approche de cette flamme elle s'euanoüiffoit prefque toute de deffus
l'obiet illuminé, c'eft à dire qu'elle n'y paroiffoit quafi plus: par où
i'ay connu & conclu que fi l'on s'eloigne feulement de 4 toifes du
trou; afin que le diametre de la bafe foit de 2 pouces & demi ou enuiron, cette lumiere ne fera pas plus forte que celle d'vne chandelle
ordinaire, comme eft la bougie de la groffeur de 6 lignes.

Ce qui rend l'experience fi aifée qu'il n'y a plus perfonne qui ne
la puiffe faire dans fa chambre, fi elle a vne ouuerture au leuant, ou
couchant: de maniere que l'on n'a plus que faire de choifir vne longue fale ou galerie, fi ce n'eft pour faire l'effay par vn trou beaucoup plus grand par où paffera le Soleil, ou pour voir tous les degrez de lumiere depuis celle du trou iufques aux tenebres, que l'on
aura quand la bafe du cone aura vn pied de largeur: car puis que 4
toifes affoiblissét trop la lumiere du Soleil pour eftre égale à la clarté de la chandelle, elle ne doit donner aucune lumiere fenfible à 16
toifes plus loin, fi ce n'eft qu'à raifon de fes rayons qui font quafi paralleles, elle ait quelque priuilege; mais l'experience fera voir fi la
lumiere de cette chandelle fe diminuera dauantage que celle du Soleil.   E iij

Or il eſt euident par mon obſeruation, que la lumiere du Soleil priſe à vn pied du trou eſt 144 fois plus forte que celle de la chandelle, par la 6 propoſ. puis qu'à 12 pieds loin de ce trou ces 2 lumieres ſont égales ; & parce que nous auons calculé dans la 15. propoſition, combien la lumiere du Soleil priſe dans le Soleil meſme, c'eſt à dire combien vne portion du Soleil égale au trou & appliquée à ce trou, ſeroit plus forte, & illumineroit dauantage, à ſçauoir prez de 18000 fois, ce nombre multiplié par 144 montrera que la lumiere du Soleil priſe dans ſa ſource, égale à la flamme de la chandelle eſt 2592000 fois plus puiſſante, & illumine dauantage, que ladite chandelle.

Qui pourra s'imaginer de quelle matiere doit eſtre le Soleil, pour auoir deux milions cinq cens nonante & deux mille fois plus de lumiere que nos feux? quoy qu'ils fuſſent auſſi grands que tout le Soleil, c'eſt à dire plus grands 144 fois que la terre.

Nous ne pouuons l'imaginer plus auantageuſement que comme vne groſſe maſſe liquide de metal, ſoit d'or, ou d'argent, fondu comme dans vne fournaiſe, d'où coule le metal ſoit pour fondre & faire les cloches ou les canons, ou pour fondre la mine de fer, & ſes *geuſes* : dont l'œil ne peut ſouffrir l'éclat qu'auec peine · car il ſemble qu'il ſoit affecté de meſme ſorte que s'il regardoit le Soleil.

ADVERTISSEMENT.

L'on pourra encore comparer la lumiere de la chandelle en l'enfermant dans vne lanterne ſourde, d'où elle ne luiſe que par le trou d'vne ligne, ou par vn trou égal à la baſe de la lumiere du Soleil : & quand par l'éloignement du trou par où paſſe le Soleil, ſa lumiere ſera beaucoup plus foible que celle de la chandelle, on pourra faire paſſer la lumiere de ladite chandelle par vn trou, pour prendre ſa baſe iuſques à ce qu'elle ſe trouue égale à la baſe de la lumiere du Soleil.

Il n'y a rien plus facile de ſçauoir combien la baſe du cone que fait que le Soleil eſt plus foible, & illumine moins qu'au trou par où elle paſſe ; car il ne faut que voir combien de fois ſon diametre contient celuy du trou. par exemple dans mon experiéce de douze pieds, loin du trou, la baſe du trou d'vne ligne ſe trouue 16 fois dans l'autre baſe éloignée de 12 pieds, & partant la lumiere du Soleil eſt 256 fois plus foible à cét éloignement qu'au trou : & par conſequent la lumiere de la chandelle eſt du moins plus foible 256 fois que celle du Soleil priſe au trou.

PROPOSITION XVII.

Determiner si le Soleil, estant consideré immobile, lors qu'il éclaire vn obiet
semblablement immobile, illumine tousiours par vn mesme rayon,
ou s'il en change à chaque moment.

CEtte difficulté ne parest pas beaucoup grande dans l'opinion
de ceux qui pensent que le rayon est vn accident tiré de l'air:
car suposé que l'air ne soit point agité, il n'y a pas de raison pourquoy le mesme rayon ne doiue pas perseuerer, veu qu'il n'est pas besoin d'vne nouuelle production de lumieres, ou d'especes inten-
tionnelles, puis que la premiere lumiere demeure ferme.

Mais parce que cette eduction ne semble estre autre chose, que
la reduction de la puissance qu'a la matiere de la lumiere à se mouuoir, & que cette reduction en acte, ou cette actualité, n'est que le
mouuement actuel de cette matiere qui continuë depuis le Soleil
iusques au fonds de l'œil, & par tout ailleurs; & que cette matiere se
meut perpetuellement comme vn torrent; on peut dire que le
rayon du Soleil se change perpetuellement, quoy qu'on ne le
puisse aperceuoir.

Ce qu'il faut aussi conclure suiuant la pensée de ceux qui croyent
que la lumiere est vne grande multitude de petites parcelles, qui sortent continuellement du Soleil, quoy qu'il ne semble point diminuer, soit parce qu'elles y retornent par quelques chemins que
nous ne sçauons pas, ou qu'elles sont si petites & si subtiles, que
leur continuelle sortie par l'espace de 6000 ans n'ait pas diminué
le Soleil sensiblement.

C'est vne chose merueilleuse que l'espace de 8 ou 15 iours vne fleur
de lis, ou vne rose puisse perpetuellement ietter hors de soy vne
sphere entiere de petits corps, dont le diametre a du moins vne toi-
se: car si l'on diuise ce temps en secondes minutes, ce qui sera sorti
de cette fleur sera plus gros qu'vne maison: car il est certain que les
vapeurs odorantes sont de petits corps, & qu'il n'y a nul lieu dans la
sphere d'actiuité de cette fleur, qu'elle ne parfume par son odeur: ce
qu'ô peut encore dire du musc, & des autres corps qui ont de l'odeur.

L'on peut dire qu'vne fleur tire de nouuelles odeurs, ou de nou-
ueaux corpuscules, ou atomes odoriferans de la terre & de l'eau,
pendant qu'elle demeure sur sa tige: mais quand vne fleur de iasmin,
ou vne feüille de marjolaine est separée de la branche, & qu'elle
remplit perpetuellement, la spere de son action vne semaine entiere, il est difficile de comprendre comme vne feüille si mince peut
comprendre vne si grande multitude & quantité d'atomes; de
sorte que quelque opinion qu'on embrasse, il est difficile de se contenter sur mille difficultez qui se presentent, dont nous parlerons
encore cy-apres.

Or quelque changement qui puiſſe arriuer à ce rayon, on peut dire qu'il eſt le meſme, à raiſon qu'il a vn meſme effet, & qu'il preſſe également tandis qu'il frape l'obiet par vne meſme ligne: & que l'on a couſtume de prendre l'équiualence, ou l'égalité pour l'identité. Comme il arriue aux deux yeux, qui ſe ſoulagent tellement que nous penſons voir ſouuent de l'œil gauche, ce que nous voyons du droit; ou voir des deux yeux, ce que nous ne voyons que d'vn: ce que i'explique plus amplement en parlant du parallelifme des yeux.

PROPOSITION XVIII.

Determiner combien le rayon qui vient de l'axe du Soleil, ou d'vn autre luminaire, illumine plus fort que ceux qui viennent des autres endroits du Soleil.

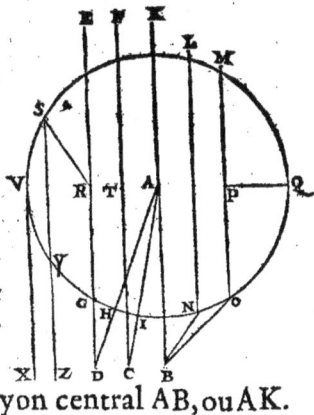

SOit le corps du Soleil, ou l'vn de ſes plus grands cercles QMSIQ, & ſoit le principal rayon paſſant par l'axe du Soleil AB, le plus fort de tous: & ſoit le dernier rayon V X qui vient du point V, où il ſert de touchante au cercle du Soleil; & le rayon YZ qui part du point Y. Il eſt certain que ces 2 rayons, ou tels autres qu'on peut imaginer entre celuy de l'axe AB & le touchant V X, ſont plus foibles que le rayon central AB, ou AK.

Ce que montre l'experience, aux bors de la lumiere, qui n'ont pas leur lumiere ſi vigoureuſe que le milieu: & l'on peut dire que la force de chaque rayon eſt d'autant moindre qu'il eſt plus long qu'AB: & par conſequent, que le rayon V X, qui eſt plus long qu'A B de tout le ſemi diametre du Soleil: car il y a moins loin depuis l'œil ou l'obiet iuſques à la plus prochaine partie du Soleil, qui ſe rencontre au point de ſa ſurface d'où ſort le rayon AB, qu'au point V, d'où part le rayon V X, du ſemidiametre tout entier A V.

Donc, ſi le rayon du Soleil contient 3 fois le rayon de la lettre, & qu'il y ait 1200 rayons terreſtres d'icy au point le plus proche du Soleil, le rayon V X ſera plus foible d'vne quatre-centieſme partie que le rayon A B. Si ce n'eſt qu'on veüille prendre la puiſſance de ce rayon au lieu de ſa longueur. Mais il faut encore conſiderer l'obliquité du rayon venant d'V, qui ne va pas en X pour nous éclairer: puis que l'œil eſtant en B, eſt éloigné de trois mille lieuës du point X: de ſorte qu'il eſt neceſſaire qu'il vienne obliquement d'V en B, pour nous illuminer. Ce que l'on doit auſſi conclure de tous les au-

tres

tres rayons imaginez entre V & A , ou A & Q: par exemple le rayon
PO doit venir en B, auſſi bien que le rayon LN, ce qu'ils ne font
pas par les lignes OB. & NB mais par le chemin le plus court de P
& de L en B, où les droites n'ont pas eſté tirées en cette figure.

Or oûtre la conſideration des points differens du Soleil, d'où
viennent les rayons, l'on peut auſſi auoir égard à ceux qui viennent
d'vn meſme point: par exemple du point central A, qu'on peut ayſément transporter au point
A de la figure qui ſuit, dans
laquelle AB eſt le rayon principal & le plus fort, comme
l'on experimente ſur la terre,
ou ſur les autres obiets lors
que la lumiere du Soleil paſſe
par le trou A, qu'on peut ſu-
poſer eſtre rôd afin que le cone lumineux ABC aye vn cercle pour ſa
baſe: car il ne faut que l'œil pour s'aſſeurer que la lumiere eſt beaucoup plus foible, & comme vne pénombre vers les points D & E,
au lieu qu'elle eſt tres-viue vers le milieu B.

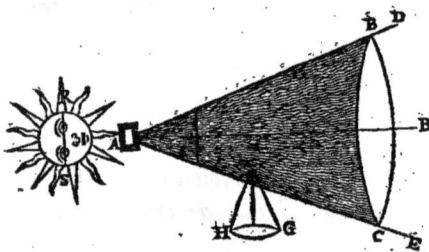

Et parce que cette foibleſſe ne peut pas venir de la plus grande
longueur du rayon AD, ou AE, puis qu'ils ſont les rayons de la meſme ſphere, dont AB eſt le rayon du milieu, il faut que cette foibleſſe procede de l'obliquité des rayons AD & AE, n'y ayant que le ſeul
rayon du milieu AB qui tombe à plomb ſur l'objet, ou ſur l'œil.

Où il faut remarquer que ce rayon AD n'eſt oblique qu'à l'égard
de celuy qui eſt au point B du milieu, car il frape à plomb ſur celuy
qui eſt en D, auquel le rayon dudit milieu ſera oblique. Quant à l'a-
foibliſſement de cette obliquité, elle à eſté determinée dans la
douzieſme propoſition, dont on peut conclure ce que i'obmets
icy.

Et c'eſt le principal de tous, parce que l'affoibliſſement qui vient
de la plus grande longueur du rayon n'eſt pas quaſi ſenſible, ſi l'on
prend rayon pour rayon, quoy que ſi on le prend d'vne groſſeur de
cylindre, il puiſſe deuenir aſſez ſenſible. Or generalement parlant,
quand les obiets ſont ſeulement illuminez plus ou moins d'vne vin-
tieſme partie, cela ne nous eſt pas ſenſible, c'eſt pourquoy on
n'y prend pas garde de ſi prés, & le ſenſible doit eſtre la ſixieſ-
me, ou douzieſme partie &c. ſuiuant la viuacité de l'œil & du iugement.

PROPOSITION XIX.

Determiner si les luminaires produisent d'autant plus de chaleur qu'ils ont plus de lumiere.

CEtte difficulté est remarquable en ce que nous experimentons que la lumiere du iour qui est beaucoup moindre que la lumiere immediate du Soleil, est beaucoup plus grande que celle de nos chandelles & de nos feux, & neantmoins que la flamme d'vne chandelle dont on est proche d'vn pouce, par exemple, échauffe d'auantage que ladite lumiere tant du iour que du Soleil : & nous ne trouuons pas que la lumiere de la lune eschauffe sensiblement : de sorte que ce n'est pas vne loy generale que toute plus grande lumiere échauffe d'auantage ; quoy que la reflexion des miroirs concaues nous contraignent d'auoüer que plus on reflechit de lumiere à vn mesme endroit, & plus elle brusle.

Certes si nous imaginions la lumiere comme vne flamme rarefiée, & comme l'eau rarefiée, & tornée en vapeurs ; il semble que plus la flamme sera épaisse, & plus elle donnera de lumiere ; & que si la flamme d'vne chandelle estoit pure & separée des humiditez qui l'accompagnent, & qu'elle fust plus condensée que la lumiere du iour ou du Soleil, elle éclaireroit aussi plus fort ; n'y ayant point d'aparence que la lumiere d'vne chandelle soit d'vne autre espece que celle du Soleil, dont elle surpasse la lumiere reflechie par la Lune.

Il faut donc penser que c'est le feu de la flamme qui échauffe plus qu'vne plus grande lumiere du Soleil : mais parce qu'il faudroit expliquer la nature du feu pour entendre parfaitement cette difficulté, on pourra lire ce qu'en écrit M. des Cartes depuis le 80 article de la 4 partie de sa Philosophie iusques au 108, où il touche plusieurs choses qui côcernent la nature, & les proprietez de la flamme & du feu, suiuant ses propres pensées, qui ne sont pas appreuuées de tous.

Ie diray seulement qu'il semble que cette plus grande chaleur vienne d'vn autre principe que la lumiere ; puis que nous experimentons que plusieurs choses sont fort chaudes qui n'ont point de lumiere sensible : comme l'on void aux cailloux & en plusieurs autres corps si échauffez qu'on ne peut les toucher sans se brusler, quoy qu'ils ne fassent aucune lumiere sensible ; parce que le mouuement qui produit la chaleur n'est pas celuy qui fait la lumiere ; ou les petits corps qui se doiuent mouuoir pour faire l'vne, ne sont pas de mesme figure, ou grosseur que ceux qui produisent l'autre : ce qui reuient à ceux qui croyent que nostre feu s'engendre d'vn soulphre plus grossier & plus humide que celuy qui sert à la lumiere.

Ce que l'on pouroit confirmer par l'odeur des corps qui bruslent par la lumiere du Soleil, car ils sentent l'odeur du souffre en bruslant comme si la lumiere estoit composée de petites boules sulfureuses, dont chacune n'est pas si grosse que la centmilliesme partie d'vn ci-ron ou d'vn grain de sable.

PROPOSITION XX.

Expliquer en quelle proportion deux ou plusieurs lumieres égales iointes ensem-ble s'augmentent.

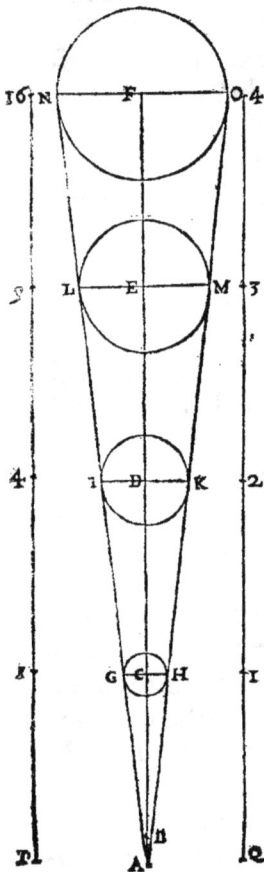

IL semble d'abord que 2 lumieres égales iointes ensemble fassent vne double lu-miere, mais il est difficile de l'experimenter voyons ce qu'il en faut conclure par la rai-son; & pour ce suiet repetons la figure de la 6 proposition, dans laquelle si nous supo-sons qu'vne chandelle mise au point A éclai-re & fasse le cone lumineux ANO, & qu'A G H contienne vn degré de lumiere, A I K ½, A L M ⅓, & C (car ie mesure la force de la lumiere par les bases GH & IK, & non par la grandeur du cone.) Si l'on met enco-re vne chandelle en A, & que des 2 on n'en fasse qu'vne, il séble qu'il doiue y auoir 2 de-grez de lumiere en GH, ½ en IK, ⅔ en LM & ainsi des autres: & neantmoins cela n'est pas vray, car il faut ioindre 4 chádelles en A pour illuminer deux fois autant AGH, ou la base GH; parce que 4 chandelles égales iointes ensemble ne font gueres que 2 fois autant de surface: de sorte que si la lumiere suit en son estenduë la raison des surfaces, & que la simple lumiere A ne s'estende que iusques au point C, la lumiere quadruple A s'estendra deux fois autant de A en D.

De là vient qu'on peut dire que cette pro-position est en quelque sorte inuerse de la 6: car comme dans la li-gne PN les nombres de la progression Geometrique 1, 4, 9 &c. mon-trent la diminution de la lumiere qui vient de P, ou d'A, suiuant les bases, ou les cercles C, D, E &c. les mesmes cercles montrent aussi la proportion de lumieres, ou chandelles qui éclaireroient suiuant les nombres de la progression Arithmetique en commençant d'O en Q, à sçauoir 4, 3, 2, 1, qui signifient qu'vne chandelle de 16 pou-ces de gradeur est necessaire en A, pour illuminer F aussi fort que C est éclairé par la chádelle d'vn pouce en A; & partát l'on peut enon-cer en general que les lumieres de mesme force & grosseur doiuent

F ij

auoir leurs furfaces en raifon doublée des efpaces pour éclairer vn
mefme point de mefme force; par où l'on peut conclure combien
il faudroit qu'vne chandelle fuft groffe pour éclairer d'auffi loing
qu'eft le Soleil, auffi fort que nos chandelles, dont la flamme eft
d'vn pouce; il faudroit qu'elle paruft toufiours fous mefme angle,
ce qui arriueroit fi la lumiere GH montoit toufiours vers D, E, &c.
auffi haut que le Soleil, ou mefme que les eftoiles; qu'elle deuroit
furpaffer de beaucoup en grandeur, parce qu'elle deuroit paréftre
fous le mefme angle que nous paroift la flamme d'vne chandelle,
dont nous ne fommes éloignez que d'vn pied, par exemple, d'où
nous la voyons fous l'angle de 10 degrez, ou enuiron, & partant la
chandelle proche des eftoiles deuroit couurir le tiers d'vn figne
pour nous illuminer comme fait icy vne chandelle, dont la flamme eft groffe d'vn pouce. Et fi la chaleur fuit fa lumiere, elle échau-
feroit autant, éloignée de 14000 femidiametres terreftres, comme
l'autre éloignée d'vn pied: d'où l'on peut tirer plufieurs autres confequences que ie laiffe pour l'exercice de ceux qui fe plaifent en cette matiere.

Mais il y a tant de difficultez dans les obferuations de ces lumieres, qu'il n'eft pas quafi poffible d'en rien determiner affez exactement: car bien que 8 chandelles de mefme groffeur ioignent leurs
flammes en vne feule, & que la furface de cette flamme foit exactement quadruple de la flamme de chaque chandelle, il ne s'enfuit
pas neceffairement qu'elle éclaire 4 fois dauantage le mefme point
qui eft éclairé par vne feule; d'autant que l'application de la flamme
octuple n'eft peut-eftre pas égale à celle de la fous octuple: & puis
il faut confiderer fi vn mefme point eft capable de receuoir la lumiere entiere de tous les luminaires qui le peuuent regarder.

Si nous confiderons le nombre des lumieres comme autant de
mouuemens égaux, la difficulté fera reduite à fçauoir fi deux mouuemens égaux communiquez à vn mefme corps produifent vn double mouuement, comme le mouuement, dont vn homme fait vne
lieuë dans vne heure, ioint au mouuement dont la terre le porteroit
auffi vne lieuë dans vne heure, luy feroit faire deux lieuës, & luy im-
primeront vn double mouuement.

Quoy qu'il en foit, (ce que ie pourray examiner ailleurs) de mefme que l'on croid que l'œil void plus clairement vn obiet, quand il
le regarde de 2 fois plus pres, de mefme, on penfe qu'vne flamme
deux fois plus proche, éclaire deux fois plus: mais il eft bon de s'en
affeurer par l'experience, en faueur de laquelle ie mets encore cette propofition.

PROPOSITION XXI.

Expliquer la communication des lumieres differentes sur vn obiet par le moyen des mouuemens simples & composez, où l'on void si vne chan-delle aussi grosse que deux autres chandelles illumine d'auantage qu'elles, & de combien.

SOient les 2 chandelles A, B qui éclairent le poinct E, & que C soit toute seule aussi grosse que les deux A, B, lesquelles ie supo-se égales entr'elles, de peur que leur inégalité ne nous iette en d'au-tres difficultez.

Or bien que cette difficulté soit éclair-cie dâs la 24 prop. de ma Ballistique, neanmoins i'en repete icy quelque chose en fa-ueur de ceux qui n'entendêt pas le Latin; & dis que C illuminera plus fort l'obiet D, que B & A, qui sont également éloignez de leur obiet, n'illumineront E : car plus l'angle AEB est grand, & plus les mouuemês illuminatifs s'oposent & se detruisent l'vn l'autre; & partant le mouuement composé des deux est moindre. Or l'angle AEB, est plus grand que l'angle C D, puis que cét angle concourt auec la droite C D, & par consequent le mouuement de C en D est plus fort que les 2 mouuemens d'A en E & de B en E ; puis que la lumiere de C est égale aux lumieres A & B. La verité de cecy dépend de celle de ce principe, qu'vne double vitesse fait vne double clarté: dont ie laisse l'examen aux plus sub-tiles.

Quant à la porpotió, on la trouue en prolongeant les lignes A E en H, & B E en I, de sorte que A E, B E, E H, E I soient égales; & en acheuant le parallelogramme E H I K, dont E K soit la diago-nale diuisée en deux également au point L.

Cela posé, ie dis que la force dont E est illuminé, est à la force dont D est illuminé, commme E K à C F, ou bien à E I K.

Car les forces A E, B E n'engendrent , estant composées, que la force E K, au lieu que C estant double d'A, ou de B, en-gendre la force A E deux fois, c'est à dire C F: ce que l'on peut enon-cer en cette sorte , comme les forces A, B font la force double d'E L , la double force A , fait la double force A E , c'est à dire C F.

La ligne A M perpendiculaire sur N D, monstre que la force du rayon A E est à la force du rayon G E, comme A M est à G E, ou A E ; & bien qu'icy l'inclination du rayon A E sur le plan N D soit de 45 degrez, on la peut suposer telle qu'on voudra.

Voila ce qu'on peut conclure de ce principe auec plusieurs autres chofes qui en dependent ; i'ajoufte feulement qu'il faut toufiours auoir égard au fuiet qui eft meu, ou illuminé, afin de voir s'il eft capable de receuoir toutes fortes de mouuemens; & à l'aplication des lumieres, ou des luminaires qui ne peuuent pas fouuent eftre apliquez fuiuant toutes leurs forces; & pour lors il faut fouftraire de la proportion tout ce qu'ils perdent foit par l'incapacité du fuiet, ou de l'obiet, foit faute d'eftre appliquez. La preface de cét œuure contient plufieurs confiderations qui feruent à ce difcours.

Ie laiffe à fuputer quand 2 ou plufieurs luminaires feparés illumineront moins 2 ou 3 fois &c. qu'vn feul qui leur fera égal en groffeur. Ie parleray encore auffi des mouuemens compofez dans la Captoptrique & la Dioptrique, qui fupleéront à ce qu'on pourroit icy defirer; & ie donnray dans la preface ce que i'auray experimenté fur ce fuiet.

MANIERE D'EXPERIMENTER CE QVI
eft dans cette propofition.

APres auoir pris vne chandelle de bonne cire blanche menuë de 20 ou 24 à la liure, & marqué le plus grand éloignement d'où l'on peut lire commodement, il en faut prendre de plus groffes 2, 4, 8, & 16 fois ou d'auantage plus groffes qui ayent leurs meches bien proportionnées, & voir de combien plus loin on pourra lire auffi aifement qu'à la premiere, dont on fera le moins éloigné.

Ceux qui voudront prendre cette peine fçauront par cette table combien fera grande la furface de chaque chandelle : la premiere colomne fignifie combien de fois chaque chandelle contient la premiere.

La feconde colomne donne la raifon des furfaces de toutes ces chandelles par les racines cubes: & la troifiefme les donne par fimples nombres qui font affez iuftes pour y faire l'effay.

Il n'y a donc que la furface de la premiere, de la 8 & de la vingt-feptiefme qui foient commenfurables: mais les autres furfaces font affez iuftes pour voir fi la difference des illuminations les fuit.

TABLE DES SVRFACES DE LA FLAMME
d'onze chandelles.

1		1	1	Il est aisé de trouuer la
2	℞. Cube de 4	1 $\frac{1}{2}$	grandeur de la surface de
3	de 9	2	toutes sortes d'autres flâ-
4	de 16	2 $\frac{1}{2}$	mes, mais celles-cy suffi-
5	de 25	3	sent pour l'obseruation.
6	de 36	3 $\frac{1}{3}$	
7	de 49	3 $\frac{2}{3}$	
8	4	4	
12	de 144	5 $\frac{1}{4}$	
16	de 256	6 $\frac{1}{4}$	
27	9	9	

PROPOSITION XXII.

Expliquer ce que c'est que l'ombre, & les tenebres, & leurs proprietez &
vtilitez.

L'Ombre est la priuation de la lumiere immediate des luminaires, ou de telle autre lumiere qu'on voudra. Car bien que par l'ó-
bre, pour l'ordinaire on entéde ce qui paroist à costé où à l'oposite
de la lumiere du Soleil, ou d'vn autre luminaire ; & ce qui paroist
noir à l'égard de ladite lumiere directe, & immediate, de laquelle
on peut tirer vne ligne droite au centre, ou à quelque partie du luminaire : neantmoins toute moindre lumiere voisine d'vne plus
grande, peut estre nommée *ombre*: de sorte que la lumiere de la lune sera vne ombre, si la lumiere du Soleil en est voisine : & la lumiere du iour des chambres ou des campagnes où le Soleil n'enuoye
pas immediatement ses rayons ne sera pas apellée ombre, mais lumiere, à l'égard de l'ombre que fera le corps opaque dans cette lumiere du iour ; de maniere que l'on peut remarquer plusieurs sortes d'ombres dans vne mesme chambre qui vont tousiours depuis
la fenestre, ou autre ouuerture, iusques au lieu le plus obscur, en se
nuant iusques aux tenebres.

Car à proprement & absolument parler, les tenebres ne partici-
pent point de la lumiere, comme elles seroient sous terre dans les
caues qui n'auroient aucun trou par où la lumiere peut passer, &
deuant celuy qui torneroit le dos au Soleil, s'il n'y auoit que le Sô-
leil & luy au monde, ou qu'il n'y eust nul corps qui reflechist ses rayons sur ses habits de deuant.

Ceux qui ne croyent pas qu'aucune ombre se puisse trouuer dans

la lumiere du Soleil, prennent l'ombre dans sa premiere signification: car si nous imaginons vne lumiere beaucoup plus grande &
plus forte qui soit voisine de celle qu'il nous enuoye, celle-cy pourra estre appellée *ombre*, comme la foible lumiere du mesme Soleil
qui passe à trauers les vapeurs, & les nuës, peut estre dite ombre à l'é-
gard de celle qu'il produit sans ces vapeurs: & cette feüille de papier
estant exposée diuersement à la lumiere, soit immediate, ou d'vne
fenestre, suffit pour faire parestre toutes sortes d'ombres.

Or l'on peut distinguer autant de degrez dans l'ombre que dans
la lumiere, puis qu'il y a vne infinité de degrez depuis la premiere
ombre que fait la lumiere, ou le corps opaque interposé entre l'œil
& la lumiere, iusques aux pures tenebres. Et si le corps est plus
grád que le luminaire, l'ombre va tousiours s'élargissant. Par exemple si GH est la flâme d'vne chandelle, elle
enuoye l'ombre d'vn corps opaque IK plus
gros qu'elle n'est, en forme du cone tronqué IKON: ce que feroit aussi le Soleil s'il il-
luminoit vn corps plus grand qu'il n'est.
Mais parce qu'il est plus grand que tous
nos corps, il faut l'imaginer de la largeur
de NO, afin qu'illuminant ce corps IK,
il fasse l'ombre terminée en cone, à sçauoir
IAK, laquelle peut estre nommée conique; comme l'inuerse, ou la renuersée IK
ON est ordinairement appellée calatoïde,
& cylindrique quand le corps opaque est
égal au luminaire, parce qu'elle imite la figure d'vn cylindre continué à l'infini.

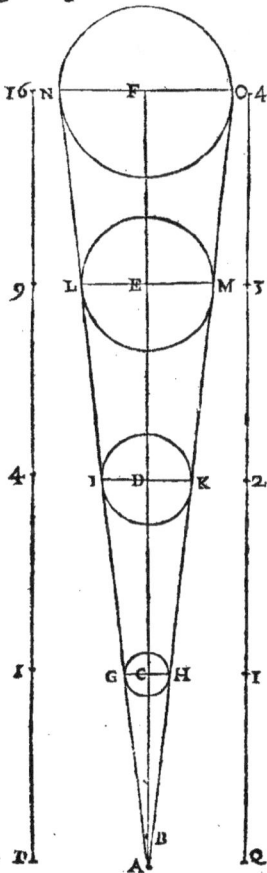

Cette ombre semble diminuer sa force
ou sa noirceur à proportió qu'elle s'élargit
d'auantage, de mesme que la lumiere; ce
qui arriue pource qu'apres qu'elle est fort
élargie, la lumiere qui se trouue à costé, n'est
pas si forte que celle qui l'accompagne,
quand elle est plus étroite: c'est pourquoy
l'on peut dire que l'ombre est d'autant
moindre qu'elle est plus éloignée du luminaire, & plus large, comme quand elle est
calatoïde, ou cylindrique, quoy qu'en
effet elle soit priuée de plus de degrez de lumieres, & par consequent plus noire: mais c'est à cause que l'affoiblissement des
rayons, ne la rend pas si sensible à la fin qu'au commencement.

Quant aux vtilitez de l'ombre, outre qu'elle sert pour éuiter l'ar-
deur du Soleil, & ses incommoditez, elle represente toutes sortes

de corps, & femble auoir donné la naiffance à la peinture, & à tous les arts qui enfeignent la methode de reprefenter quelque chofe.

Elle fert en fecond lieu pour mefurer la hauteur du Soleil & des autres aftres qui font ombre fur l'horizon; & par confequent pour fçauoir qu'elle heure il eft, de forte que toute l'horlogiographie, ou la Gnomonique eft fondée fur cette proprieté.

Troifiefmement pour mefurer la force de la lumiere du Soleil, comme i'ay montré dans la 16 propofition : fur quoy il faut remarquer qu'vne moindre lumiere ne peut faire d'ombre fur vne plus grande, ny mefme fur vne égale, fi ce n'eft en augmentant cette égale : car puis que l'ombre n'eft qu'vne diminution de lumiere, la proiection de l'ombre que feroit la moindre lumiere, deuroit diminüer la plus grande, ce qui ne peut ariuer.

Mais quand il y a plufieurs lumieres d'vne égale force, par exemple plufieurs chandelles allumées, chaque chandelle fait fon ombre, parce que le corps opaque qui leur eft opofé diminüe la lumiere de chaque chandelle ; & fi la lumiere du Soleil eftoit tellement diminüée qu'elle fuft égale à la lumiere de la chandelle, cette chandelle feroit fon ombre fur icelle : ce qu'elle ne peut fur la lumiere du Soleil qui n'eft point affoiblie, parce qu'elle n'eft point augmentée fenfiblement par ladite chandelle ; car la fenfibilité de l'ombre fuit celle de la lumiere.

PROPOSITION XXIII.

Expliquer la maniere dont fe font les couleurs, & prouuer qu'elles ne font point differentes de la lumiere.

LEs couleurs paroiffent dans plufieurs fortes de corps, à fçauoir dans les fleurs, dans les fruits, dans les pierres fines, dans les teintures de vers de foye & de draps, dans les nuées & l'arc en ciel, dans les coquilles & dans les efcailles des poiffons & des infectes, dans le poil des beftes, & dans la plume des oyfeaux, &c. de forte que nous ne pouuons rien voir qui n'ait quelque couleur, entre lefquelles on a de couftume de donner le premier rang à la blanche, & le dernier à la noire, côme aux deux contraires, ou aux deux extremitez : car celle-là reprefente la lumiere, la ioye, la vie, & l'action ; & celle-cy reprefente les tenebres, la trifteffe, la mort, & le repos.

Or il femble que tous les plus fçauans croyent que les couleurs ne font point differentes de la lumiere, par laquelle ils les expliquét toutes auffi aifement, ou plus, que ceux qui les font naiftre des elemens, & des differents temperamens de chaque corps : ie fçay que dans la Philofophie l'on ne doit point admettre de chofes fuperfluës, particulierement lors qu'il s'agit des principes, & des maxi-

G

mes : & que les sciences sont d'autant plus claires, & plus aisées à
comprendre, qu'elles ont moins de supositions ; & qu'elles expliquent toutes choses plus intelligiblement & plus briefuement. De
là vient que les Geometres font plus d'estat des solutions les plus
courtes, aux problemes proposez, pourueu que la clarté n'y manque pas.

Voyons donc si nous pourons expliquer les principales couleurs
par la seule lumiere ; soit rompuë, reflechie, ou droite : quoy que
l'on peut tomber d'accord qu'elles viennent des differens temperamens, si l'on met leur diuersité dans la figure, le nombre, la quantité & l'arangement des petits corps qui composent les plus grands.
Ce qui estant posé, tous demeureront d'accord ; & le materiel des
couleurs ne sera autre chose que la disposition, & la figure qu'ont
les parties de chaque corps : pour reflechir, rompre, écarter, ou as-
sembler autant de rayons qu'il en faut pour faire l'aparence de chaque couleur : afin que la lumiere soit semblable à la charité qui produit toutes les vertus suiuant les differens rayons de sa bonté qu'elle
communique aux hommes : ou plustost à Dieu, qui depart sa puissance en tel degré qu'il luy plaist, & qui fait que toutes les creatu-
res annoncent sa gloire, comme autant de couleurs qui témoignent
la merueilleuse puissance de sa lumiere.

Or le changement qui se fait des couleurs dans le mesme sujet,
sans qu'il change de nature, persuade que les couleurs ne sont autre chose que les differens arangemens des petites parcelles qui les
composent. Ce qui se void à l'eau qui deuient blanche dans la nege ; & à la cire iaune qui deuient blanche.

En second lieu, la lumiere qui frape diuersement la terre, les ta-
bleaux, le drap, & leur fait prendre diuerses couleurs : & il est difficile de discerner le vert d'auec le violet à la lumiere de la chãdelle.

En troisiesme lieu, le papier & les autres corps deuiennent noirs
par la polissure, aussi bien que par l'humidité : car la terre qui parois-
soit blanche, deuient noire si on l'arose : & la verdure des herbes est
d'autant plus sombre qu'elles ont plus d'humidité, laquelle se per-
dant, elles deuiennent iaunes ou blanches. En quatriesme lieu,
le vin rouge deuient blanc par distillation : & le blanc deuient rouge dans les veines : comme le sang deuient blanc dans les mam-
melles.

Quant à la lumiere, elle est blanche, & ne deuient rougeastre que
par le mélange des vapeurs, & des autres humiditez : & les corps polis qui ne reflechissent point de rayons à l'œil, ou qui les reflechissent peu, semblent noirs.

Et si on list attentiuement les textes d'Aristote, on trouuera qu'il
definit les couleurs comme la lumiere : à sçauoir l'être, ou la forme
des corps transparens : ioint que les couleurs ne sont atachées à
aucun temperament : car le blanc, par exemple, conuient aussi bien

aux choses froides, comme aux chaudes; puis que la nege est froide, & la chaux est seiche & chaude; le lait est humide, la farine est seiche: enfin la couleur ne dépend point des premieres qualitez, mais de la seule figure & de l'ordre des parties: de sorte que quand les corpuscules sont ronds, ils font le blanc; & s'ils font triangulaires, il font le noir. Delà vient que plusieurs corps calcinez ou broyez deuiennét blács, à cause que leurs base font de petites boules.

Et la seule raison des differentes couleurs de l'arc en ciel, du verre triangulaire, des bouteilles pleine d'eau, des diuerses parties du feu, doit estre prise du nombre, & de l'ordre des rayons lumineux qui entrent dans l'œil; puis que le seul changement d'vne lumiere plus ou moins forte, fait vne infinité de couleurs noires. comme on void aux nuances des ombres, qui passent tellement de la plus noire à la plus claire, qu'à la fin on ne void plus que du blanc, qui monte iusqu'à la lumiere, qui est vne parfaite blancheur causée par les rayons continuels, qui n'ont point d'interruption, comme il arriue quand la flamme est meslée de vapeurs, d'eau, & d'exalaisons, ce qui la rend rousse, & rougeastre; au lieu qu'elle est tres-blanche, quand elle n'a point de vapeurs meslées; comme est celle qu'on fait auec du bois sec: & par ce que nous n'aperceüons pas de loin les interruptions des rayons que font les vapeurs de la chandelle, elle nous paroist moins blanche de prés, à cause que cette interruption est pour lors sensible.

Or comme le blanc est d'autant plus vif, qu'il est produit par vne plus grande multitude de rayons; le noir est d'autant plus noir, qu'il a moins de rayons; iusques à ce qui soit tel qu'on croye que ce n'est rien qu'vn vuide: ce qui trompe les animaux; car si l'on fait vn rond bien noir au bas d'vne porte, les chats imaginans ce noir comme vn trou vuide, se frapent souuent la teste en voulant y passer, iusques à ce que l'experience les desabuse. On peut donc dire que la noirceur parfaite est la priuation de toutes sortes de lumiere.

Mais la couleur moyenne entre ces deux extremitez, s'appelle rouge; parce qu'elle tient autant de l'vne que de l'autre: au lieu que le iaune tient plus du blanc; & le bleu, du noir. Quant au vert, il naist du meslange du iaune & du bleu: car si l'on met vn morceau de verre bleu sur vn morceau iaune; & qu'on les mette entre l'œil & les obiets, ils paroistront verds: & ie n'ay trouué que cette seule combinaison de verres qui changent la couleur bien nettement & distinctement.

D'où l'on peut conclure que le rouge se fait par vne égale interruption & continuation de rayons: de la mesme sorte que s'il y auoit 3 rayons cótinus, & 3 points de l'obiet qui n'en enuoiroient point, & ainsi du reste, suiuant la diuersité des rouges: & cette maniere fait entendre que les couleurs sont composées du noir & du blanc: c'est à dire de la lumiere & de sa priuation; ou de l'étre & du rien, ou du mouuement & du repos.

Le iour eſt egalement eloigné du blanc & du rouge ; & le bleu, du rouge & du noir : & l'on peut expliquer l'ordre des interruptions qui ſe fait des rayons en chaque couleur, comme fait vn excellent Philoſophe, dont nous pouuons attendre vne Philoſophie nouuelle, & qui explique le blanc de la neige par la continüité des rayons qui ſe reflechiſſent dans la retine, de chaque petit globe dont il imagine que la neige eſt compoſée.

Il eſt vray que ſi ces globes ſont polis & reflechiſſans, il n'y en au- ra point qui n'enuoye du moins vn rayon à l'œil : car vn miroir ſphe- rique repreſente touſiours l'obiet à l'œil, en quelque endroit que l'œil ſe mette: parce que l'on imagine autant de plans differens dans le cercle, comme il y a de points, & de tangentes.

Il eſt donc aiſé de faire le blanc, puis qu'en batant l'eau & les au- tres liqueurs, on fait de l'eſcume blanche, qu'il faut regarder auec les lunettes de courte veuë, pour voir ſi l'on diſcernera les petits globes.

Et il arriue que la couleur ſe change ſouuent par la ſeule filtration, qui fait changer la figure des parties: comme quand le ſang ſe filtre par la mammelle ſpongieuſe, qui le rend blanc.

Le charbon ardent deuient noir eſtant éteint ; parce qu'il eſt compoſé de figures ſpheriques & de parties triangulaires, qui ne reflechiſſent quaſi point de lumiere que dans elle meſme: de ſorte qu'à ſon égard, il peut eſtre conçeu plus illuminé que le blanc: par où l'on pourroit expliquer le *nigra ſum ſed formoſa*, de la perſonne qui receuant la lumiere diuine & les graces de Dieu, ſe contente de ſe reflechir ſur ſoy-meſme ſans aucun éclat deuant le monde: car on peut dire que celuy a moins de lumiere pour ſoy-meſme, qui s'ocu- pe dauantage aux ſoins exterieurs: mais cela eſt moral: & chacun peut former tant de penſées ſemblables qu'il voudra ſur ces cou- leurs.

Suiuant cette idée des couleurs, on peut dire que le marbre noir eſt compoſé de petits atomes triangulaires, & que le ſuc dont il a eſté compoſé dans les quarrieres, a paſſé à trauers des lieux de la terre, & des rochers, qui ont contraint ſes parties de prendre cette figure triangulaire: comme nous experimentons que les filtres don- nent leur figure à tout ce qu'on tire par leurs trous.

L'argent qui eſt poli ſemble noir, parce qu'il renuoye fort peu de rayons à l'œil : & l'argent qui n'eſt pas poli, pareſt blanc à cauſe qu'il enuoye des rayons à l'œil de toutes ſes parties : ce qui arriue auſſi aux morceaux de verre qui ſont à terre, dont vne partie ſemble noire, & l'autre blanche, ou illuminée.

La couleur de pourpre eſt compoſée du rouge & du bleu: celle d'or, du iaune & du rouge : & ainſi des autres, dont nous parlerons encore au traité de la refraction, qui engendre les 3 couleurs ordi- naires de l'arc en ciel, à ſçauoir le zinzolin, le verd & le bleu ; qui paroiſſent auſſi la nuit, & meſme le iour, à l'entour des chandelles & des trous illuminez du Soleil, quand on a les yeux moites par quelque fluxion.

Ces interruptions de lumiere qui font les couleurs d'autant plus eloignée du blanc qu'elles ſont en plus grand nombre, reuiennent à la plus grande multitude de petits vuides, qu'on ſupoſe dans la Philoſophie de Democrite, & à l'opinion qui les compoſe de tenebres ou d'ombres & de lumieres: de façon que l'on peut dire que toutes les idées que nous auons, ou que nous pouuons auoir, ont touſiours quelque verité pour leur fondement.

Les atomes ronds qui viennent immediatement des corps lumineux, ou qui ſont reflechis par les petites faces polies d'vne gran-multitude de petits atomes, font le blanc: & le noir prend ſa naiſſance des parties raboteuſes qui ne reflechiſſent que peu de rayons à l'œil.

Il ſera difficile de deſcrire & denommer toutes les couleurs, d'autant que chaque couleur à vne autre grande multitude de couleurs: par exemple, il y a le blanc de neige, de l'ail, d'yuoire, d'argent & de mille autres choſes, dont les blancheurs ſont toutes differentes: entre le blanc & le iaune, il y a vne grande multitude de choſes paſles, comme eſt la paille, le vin blanc qui tire ſur le iaune, c'eſt le *giluus* des Latins: & en montant par degrez, la couleur de citron, de ſafran, de roüille de fer, de poil de Lion, qui ſemble eſtre le *iaune*, & de toute ſorte de couleur rouſſe, peut eſtre raportée au iaune, iuſques à ce qu'il paruienne au rouge: de ſorte que le dernier ou le plus ſublime degré du iaune ſoit le moindre degré du rouge, qui a le pourpre ou l'eſcarlate, les fleurs, & les pepins de grenade, & le feu du rubi, pour l'vne de ſes plus riches eſpeces.

Ie laiſſe le bleu du ciel, & celuy de l'œil, & de la mer, & que les Latins nomment *glaucus, venetus, & cæſius*, & qui a ſemblablement vne grande multitude d'eſpeces: comme l'on experimête aux fleurs de la bugloſe, & de pluſieurs autres plantes; & qui ſemble auoir ſes plus nobles eſpeces dans l'azur, la turquoiſe, & le ſaphyr; (comme le vert à la ſienne dans l'emeraude, & dans le vert des herbes printanieres) & qui ſemble terminer ſon dernier degré par la couleur liuide, & plombée, qui paroiſt aux lieux du corps qui ont eſté meurtris.

Sanctorius compoſe toutes les couleurs de l'opaque & du diaphane: & au lieu de ſe contenter de dire que le noir ſe fait par la refraction d'vne infinité de petites ſurfaces, & le blanc par la reflexion d'vne ſeule, ou de peu ſurfaces, il produit vne experience par laquelle il croid prouuer que le noir ſe fait par des petites ſpheres diaphanes pleines, & illuminées; & le blanc par des ſpheres vuides: parce que les premiers font ombre, & les ſecondes qui ne ſont pleines que de l'air, n'en font point: pource que l'air, ou les autres corps plus subtils ne font point de refraction.

L'experience s'en fait en vne phiole de verre qui deuient noire & fait de lombre, ce qui n'arriue pas quand elle est vuide : & beaucoup mieux auec plusieurs spheres de verre toutes vuides, qui mises dans l'eau d'vn verre font le blanc ; & le noir quand on les remplit d'eau : quarante ou cinquante : de ces spheres de la grosseur d'vn noyau de cerise, suffisent.

De tout ce qui a esté dit cy-deuant on peut conclure qu'il n'y a que des couleurs aparentes, qui toutes font veritables. Car si les nuës demeuroient tousiours en mesme disposition qu'elles sont en faisant l'Iris, nous dirions aussi bien que ces couleurs seroient stables & permanentes, comme celles du marbre & des autres corps : & si nous pouuions faire le changement des petits corps qui nous font paroistre le blanc, ou le rouge dans les obiets, nous ferions des couleurs changeantes tant que nous voudrions, suiuant les differentes reflexions, ou refrations de la lumiere.

Il y a encore vne imagination des couleurs, qui ne font que les differens mouuemens de la lumiere, par lesquels elle affecte l'œil aussi differemmét cóme le baston d'vn aueugle affecte sa main, par le moyen de laquelle il sent si ce que touche le baston est dur, ou mol, ou rond &c. de sorte que si oûtre le mouuement droit des rayons qui frapent l'œil & font la lumiere, ou le blanc, les petits corps lucides reçoiuent encore vn autre mouuement, afin que le globe se meuue comme s'il estoit frizé : c'est à dire que la determinatió de la lumiere à se mouuoir de diuerses manieres, fait la difference des couleurs. Voyez M. des Cartes en l'explication de l'Iris.

Ie ne veux pas laisser l'opinion des Chymistes qui croyent que toutes les couleurs font produites par les souphres differents qui composent les corps ; c'est pourquoy ils l'appellent le feu de la nature : de sorte qu'il faut s'imaginer que la lumiere frapant chaque corps, enflamme, & reduit en acte le souphre qui n'auoit les couleurs qu'en puissance. voyez le commentaire du P. Cabée sur le 1. des meteores.

Mais pour entendre ce que c'est que le souphre dans tous les corps, il faut suposer les principes de Chymie, dont on verra vn abregé parmy les lettres des hommes sçauans de ce siecle, à la fin ou au commencement de ce volume, d'où l'on pourra deduire quelque raisonnement pour les couleurs.

l'adjouste seulement icy vne liste de celles dont on vse quand elles font composées & distillées, & qu'on en vse tant en gome qu'à l'eau, sans trituration, ou broyement : ceux qui desireront voir l'ordre de toutes ces couleurs, ie le leur montreray, quand ils voudront.

Noms des couleurs.

IE comméce par le noir qui fe fait & s'appelle d'os de cerf bruflé, de flandre bruflé, de pierre noire, & d'ancre: apres lequel fuit le tanné brun, qui eft comme le premier degré de muance: le tanné mourant, à quoy fe rapportent les couleurs de feüilles mourantes, de minime brun & cendré, & plufieurs autres: le violet noir; violet d'Inde: violet tornefol: violet de bois de Perfe diftilé & cuit en vinaigre: violet pafle fait du precedent, & d'vn peu de blanc. Les azurs fuiuent apres, dont le fin eft à 4 francs l'once. Le fecond vaut 10 fols l'once. puis il y a l'azur qu'on nomme blanc; l'azur mourant: le bleu le celefte.

Quant aux rouges, il y a le brun, la laque pure commune: couleur d'armes compofée de laque, de faffran & d'vrine: gomme goute, & laque couleur de bois: vermillon pur: mine commune: mine blanchette: rouge blanche. Laque blanchette auec cerufe; dont il y a 4 qui vont toufiours en afoibliffant. Couleur de chair vermilonnée, compofée de vermillon, de laque & de blanc; vraye couleur de chair: chair morte.

Aprez cette muance de rouge, ie viens au iaune, dont l'or a le premier degré; les peintres diftinguent entre l'or de Flandre de Paris & d'Allemagne; qui font de la diuerfité quand on les aplique: ce qui fe fait fur le bois, le fer, le cuiure &c. il faut deux couches de blanc fur le bois pour y mettre vne couche d'or de couleur, qu'on polift auec la dent de chien ou de loup: & quand on le couche en huile, il en faut vne couche de blanc, & deux de rouge: & apres l'or de couleur on met l'or deffus.

L'or en feüille s'applique auec le pinceau fait de poil de Blereau & auec le coton. On aplique fur le cuiure l'or poli ou bruni, apres auoir poly & rougy ledit cuiure, auec le caillou, puis on le recuit.

On peut en mettre deux ou trois couches l'vne fur l'autre, en le mettant toufiours à feu de charbon pour le polir: & fi on le polift fur de la carte, ou du papier, il faut vfer de la dent de deuant d'vn bœuf.

La gomme goute, la graine d'Auignon, le faffran, le mafficot, le iaune pafle, & le iaune doré fuiuent apres.

Le premier verd eft celuy de veffie: le verd calciné, verd de mer, verd gay: verd fafrané, verd iaune, verd de gris compofé de graine d'Auignon: vert pur diftillé: vert bleu, vert de montagne tant pur que compofé: vert de terre pur & compofé &c.

Les gris font, le gris brun, le blanc, celuy de Lion, le compofé d'Inde & de blanc, le gris blanc noir, le compofé de tornefol & de blanc; & le compofé de blanc, de noir, & de violet de Perfe:

Quant aux blancs, ils commencent par les trois sortes d'argent, par où les 3 sortes d'or ont commencé le iaune: & puis suiuent apres le bleu de ceruse de Venise, celuy de plomb, de croye, & quelques autres.

Ie laisse les couleurs de soye, dont ie feray aussi voir toutes muances à ceux qui le desireront, à sçauoir la muáce de la teinture rousse; de la iaune, de la colombine, du pourpre ou laque; de la rose, du gris sale; du gris de lin: du vert; du vert de tulipe: du vert de poreau du vert d'Iris: du vert de citron: du iaune de feüille morte du violet: du nakhaad, & de l'Imperiale: car i'ay toutes ces muances arangées sur vne mesme feüille de papier?

CONSIDERATION.

Il semble que l'on puisse dire que chaque estre fini est composé du neant & de l'estre; de telle façon que chaque chose est d'autant plus parfaite, qu'elle tient plus de l'estre, & qu'elle a moins du neát: comme la lumiere est d'autant plus excellente, ou plus claire, qu'elle tient moins des tenebres: & comme nous imaginons qu'on peut tousiours conceuoir qu'vne lumiere est imparfaite, lors qu'il luy manque quelque degré de clarté, & qu'elle peut estre effacée quant à l'aparence, par vne plus grande lumiere.

DE L'OEIL
ET DE LA MANIERE QU'IL VOID
LES OBIETS.

E traité de l'œil n'est pas moins difficile que le precedent, tant à cause de la maniere dont se fait la vision, que pour les difficultez qui se rencontrent aux rayons qui meuuent le fond de l'œil, & toutes les parties du cerueau iusques au lieu où l'ame aperçoit le mouuemét qui represente tout ce que nous voyons. Ie n'entreprés pas d'expliquer en quelle façó l'ame cónoist le mouuement du nerf optique qui compose la retine, où l'on tiét que les rayons visuels se terminent: soit que l'ame oeupe quelque partie du cerueau dans les animaux qui ont cela de commun auec nous qu'ils voyent, & mesme que plusieurs d'entreux voyent plus loin, & plus clair que le plus clair-voyant des hommes, comme l'on croid de l'aigle, & des autres oyseaux de proye: ou qu'elle soit presente à rous les nerfs, qui femblent eftre les principes de la fenfation, ou du fentiment.

Car ie ne veux pas m'amufer à l'examen de toutes les opinions qu'on a fur ce fujet: par exemple, qu'elle eft en quelque lieu du cerueau, comme l'aragnée au bout de fa toile, pour épier tous les mouuemens dont les nerfs font ébranlez, & pour atraper & comprendre tous les obiets exterieurs, comme elle prend les mouches, par les diuers mouuemens des nerfs, qui font diuifez ou fe peuuent diuifer en des filets fort menus, comme la toile des aragnées.

Ie ne veux pas auffi entreprendre de decider fi nous auons vne ame corporelle, oûtre la fpirituelle, comme les brutes qui face en nous toutes les operations dont elles font capables; fuiuant la penfée de ceux qui mettent trois ames diftinctes dans l'homme, la vegetatiue pour gouuerner les actions que nous auons communes auec les plantes, la fenfitiue pour les actions animales, & l'intellectuelle pour la raifon; il fuffit icy de penfer qu'il y a dans nous vne puiffance interne qui iuge de la prefence, ou de l'abfence de la lumiere, des couleurs, & des autres obiets, par le moyen des fens que Dieu nous a donnez, entre lefquels il femble que l'œil foit le plus excellent, tant à caufe de la grande diuerfité des obiets qu'il nous fait apperceuoir que pour l'artifice merueilleux qui pareft dans la conftruction, comme nous allons voir dans la propofition fuiuante.

PROPOSITION XXIV.

Expliquer la figure, les parties, & les vfages de l'œil.

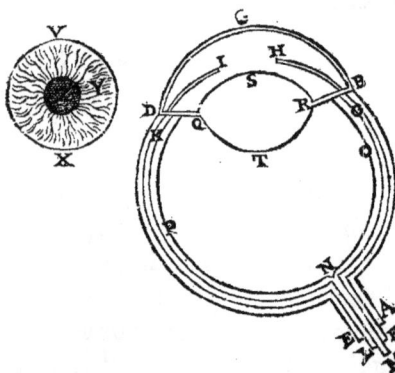

Ctte figure de l'œil reprefente fi bié tout ce qui luy apartient, qu'il faut peu de difcours pour la faire entendre: car B C D reprefente fa premiere peau, ou membrane, de la mefme épaiffeur qu'elle eft ou enuiron.

Elle a ce femble fon centre different des autres membranes & elle fe nomme *cornée*, parce quelle eft de la couleur de corne dont on fait les lanternes, & tranfparente comme du tale, afin que les rayons paffent aifement à trauers pour entrer iufques au fond de l'œil N par la prunelle I H, à trauers le chryftalin Q S R T. Cette premiere peau de l'œil n'eft plus tranfparente en aprochant de B & de D, mais elle eft blanche; c'eft pourquoy on l'appelle le blanc de l'œil: on l'appelle aussi *ceraloïde*.

Mais depuis B iusques à A, & depuis D iusques à E, on la nomme *scleroïde*; soit qu'elle face vne membrane differente de la cornée, & qu'elle passe par dessus en B & D, comme croyent quelques-vns, ou qu'elle luy soit continuë, & que toutes deux ne soient qu'vne production de la dure mere qui est immediatement sous le crane de la t este, & qui sert de premiere couuerture au cerueau.

Il y en a qui font vne membrane particuliere du blanc de l'œil, parce qu'elle est composée du perioste & des tendons ou bouts des muscles qui meuuent l'œil: si la cornée deuenoit blanche comme elle, ou rude, nous ne pourrions rien voir que tout au plus confusément.

La seconde membrane est HGF, IKL, qui est enuelopée par dehors, de ladite scleroïde; on la nomme vuée, parce qu'elle est semblable à vn grain de raisin noir, dont on a osté le petit pied, car elle est percée en IH, & cette ouuerture qui est ró de dans l'œil de l'homme, est appellee la *prunelle*, autour de laquelle est l'iris VXY; on appelle Z le noir de l'œil: car bien que cette figure ne montre que le profil de l'œil coupé par son axe, neantmoins il faut imaginer chaque membrane comme vne sphere concaue au dedans pour contenir comme vn sac rond, les liqueurs, ou humeurs que i'expliqueray incontinent.

On appelle cette membrane vuée, parce qu'elle est semblable à la peau d'vn grain de raisin depuis D iusques à I & depuis H iusqu'à G. Ie n'ay point vû de membrane qui ioigne les bords de l'vuée IH par de petits filamens, que ceux qui disent l'auoir obseruée, nomment membranes *pupillard*, car il ne m'a rien paru que l'humeur aqueuse, ou alhugineuse qui remplit tout l'espace compris entre la cornée DCB & l'vuée DI, HB, & le crystallin Q S R.

Quoy qu'il en soit, l'ouuerture de l'vuée IH se peut estendre & retrecir pour receuoir plus ou moins de lumiere & pour transmetre les images des obiets plus ou moins grádes, suiuant le besoin qu'on en a, ce qui se fait naturellement & sans election, ou liberté.

L'vuée s'apelle *choroïde* depuis K iusques en L, & depuis G iusques à F: parce qu'elle est parsemée de petites veines comme le *chorion* qui contient l'embrion: elle est noire du costé qu'elle regarde le crystalin; & du costé que sa partie vuée IH regarde la cornée, elle a les couleurs qui paroissent en regardant l'œil de dehors; à sçauoir bleuë, rousse, ou noire.

Il y a vne autre membrane, qui ne paroist pas icy, enuelopant le deuant du crystalin QRS, elle se nomme *chryStaloïde*: il y a semblablement vne membrane qui enuelope le derriere QTR, mais ie n'ay peu discerner si elle est continuë auec celle du deuant: elles sont toutes deux si minces & si diafanes, que quelques-vns ne les apercoiuent pas, & les nient, mais sans raison, & sans experience, la-

quelle montre encore que l'humeur vitrée qui remplit toute la ca-
uité de l'œil Q P N O R T Q , eſt auſſi entourée d'vne membrane
fort 'mince qui eſt de la meſme couleur; ce qui empeſche qu'on
la puiſſe diſcerner, iuſques à ce qu'on la ſepare auec la pointe d'vn
tranche-plume, d'vn biſtory, ou ſemblable inſtrument: on la nomme *hyaloide*, *arachnoide*, & *amphibleſtode* ; quoy que d'autres entendent par ces noms la membrane qui enuelope le cryſtalin, & qu'ils
font venir de la retine: ils l'appellent araigne.

Les petits trauers D Q & R B montrent la membrane qui fait l'iris
marqué V X Y, on le appelle *procez ciliaires*, parce qu'ils reſſemblent
aux cils de l'œil. Or afin que les 2 dernieres membranes qui ne paroiſſent ni en noſtre figure, ni à l'œil, iuſques à ce qu'elles ſoient ſeparées, n'entrent point en noſtre nombre, ie mets la retine P N O
pour la troiſieſme, que preſque tous les anatomiſtes qui entendent
l'Optique, mettent pour le lieu où les images ſe forment, ſuiuant
l'experience, dont nous parlerons dans la propoſition qui ſuit.

Le point M montre le nerf ſeparé du reſte qui va dans le cerueau,
lequel apres auoir paſſé iuſques à N s'eſtend par delà O & P, & ne
paſſe point les procez ciliaires D Q & B H. Il m'a paru d'vne couleur griſe ou blancheaſtre, & comme moruëuſe: & la choroide qui
eſt deſſous, m'a paru eſtre iaune, verte & bleuë : il ſemble que les
rayons peuuent paſſer iuſques à cette membrane, car la retine paroiſt vn peu diaphane: de ſorte que ie croy que les images des obiets , ou les mouuemens qui font la lumiere, vont iuſques ſur la
choroide, qui ſert comme l'eſtain, ou le teint du miroir, à ladite retine.

Or pluſieurs croyent que toutes les membranes contribuent à
faire les procez ciliaires, qui leur ſeruent comme d'vn commun lien.
Voyez Rioland & les autres ſur ce ſuiet; afin que nous venions aux
humeurs dont l'aqueuſe reſſemble à l'eau: c'eſt la premiere à l'entrée de l'œil, depuis la cornée iuſques au chriſtalin; la ſeconde eſt le
cryſtallin Q R S T, qui eſt plus dur, & ſemblable à de l'eau glacée,
quoy qu'il ne ſoit pas ſi dur, & qu'il imite plus la cire à demi molle:
ſa partie de deuant Q S R eſt moins conuexe, que celle de derriere
Q T R ; mais il eſt difficile de ſçauoir ſi ces deux conuexites ſont circulaires, hyperboliques, ou de quelqu'autre eſpece ; parce que ce
cryſtalin eſt trop petit dans l'homme pour pouuoir eſtre bien examiné.

On a remarqué que nous auôs 50 fois plus d'humeur vitrée, que
d'aqueuſe, mais nous n'auons pas beſoin de cette proportion pour
l'Optique: pour laquelle il ſuffit de remarquer que la veuë ſe change au changement du cryſtalin; qui deuenant plus plat en ſa partie
anterieure, fait lire de plus loin : comme il fait, lire de plus prez,
quand il eſt plus gonfle, ou portion d'vn moindre cercle; ſuiuant
les loix des cryſtaux conuexes, qui prolongent ou acroiſſent les

cones lumineux des rayons. Et peut-eſtre que les procez ciliaires qui le tiennent ſuſpendu, luy donnent quelque liberté de s'abaiſſer ou de ſe hauſſer vn peu, pour faire que les images des obiets ſe rencontrent au fond de la retine.

Le ſieur Carré Chirurgien aſſeure qu'il oſte la catarate en abaiſſant l'humeur cryſtalin auec la pointe d'vne aiguille qui paſſe par K ou C, & qu'aprez l'auoir abatu & oſté de ſon lieu, l'humeur vitrée prend ſa place, & qu'vn cryſtal de la figure du cryſtalin mis deuant l'œil le fait voir, & que pour lors le trou Z de l'iris paroiſt plus lumineux : & que l'on n'empeſche point la viſion dans cette operation, quoy qu'on bleſſe la coniunctiue, la ſcleroide, la choroide, la retine, la vitrée, la ragnoide & le chryſtalin : & finalement que l'humeur aqueuſe, ou albigineuſe, ne ſort point de ſa place, quoy que la vitrée & le cryſtalin ſoient oſtez.

On tient que cette humeur albugineuſe eſtát perduë, ſe repare aux ieunes gens, comme aux poulets : que l'aiguille fichée dans l'œil & remuant le vitré ne fait point de mal & ne gaſte point la veuë : que le cryſtalin eſtant affecté d'vne ſuffuſion fait la catarate &c. Ie diray ſeulement que l'experience m'a enſeigné que le frequent vſage des lunettes de longue veuë, & le regard fixe du Soleil qu'on fait pour le voir torner d'Occident en Orient ſur ſon axe, ſur lequel il ſemble qu'il acheue ſon tour entier dans prés d'vn mois, ou 27 iours, change quelques parties du diafane des membranes qui blanchit en les endurciſſant.

Ie laiſſe les 6 ou 7 muſcles qui ſeruent pour éleuer, abaiſſer & torner l'œil d'vn coſté & d'autre, parce qu'ils ne ſont pas marquez dans la figure : & ſemblablement les maladies auſquelles les parties de l'œil que i'ay expliquées ſont ſuiettes; la commodité de ſa rondeur; les excentricitez, & les centres de ſes membranes & de ſes humeurs; la communication qu'il reçoit des eſprits du cœur, & du cerueau; l'aliment qui nourit chaque partie de l'œil; & milles autres choſes, dont nous n'auons pas beſoin pour expliquer la maniere dont ſe fait la viſion, laquelle i'explique dans la deuxieſme propoſition.

Au reſte il ſemble que l'œil ſoit la proiection, ou Perspectiue racourcie du cerueau : car ſa dure mere produit la ſcleroide : ſa piemere, la choroide : & ſes nerfs la retine : de ſorte que l'œil luy ſert de lieutenant, & de ſentinelle qui luy raporte tout ce qui paroiſt au dehors; l'œil eſt comme le Soleil de l'homme, qui ne peut aſſez priſer cét organe que lors qu'il l'a perdu; car la priuation, qui n'eſt rien à proprement parler que l'abſence de l'eſtre, nous fait plus eſtimer chaque choſe, que ne fait ſa preſence, dont la raiſon merite d'eſtre recherchée, afin de voir ſi elle reuient à la plus grande eſtime que quelques-vns font des demonſtrations qui vont à l'abſurde, & à l'impoſſible, que de celles qui concluent directement : ou des negatiues, que des poſitiues.

Ceux qui defirent fçauoir les noms, & l'origine des fix mufcles qui meuuent l'œil, & la grande multitude de maladies qui l'affligent en plus de cent façons, peuuent lire le traité qu'a fait M. du Laurent fur cette matiere, & plufieurs autres qui en ont fait des liures entiers.

PROPOSITION XXV.

Expliquer comme les images des obiets fe forment dans l'œil, & comme les rayons y entrent : & pourquoy l'on void les obiets droits, quoy qu'ils foient renuerfez au fond de l'œil.

LA forme tant de l'œil que des rayons, ou lignes de cette figure, nous épargnera le difcours : car elle eft tellement conditionée qu'elle contient prefque tout ce qu'on peut dire fur ce fuiet : ie

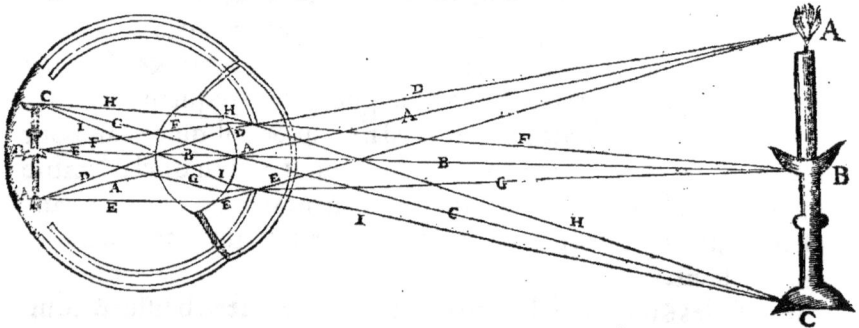

ne repete point ce que i'ay dit des 3 peaux qui l'enuelopent comme trois peaux d'oignon ; il faut feulement remarquer que ie n'ay point mis la retine au fond de cét œil, parce que le chandelier renuerfé CBA, qui reprefente le chandelier droit ABC, tient fa place : de forte qu'on void premierement que les obiets fe renuerfent au fond de l'œil, comme il eft ayfé d'experimenter auec vn œil de bœuf tout frais, dont la fclerotique, & la choroide, font tellement coupées, qu'au lieu de ladite choroide on met vn papier huilé, à trauers duquel on void le chandelier comme il pareft en CBA ; & neanmoins nous iugeons que le chandelier exterieur ABC eft droit ; & que la flamme de la chandelle A eft au haut, quoy qu'elle tienne le bas de l'œil ; à caufe que nous penfons que l'obiet eft au mefme lieu où va le rayon depuis le fond de l'œil ADDDA : de forte que l'on peut imaginer deux rayons qui vont par vn mefme chemin, à fçauoir celuy qui vient de l'objet au fond de l'œil, & celuy qui retorne de ce fond audit objet ; ce qui peut accorder les deux opinions, dont l'vne eft, que la vifion fe fait par les rayons que l'œil iette hors de foy iufques à l'objet ; comme s'ill'atiroit à foy auec autant de filets, ou de cordes qu'il enuoye de rayons, ou qu'on peut tirer de lignes de l'œil à l'obiet : l'autre, que cét obiet enuoye fes rayons, ou fes images à l'œil: car il est necessaire que l'œil se meuue, ou se dresse d'vne particuliere direction vers le point de l'obiet qu'il veut voir; puis que lors que cette direction manque, comme il arriue quand ayant les yeux ouuerts, nous occupans l'imagination à d'autres choses auec contention, & que nous ne nous souuenions pas d'auoir veu ce qui a passé deuant nous, quoy que les yeux ayent esté ouuerts du costé des obiets, & mesme qu'ils ayent formé leurs images, & enuoyé leurs rayons au fond de l'œil, nous ne les auons pas veus, à proprement parler, à raison que le retour, & la reflexion de l'œil n'a pas suiuy l'incidence des rayons de l'obiet.

D'où il faut conclure que bien qu'vn homme, ou vn ange fust imaginé au fond de l'œil, & qu'il y vist l'image du chandelier renuersé CA, il ne sçauroit pas si l'œil void, s'il ne connoissoit d'ailleurs si l'ame y accommode son attention, & si elle redresse & renuoye les rayons de bas en haut.

Or il faut premierement remarquer qu'entre les rayons, qui viennent de chaque point de ce chandelier à l'œil, encore que ie n'aye icy mis que ceux qui viennét des 3 points A,B,C, il y en a tousjours vn principal qui est celuy du milieu; comme est BBBB entre les 3 rayons qui vont du point B au fond de l'œil.

Et parce que ce rayon du milieu est le plus court, & par consequent le plus fort de tous, & qu'il tombe à plomb sur le crystalin H E, on le peut appeller le rayon optique, ou l'axe de la vision: & bien qu'il n'y ait icy que 3 rayons, on en peut autant tirer ou imaginer que l'on voudra.

Secondement, qu'il n'y a que ce seul rayon qui ne se rompe point à l'entrée de l'œil; car le second BFD A se rompt au point D, ou continuë à augmenter sa fraction qu'il auoit commencée sur la cornée: quoy que ie ne veüille pas maintenant considerer les differentes fractions qui se peuuent faire par la rencontre des 3 membranes & des 3 humeurs; car il suffit d'entendre que toutes ces fractions en composent vne qui conduit enfin les rayons obliques au mesme point du rayon principal; que les 3. rayons du poinct B rencontrent leur principal au poinct B du fonds de l'œil; comme les 3 autres des points A & C rencontrent leur principal rayon au fonds du mesme œil en A & en C: ce qui est si bien exprimé dans la figure, qu'il n'est pas besoin d'aucun discours pour l'entendre.

Il faut seulement imaginer que le chandelier est la base d'vn cone radieux, dont il est le diametre, & qu'au lieu de son triple ternaire de rayons, il en va vne infinité de tous ses points au fonds de l'œil qui est comme le sommet tronqué de ce cone; & neantmoins qu'il y en entre d'autant plus que la prunelle est plus ouuerte: de sorte que le dernier rayon qui peut passer en haut est A D D A, & le dernier d'en bas est C H C.

Si l'on pouuoit expliquer comme quoy l'ame sent dans le cerueau le mouuement dont l'obiet ébranle le nerf qui fait la retine; &

ſi elle eſt à quelque bout dudit nerf, comme l'araignée eſt au bout de ſa toile, dont elle ſent le mouuement quand on y touche; & comme quelques-vns ont penſé, que le premier moteur eſt à l'extremité, ou au milieu du monde dont il eſt impoſſible qu'aucune partie ſe meuue qu'il ne le connoiſſe au meſme moment; ou bien ſi l'ame eſt preſente dans toutes les parties de la retine, comme nous diſons que Dieu eſt preſent par tout, nous aurions non ſeulement le principal point de l'Optique, mais ce qui manque de plus excellent à toutes les ſciences, qui ſont ſi imparfaites qu'elles ne nous font point conceuoir de quelle façon l'ame, ou l'eſprit opere: laquelle nous eſt preſque auſſi cachée & inconnuë, comme la maniere dont Dieu agit: & la connoiſſance de l'vne de ces deux façons ſeruiroit pour l'autre.

C'eſt vne choſe eſtrange que ce que nous deſirons dauantage, ſoit ſi éloigné de noſtre connoiſſance; & que ce qui nous eſt le plus interieur, & ce ſemble le plus eſſentiel, nous ſoit le plus inconnu: ce qui nous doit faire eſperer que Dieu nous reſerue vne autre ſorte de veuë, où l'entendement trouuera toute ſorte de ſatisfaction.

Ie n'explique point comme les rayons de l'obiet ſe croiſent dans le cryſtalin, ou auant que de toucher la cornée; parce que la figure montre cela clairement, à laquelle il faudra auoir recours en pluſieurs difficultez qui ſe rencontrent dans les differentes manieres dont on void les obiets, ſoit proches ou éloignez de l'œil.

Si l'on imagine que tous ces rayons aillent du fond de l'œil à l'objet, ils tiendront tout le meſme chemin: de ſorte qu'il ne faudra rien changer en la figure, non plus qu'on ne change rien dans les phenomens du ciel & de la terre, ſoit qu'elle torne, ou qu'elle ſoit immobile. Il y a d'habiles Philoſophes qui mettent vne action reciproque de l'œil vers l'obiet, ſemblable aux cercles de l'eau qui vont iuſques au bord, & qui du bord reuiennent vers le lieu d'où ils ont commencé.

Quelques-vns croyent que le cryſtalin s'aproche, ou s'éloigne des obiets, ſuiuant qu'ils ſont grands, ou petits, proches, ou éloignez, & ſombres ou clairs, par le moyen des procez ciliaires, qui ſe laſchent, ou ſe roidiſſent. Sa figure imite celle d'vne lentille, & eſt compoſée comme de deux parties de ſpheres, dont la ſuperieure eſt partie, ou portion d'vne ſphere moindre, & l'inferieure, d'vne plus grande: mais cela n'eſt peut eſtre pas ſi general, qu'il n'y ait des cryſtalins qui ne gardent pas cette diſtinction.

Or ie n'eſtime pas qu'il ſoit ſi neceſſaire que tous les rayons qui viennent d'vn meſme point de l'obiet, aboutiſſent tout enſemble à vn meſme point de la retine, que l'œil ne puiſſe voir ſans cette conionction; quoy qu'il ſemble que la viſion en ſoit plus diſtincte, & plus forte.

Si l'on met vne teſte d'épingle, ou quelqu'autre petit obiet moin-

dre que la prunelle, deuant l'œil; on remarquera plusieurs circon-
stances qui arriuent à la veuë, à raison de la trop grande proximité
dudit obiet; mais ie ne veux pas m'amuser à ces petites gentillesses,
que chacun peut obseruer en particulier.

l'aioûte seulement que le frequent vsage des lunettes, engendre
à la longue des duretez ou des inégalitez qui font parestre quantité
de petits corps dans l'air, lors qu'on regarde le ciel, & qui souuent
trompent en telle sorte qu'on chasse ces corpuscules comme si c'e-
stoient des moucherons qui nous importunassent: d'où il est aisé de
conclure que ce sont des parties du crystalin, ou mesme de la cornée, ou de la retine, qui se sont desseichées, endurcies, ou bruslées
par la trop grande lumiere qui est entrée dans l'œil; ce que ceux-
là iugeront aisement qui ont cette incommodité, s'ils ferment
l'œil gauche, (lequel est ordinairement celuy dont on se sert pour
regarder, & examiner les obiets) car s'il n'y a que luy qui ait ces
duretez, l'œil droit ne verra point ces corpuscules dans l'air.

PROPOSITION XXVI.

*Determiner si les rayons des deux yeux qu'on imagine s'estendre iusques aux ob-
iets, se rencontrent à vn mesme point, ou si leurs axes demeurent tousiours
paralleles, depuis les yeux iusques à l'obiet.*

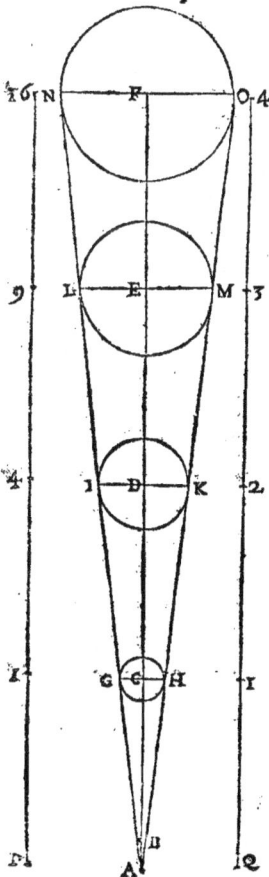

IL semble que la commune creance à toujours esté iusques à present que les deux
yeux se vont recontrer au mesme point de
l'obiet qu'on void des deux yeux, & que, par
exemple, si l'on imagine qu'ils soient N O,
& que l'œil droit O regarde le point A, par
la ligne O A, l'œil gauche N regarde aussi
par la ligne N A: & si l'œil gauche N dresse
son axe au point A par la ligne, N A, l'œil
droit dresse aussi son axe au mesme point A,
par le rayon O A.

Neantmoins il y en a qui pensent que les
deux rayons optiques ne se rencontrent
point pour l'ordinaire au point A, ny en aucun autre point si ce n'est à l'infiny, & que
lors que l'œil N regarde par son axe N P,
l'axe de l'œil O va par la droite O Q; ou que
lors que l'œil O regarde par la ligne O A,
l'œil N dresse son axe de N en P. De sorte
que les deux axes des deux yeux sont quelque fois paralleles: quelquefois non; mais
ils se ioignent au point A ou B, ou en tel autre qu'on voudra.

D'où

D'où il arriue que quand l'vn des yeux void diftinctement vn point de quelque obiet, l'autre ne le peut voir, & que lors qu'on lift quelque liure, on ne lift que d'vn feul œil, quoy qu'ils changent fouuent, & que tandis que l'vn fe repofe l'autre trauaille. Et parce que ce fubit changement n'eft pas aperçeu, l'on croid qu'ils lifent tous deux enfemble, encore que l'on ne voye que confufement tout autour de l'obiet, pendant que l'autre s'y attache, & y porte fon axe vifuel.

Ce que ceux qui ont vn œil plus foible que l'autre, ou qui void l'obiet plus gros, ou plus petit, ou plus obfcur, aperçoiuent plus ayfement en changeant d'œil, & en les tranfportant l'vn apres l'autre fur le mefme point de l'obiet, que les autres qui ont les deux yeux égaux en bonté & vigueur : ce qui eft affez rare ; car, pour l'ordinaire, l'vn des yeux void mieux que l'autre, comme chacun peut éprouuer en lifant quelques lettres fort menuës de l'vn & de l'autre œil alternatiuement & feparément.

Cecy pareft encore en ce qu'ils ne peuuent voir les deux coftez du nez, & qu'on aperçoit qu'apres auoir veu le cofté droit, fi l'on veut voir le gauche, on fent que l'œil gauche fe meut autrement qu'auparauant, & qu'il faute vn faut, comme en treffaillant : de forte qu'il n'y a nul danger que les arquebufiers ouurent les deux yeux quand ils tirent, puis qu'il n'y a iamais qu'vn feul œil qui voye l'obiet ; & partant les yeux ne font point de paralaxes au mefme moment qu'on regarde le point d'vn obiet, puis que le parallelifme de leurs axes ne permet pas qu'ils fe rencontrent en ce point : mais ils doiuent regarder ce point alternatiuement, pour faire la parallaxe.

Il faut donc que chacun concluë fuiuant les effais qu'il fera de fes propres yeux que le nerf & les mufcles de l'vn fe relafchét, & n'operét quafi point, pendant que l'axe de l'autre eft bandé pour regarder fixement vn objet : & que, par exemple fi l'œil gauche eft au point A, & qu'il regarde les points B, ou C, ou D, &c. le droit Q aura fon axe de Q en O, qui ne luy fera rien voir que confufement ; à caufe qu'il eft relaché ; & fi l'œil Q regardoit le point F, l'axe de l'œil A fe torneroit vers N.

Mais les deux lettres que M. Gaffendi a fait fur ce fuiet, meritent d'eftre leuës, parce qu'elles répondent aux obiections qu'on fait contre cette opinion : & la lecture ne laiffe pas d'eftre plus aifée auec deux yeux qu'auec vn feul, à raifon qu'ils fe foulagent l'vn l'autre mutuellement, & que celuy qui a fon axe parallele à l'axe de l'autre & qui ne regarde pas le mefme point de l'obiet, ne laiffe pas de feruir pour faire voir plus clair, à raifon des rayons obliques qui le frapent de toutes parts, & qui augmentent l'horizon, ou la fphere, & l'actiuité de la veuë.

Or ce relafchement de l'vn des axes tandis que l'autre eft bandé, fe peut confirmer par le repos, ou le moindre effort des autres parties du corps qui font doubles, & qui fe foulagent mutuellement par vn repos alternatif, comme font les deux iambes, les deux bras &c. bien que, faute de reflexion, plufieurs ne l'aperçoiuent pas, & ne fçachent s'ils ont vn œil, meilleur que l'autre, ni plufieurs autres chofes, qui ne fe remarquent que par le retour que fait l'efprit fur la maniere dont les organes font affociez. Neantmoins tout cecy n'empefche pas qu'il ne fe puiffe trouuer des yeux qui ayent la force de conduire leurs deux axes à vn mefme obiet: mais il fuffit que chacun examine les fiens. Et que l'on ne croye pas que ie fois tellement dogmatique en cecy, que ie ne croye que l'opinion commune eft affez probable, à fçauoir que les deux axes vifuelles fe rencontrent au mefme point d'vn obiet, lors qu'il eft affez éloigné des deux yeux, par exemple de 3 ou 4 pieds, ou toifes: car il eft certain que fi l'obiet eftoit à 2 ou 3 lignes de l'vn des yeux, l'autre ne pourroit le voir: & il a d'autant plus de peine à le regarder, qu'il en eft plus proche, de forte qu'on fent l'effort que font les mufcles, pour torner l'œil à l'obiet. Or cette propofition, comme plufieurs autres de nos traités, n'eft propre que pour ceux qui ayment l'experience.

Où il faut remarquer que Baptifta Porta a eu la mefme opinion, que nous auons expliquée, à fçauoir que nous ne voyons diftincte ment que d'vn œil, quoy qu'ils foient tous deux ouuerts: voyez le premier chapitre de fon 6. l. de la refraction: & aioûte, comme plufieurs autres, que l'œil droit eft ordinairement le meilleur.

PROPOSITION XXVII.

Determiner fi le Soleil peut faire l'ombre d'vn corps opofé plus large, lors que l'œil void le Soleil plus grand.

IL femble que le Soleil ne puiffe pareftre plus grand à l'œil, comme il fait quand il fe leue, ou qu'il fe couche, qu'il ne faffe auffi l'ombre d'vn corps moindre, ou plus eftroite, puis que la largeur de l'ombre eft determinée par la grandeur du luminaire, par celle du corps illuminé, & par leurs diftances; or le Soleil eft auffi éloigné de nos corps quand il fe leue, que quand il eft éleué de 20, ou 30 degrez fur l'horizon; & neantmoins il paroift plus grand; foit à caufe de la refraction de fes rayons qui rencôtrét les vapeurs de l'athmofphere; ou de la prunelle de l'œil, qui s'ouure plus au matin qu'à midy, & aux autres heures du iour, qui la font refermer par leur plus grande lumiere: d'où il arriue que l'image de l'obiet imprimée au fond de l'œil, eft moindre, & fait pareftre le Soleil plus petit qu'au matin qui a moins de lumiere.

Mais l'ombre peut eftre égale tout le long du iour, parce que le corps illuminé n'eft pas fuiet aux changemens de la prunelle; &

mefme elle peut eftre plus large, parce que lefdites vapeurs peuuent eftre affez épaiffes pour empefcher & comme retrancher les rayons des bords du Soleil, de maniere qu'il n'y ait que les autres rayons plus forts & plus éloignez defdits bords, qui arriuent iufques au corps qui fait l'ombre : d'où il arriue le mefme effet, que fi le Soleil eftoit reéllement de fait diminué ; ou au moins, fon diametre apparent retrecy : car en ce cas, l'ombre s'élargiroit : eftant vne maxime generale en l'Optique, que la diminution du luminaire caufe l'augmentation de l'ombre : & au contraire, que l'augmentation du luminaire caufe la diminution de l'ombre.

Cecy peut eftre confirmé par la lumiere du Soleil paffant au trauers du trou d'vne pinule, & de là, allant tomber fur vne autre pinulle affez large : car cette lumiere ayant paffé par ce trou, ira en s'élargiffant, & ce d'autant plus que les deux rayons menez du centre de ce trou aux extremitez d'vn mefme diametre du corps Solaire, comprendront vn plus grand angle : ainfi la lumiere du Soleil receuë fur la feconde pinule, fera plus ou moins grande, fuiuant l'augmentation ou la diminution de cét angle. Or quelques-vns pretendent auoir éprouué qu'au leuer & coucher du Soleil, cette lumiere paroift moindre que vers midy : laquelle chofe, fi elle eft, ne peut venir d'ailleurs que des vapeurs qui empefchent que les bords du Soleil n'efclairent affez pour faire la lumiere fenfible fur la feconde pinule ; & ainfi elles caufent la diminution de cette lumiere ; ce qui n'arriue pas vers midy, ou les vapeurs nuifét peu ou point au Soleil.

COROLLAIRE I.

Ce qui a efté dit du Soleil, peut auffi s'apliquer à la lune ; & l'on doit diftinguer entre l'ombre forte & la plus noire, & entre vne fauffe ombre, qui fait vne forte de feparation d'auec la lumiere, & l'ombre dont on ne peut douter : on pourroit nommer ce commencement d'ombre la *nuance* mitoyenne entre l'ombre & la lumiere ; car elle tient de l'vne & l'autre, comme fait la lumiere des bords de la lune eclypfée, quand ils font feulement éclairez par les rayons du Soleil qui vont tomber fur eux, apres auoir paffé par l'atmofphere, ou les vapeurs de la terre, qui les ont affoiblis.

COROLLAIRE II.

Si ce que Diodore raporte des habitans de Saba, dans le 3 chapitre de fon liure, eft veritable, à fçauoir qu'il n'y a point de crepufcule, & qu'il faffe auffi obfcur qu'à minuit, iufques à ce que le bord du Soleil paroiffe, il faut conclure qu'il n'y a point de vapeurs en cette partie de l'Arabie heureufe ; & partant, que l'ombre n'y eft pas plus eftroite au matin qu'à midi : mais ie ne croy pas facilement toutes ces relations : parce qu'elles ne font pas affez bien circonftantiées.

PROPOSITION XXVIII.

Expliquer les erreurs dont l'esprit peut estre surpris par les differentes ouuer-
tures de la prunelle de l'œil: & quand on peut dire qu'on void l'obiet en
sa propre grandeur.

La commune erreur consiste à croire que l'on void les astres, &
les autres obiets plus ou moins grands, ie ne dis pas qu'ils sont,
mais seulement qu'ils ne doiuent parestre, du lieu où on les regarde: si toutesfois nous pouuons dire qu'ils paroissent plustost vne
fois que l'autre, comme ils doiuent parestre: car il n'y a point de loy
qui les oblige à estre veus d'vne façon ou d'autre, ni qui nous oblige à les voir plus ou moins grands: & souuent leur grandeur aparente dépend de l'imagination, ou de la preocupation; d'où il arriue
que de plusieurs qui regardent le Soleil ensemble, l'vn dit qu'il le
void grand comme la paume de la main, l'autre d'vn demi-pied, l'autre d'vn pied de large &c. ce que l'on peut apliquer à tout ce que l'on
void sur la terre, ou dans l'air: car si ce qu'on void n'a point esté me-
suré niueu par ceux qui le regardent de loin; il y aura presqu'autant
de differentes opinions de sa grandeur, comme il y aura de specta-
teurs.

Or puis que l'on tient que la plus grande ouuerture de la prunelle fait voir l'obiet plus grand; à raison de la plus grande peinture qui
se fait de l'obiet sur la retine, ou du plus grand nombre de rayons
qu'elle reçoit; & que c'est pour cette raison, du moins en partie,
que la lune nous paroist plus grande la nuit que le iour, & que les
estoiles nous paroissent plus grandes en les regardant la nuit, qu'au
crepuscule, qui fait vn peu retrecir la prunelle: il faut consider si ces
deux sortes de visions sont indifferentes, & si l'vne represente l'obiet plus fidellement que l'autre: ce que l'on peut encore rendre plus
general, à sçauoir si tous voyent la veritable grandeur de l'obiet, ou
s'il n'y a personne qui ne le voye trop grand ou trop petit, ou si quelqu'vn le void en sa propre grandeur.

Sur quoy ie dis premierement que l'œil void l'obiet plus parfaitement, lors qu'il y distingue vn plus grand nombre de parties; &
qu'il ne le peut voir parfaitement, parce qu'il y a des parties si petites qu'il ne peut les voir: come nous enseigne l'experience des mi-
croscopes, qui font voir les 10 pieds d'vn ciron, & les autres parties
de son corps; & plusieurs parties raboteuses & inegales sur les miroirs & autres corps, qu'on croid estre polis & parfaitement vnis.

Secondement, que l'œil estant également ouuert void tout autant dans vne chambre, qui remplit sa retine, que lors qu'il void
l'hemisphere entier du ciel: parce qu'à proportion qu'il void plus
de parties, il les void plus confusement: & quand il en void moins,

illes void plus diſtinctement: de ſorte qu'on peut dire qu'il reçoit autant de rayons, ou d'images des objets qui ſont proches, que de ceux qui ſont éloignez; quand meſme il ne verroit que l'eſpace d'vn pied, ou qu'il ne verroit que le grain de ſable B, qui luy enuoyroit autant de rayons que l'obiet GH, ou HO; or ce que l'on void dans ce ſecteur de ſphere ANO, ſe doit entendre de tout l'hemiſphere qui ſeroit veu par l'œil A.

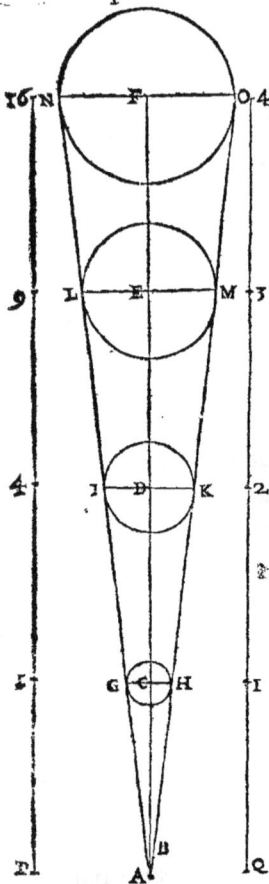

C'eſt delà qu'il s'enſuit que comme la baſe NO du ſecteur, NOA, eſt 16 fois plus grãde que la baſe GH du ſecteur AGH, l'on void auſſi 16 fois plus diſtinctement les parties de l'obiet GH, que de l'obiet NO.

Troiſieſmement, que l'on ne void iamais vn obiet en ſa propre grandeur, autrement il faudroit que la baſe du cone optique qu'il fait auec l'œil, euſt la largeur de l'obiet pour le diametre de ſa baſe, au lieu que ce diametre ſe diminuë toujours à meſure qu'il s'éloigne: de ſorte qu'il ſemble qu'il ſeroit neceſſaire d'auoir l'obiet dans l'œil meſme, pour eſtre veu en ſa propre grandeur, comme il eſt neceſſaire de maniere vn baſton pour ſçauoir ſa veritable grandeur: car l'œil, auſſi bien que les autres ſens, peut eſtre appellé vn *toucher*.

Où l'on peut remarquer que les nombres de 2 lignes NP & OQ, enſeignent combien l'on void les obiets plus diſtinctement les vns que les autres, ſuiuant les differens éloignemens de l'œil A: car les differentes aparences de la viſion ſuiuent les meſmes loix, que les diuerſes illuminations.

Quatrieſmement, l'on peut dire qu'on void toûſiours chaque choſe en ſa propre grandeur, parce que ſi apres auoir meſuré l'obiet auec vn pied de Roy, ou auec vne autre meſure, on regarde la meſme choſe à trauers vn verre conuexe, ou en d'autres façons qui groſſiſſent ordinairement l'obiet; ſi on regarde le meſme pied qui a ſerui de meſure, par le meſme verre, on le verra toûſiours égal audit obiet: & ſi on éloigne l'obiet en ſorte qu'il ne paroiſſe plus que comme vn point, le pied pareſtra de meſme.

Par conſequent puis que la meſure conuient toûſiours auec la choſe meſurée, l'on void toûſiours les obiets en leur grandeur, quoy qu'on ne les voye pas ſi diſtinctement de loin que de pres; ioint qu'ils paroiſſent comme ils doiuent, ſuiuant l'angle ſous lequel ils ſont veus.

Mais pour euiter toute sorte d'ereur, & qu'on ne croye pas qu'vn obiet soit plus grand qu'il n'est, comme il ariue qu'vn grain de sable paroist de la longueur d'vn pouce par vn excellent microscope; il faut imaginer que l'on voye aussi la longueur du pouce par le mesme microscope, & l'on verra que le grain de sable se trouuera d'autant moindre que cette longueur de pouce, que le grain de sable paroist plus gros qu'il n'est.

L'vne des plus grandes tromperies qui vient en partie de la dilatation de l'vuée, s'experimente aux estoiles & aux planetes, que nous croyons parestre plus grandes qu'elles ne sont; autrement il s'ensuiuroit qu'elles nous donneroient plus de lumiere la nuit que ne fait le Soleil: car bien qu'on ne prist que la moitié des estoiles du Ciel, l'hemisphere qui est sur nous durant la nuit en contient assez pour faire que si toutes les estoiles aparentes estoient mises ensemble pour faire vn seul disque, ou vne seule estoile, elles paroistroient plus grande de moitié que le Soleil; suposé qu'on prenne la grandeur de leurs diametres suiuant ce que Tycho & les autres Astronomes les mettent.

Et neantmoins il est certain qu'elles ne sont pas si grandes qu'elles paroissent, car apres que les lunettes de longue veuë ont retranché leurs irradiations, ou faux rayons, elles paroissent si petites, qu'vn excellent Astronome a trouué par le calcul que toutes lesdites estoiles veuës en leurs vrayes grandeurs, ou prises selon leurs veritables aparences, ne paroistroient pas plus grandes qu'vne estoile de la 4 ou 5 grandeur selon Tycho.

De sorte que les estoiles n'éclairent pas à proportion de ce qu'elles paroissent la nuit à la prunelle dilatée dans les tenebres, mais suiuant la veritable aparence: de mesme que le Soleil ne suit pas dans la proiection de son ombre, l'apparence qu'il fait dans l'œil, comme i'ay dit dans la propos. precedente. Or chacun se peut desabuser au matin: car Venus, Iupiter &c. qui paroissent la nuit sous l'angle de 2 ou trois minutes, ne paroissent pas le iour d'vne minute, tant à cause du retranchement que fait le iour des irradiations de la nuit, qui augmentent leurs diametres apparans, qu'à cause que la prunelle reçoit de plus grandes images la nuit que le iour; autrement, pourquoy le diametre de Venus, par exemple, paroistroit-il cinq fois moindre le iour que la nuit?

Il ne faut donc pas s'estonner pourquoy les estoiles dont chacune est peut estre aussi luisante que le Soleil, nous éclairent si peu la nuit; puis qu'elles ne nous doiuent pas plus éclerer que le Soleil, dont la veritable aparence seroit tant diminuée, qu'il ne nous paroistroit que sous l'agle d'vne minute, ou aussi petit cóme nous paroist la nuit vne estoile de la cinquiesme grandeur; puis que toute les estoiles estant iointes ensemble ne nous deuroient pas parestre plus grandes, comme elles parestroient en effet au matin, lors que la

cheuelure, qui empefche d'aperceuoir leurs vrais difques, ou leur
cercles, eft retranchée, & que la paupiere n'eft plus fi dilatée.

Ce qui fuffit pour conclure plufieurs autres chofes, & pour éuiter les erreurs qui pourroient nous abufer, en croyant qu'vne chofe
eft beaucoup plus grande qu'elle n'eft; mais nous aurons encore
fuiet de parler des tromperies de l'œil dans la Dioptrique, & ailleurs.

PROPOSITION XXIX.

Expliquer pourquoy chaque obiet ne pareft point double aux deux yeux, puis
qu'ils en reçoiuent deux images differentes.

CEux qui croyent que l'obiet ne pareft pas double, parce que
les deux nefs optiques qui font leurs deux retines, s'vniffent
enfemble dans le cerueau, n'ont pas rencontré la bonne raifon, puis
qu'outre qu'ils ne font pas vnis en toutes fortes de perfonnes, lors
qu'on preffe l'vn des yeux, l'obiet pareft double, & la vifion fe fait
dans l'œil auant que de rencontrer cette vnion. Il faut donc prendre la raifon de ce que les deux images receuës au fonds des deux
yeux font fi femblables, qu'ils n'y peuuent remarquer aucune difference. C'eft pourquoy les deux oreilles n'oüyent qu'vn mefme fon
quoy que les nerfs qui feruent à l'oüye ne fe croifent point, &
n'ayent point d'vnion, que dans le cerueau, comme dans leur
fource.

Il arriue encore la mefme chofe au toucher: car bien qu'on touche vn obiet auec deux doigts, ou auec les 2 mains, on ne iuge pas
que l'on ait touché deux obiets, fi ce n'eft quand on croife les
deux doigts l'vn fur l'autre, & qu'on met l'obiet entre deux; car
pour lors, il femble qu'on touche deux obiets, bien qu'il n'y en ait
qu'vn.

Mais fi l'opinion expliquée dans la troifiefme propofition, eft
vraye, cette difficulté n'aura point de lieu, parce qu'il n'y aura qu'vn
feul œil qui voye vn obiet, & qui foit peint comme il faut de fon
image.

PROPOSITION XXX.

Expliquer quel eft le plus grand, ou le moindre angle fous lequel l'œil peut
voir les obiets.

IL eft difficile de determiner exactement quel eft le plus grand
angle qui peut feruir à l'œil pour voir vn obiet: car il y a des yeux
qui peuuent voir fous vn plus grand angle les vns que les autres: il
eft certain qu'il void affez bien depuis l'ouuerture de 60 degrez iuf-

ques à celle d'vne minute, & qu'il ne peut voir par vn angle plus grand que de 180 degrez, qui font le demy cercle, fans fe forcer: or l'œil eftant au centre d'vn cercle, peut voir le demi-cercle entier, ou peu s'en faut, particulierement quand l'œil fort beaucoup dehors; mais fi celuy qui regarde ce demi-cercle fait reflexion fur le mouuement de fon œil, il aperceura aifement, qu'il eft neceffaire qu'il fe meuue, & que c'eft à diuerfes reprifes, & par de differentes actions qu'il void ce demi-cercle, & mefme le quart dudit cercle: & à proprement parler l'œil ne void exactement que le lieu de l'objet où fe rencontre l'axe optique de la vifion.

Mais fuiuant qu'vn mefme obiet s'aproche de l'œil, il eft veu fous vn plus grand angle, par exemple fi le Soleil defcendoit vers nous, ou que nous aprochaffions de luy, nous le verriós fous vn plus grand angle; & fous vn moindre s'il s'éloignoit. Si l'œil pouuoit enuifager tout d'vn coup, & d'vne feule vifion, tous les obiets qui entrent par la cornée, il pourroit quelquefois voir plus qu'vn demi-cercle: mais cette forte de veuë eft fi confufe, qu'elle ne merite pas qu'on s'y arrefte.

Quant au moindre angle fous lequel on peut voir, il eft difficile le determiner, à raifon de la differente force & fubtilité des yeux differens; ie diray feulement que i'ay experimenté qu'vne veuë bien forte, ou fubtile void vn grain de fable de 10 ou 12 pieds; & parce que le diametre de ce grain de fable n'a que la dixiefme partie d'vne ligne, il s'enfuit que le rayon du cercle de dix pieds, ou de 120 pouces, ou de 1440 lignes, apartient à vn cercle dont la circonference eft du moins fextuple dudit rayon.

Voyons maintenant quelle partie d'vn degré de cette circonference refpond à la dixiefme partie d'vne ligne: & pour ce fuiet prenons la 60 partie du rayon, à fçauoir 24 lignes; que ie multiplie par 10 pour auoir le nombre des grains de fable contenus par vn degré, à fçauoir 240; lefquels eftant comparez aux fecondes minutes contenuës par le mefme degré, c'eft à dire à 3600, il eft euidét que le grain de fable ne contiét guere qu'vne quatriefme partie d'vne minute, c'eft à dire 15 fecondes, qui font, ce femble le moindre angle, fous lequel l'obiet peut eftre veu: & s'il fe trouue quelquelque œil fi perçant qu'il puiffe voir fous l'angle d'vne feconde minute, il pourra feruir de mefure, ou d'idée, pour la perfection des yeux.

PROPOSITION

PROPOSITION XXXI.

Expliquer fous quels angles l'œil void les obiets proches & éloignez : & mon-
trer que les angles ne fuiuent pas la raifon des diftances ; & pourquoy
les obiets qui font en haut femblent s'abaiffer, ceux qui font en bas
femblent fe hauffer, & les gauches femblent s'aprocher du
cofté droit, & ce qni eft à droit aller à gauche.

SOit l'œil B, qui regarde l'obiet DQ mis à diuerfes diftances : il
eft certain que plus il fera proche, & plus il fe verra grand, &
fous des angles plus grands : comme l'on void en cette figure, dans
laquelle DQ fe void fous l'angle DBQ, qui eft moindre que l'angle
FBP, cettuy-cy moindre que l'angle GBO, & GBO moindre que
HBN que ie fupofe eftre de 90 degrez.

Supofons auffi que ces lignes droites A H, H G, G F, FD, foient
égales, tant entr'elles, qu'à la ligne A B, & que l'angle H A B foit
droit.

Il eft clair que les diftances AH, AG, AF,
A D, n'ont pas les mefmes raifons entr'elles
que les angles HBN, GBO, FBP, & DBQ.
Car ces diftances font en la progreffion
Arithmetique 1, 2, 3, 4, & les angles ont tou-
te vne autre fuite : fçauoir HBN, 90 degrez ;
GBO, 53-7 ; FBP, 36-52 ; & DBQ, 28-6.

Puis donc que les obiets HN, GO, FP, &
DQ, quoy qu'égaux, femblent neantmoins
dlus petits à raifon qu'ils paroiffent fous des
angles moindres ; & que ces angles ne fuiuét
pas les raifons des diftances ; il paroift que la
diminution aparente des obiets, ne fuit
pas la raifon des mefmes diftances. Au refte, il n'eft pas difficile
de comprendre pourquoy les obiets qui font en haut, femblent fe
baiffer en s'efloignant de l'œil ; fi on fe reprefente que l'œil eftant B,
la diftance AD foit le haut d'vne gallerie, & la diftance BC foit l'horizon de l'œil. Car alors les lignes égales CH, CG, CF, CD, feront
les hauteurs de la gallerie, lefquelles vont toufiours apparamment
en diminuant, comme nous venons de demonftrer, & partant auffi
le haut de la gallerie femble fe baiffer. C'eft la mefme raifon qui fait
que le bas de la gallerie femble fe hauffer ; puis qu'il femble s'aprocher de l'horizó BC. De mefme, les parties de la main droite de cette gallerie, femblent tirer à gauche ; & les gauches, femblent tirer à
la droite ; les vnes & les autres s'aprochant toufiours apparamment
de la ligne du milieu BC : ce qui fait, en general que toute la gall-

K

rie s'étrecir vers le bout le plus éloigné de l'œil. En quoy il n'y a aucune difficulté pour celuy qui aura bien entendu ce que nous auons dit cy-dessus.

Fin du premier Liure.

LIVRE SECOND.
DE LA
CATOPTRIQVE,
OV
DES MIROIRS.

E Vocable de Catoptrique eſt en vſage, pour ſignifier la partie de l'Optique qui traite des reflexions, & qui ſert pour trouuer le chemin que tiennent les rayons en leur retour; & comme il faut faire les miroirs qui puiſſent les renuoyer en meſme ordre qu'ils les ont receus : par exemple, qui de paralleles les renuoyent paralleles; & qui de paralleles les reduiſent à vn point, ou les écartent, &c. & comme l'on trouue les lieux où paroiſſent les images des obiets.

Or ie ne pretends icy autre choſe que de donner ſuccinctement l'explication de la reflexion, afin qu'on entende comme elle ſe fait, & pourquoy elle ſe fait pluſtoſt à angles égaux, que par d'autres : & parce que i'ay fait l'Optique precedente par propoſitions, ie ſuiuray encore le meſme ordre dans cette ſeconde partie, quoy que ſi l'on veut, on puiſſe vſer d'autant de chapitres qu'il y aura de propoſitions.

PREMIERE PROPOSITION.

Expliquer pourquoy la reflexion fe fait à angles égaux ; où l'on void ce que c'eft que la compofition des mouuemens, & plufieurs autres chofes qui appartiennent à ce fuiet: & comme le rayon tombant perpendiculairement, fe peut reflechir fur foy-mefme.

LA plus grande partie des actions, & des mouuemens qui fe font dans la nature gardent vn mefme ordre, & tefmoignent l'vniformité des actiós diuines qui en font les fources: ce que peu de perfonnes confiderent, commes'il n'apartenoit pas à tous les hommes de s'inftruire des loix que Dieu fait garder à la nature, & par lefquelles, il gouuerne le monde qu'il a fait pour fa gloire.

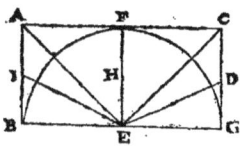

C'eft à quoy ie les exhorte par la confideration des retours du rayon, que i'explique par la figure ABCG, dans laquelle il faut imaginer le plan ou le miroir droit BG, bien poli, & vniforme, de forte que fa furface n'ait aucune eminence ou foffette: car bien qu'il foit tres-difficile que le plan des miroirs foit fi parfaitement poli, qu'il n'y demeure quelque inégalité, & plufieurs pores, quoy que les yeux, ou le toucher ne foient pas affez fubtils pour les remarquer, neantmoins il le faut fupofer parfait pour en parler exactement.

Car la fcience ne confidere pas feulement les chofes dont elle traite, comme elles font ordinairement dans la nature, mais auffi comme elles y peuuent eftre par la puiffance abfoluë de Dieu; de forte qu'on peut dire que chaque fcience n'a que le feul poffible pour fon obiet, & partant qu'elle eft auffi veritable & auffi pure que le mefme poffible. Et parce que le poffible n'a point d'exiftence, que dans la puiffance de Dieu, nous pouuons encore dire que toutes les fciences ne font autre chofe que des confiderations de la foueraine puiffance.

Soit donc BG la fection d'vn miroir plat, qui ferue pour toutes fes autres fections; & que toutes les lignes qui paroiffent en cette figure, ou qui y peuuent eftre imaginées, foient fupofées dans vn mefme plan; ce qu'il faut auffi penfer de tous les autres miroirs foit conuexes, ou concaues dont nous parlerons apres.

Quant à la demie circonfereuce BFG, elle ne fert que pour montrer la maniere de mefurer les angles d'incidence, & de reflexion: & pour ce fuiet, il faut confiderer vn feul rayon, par exemple fi l'on confidere le Soleil au point A, le rayon duquel il frapera le miroir BG, fera AE que l'on peut conceuoir comme vne ligne indiuifible, quoy qu'eftant Phyfique, elle ait en foy quelque largeur, ou groffeur, dont il faut prendre la ligne du milieu, à la maniere d'vn axe

indiui-

indiuifible, comme l'on fait dans la Geographie, lors que l'on parle de l'axe des fpheres, ou des autres corps : autrement il feroit neceffaire d'enueloper trop de chofes enfemble, au lieu que les fciences ont efté inuentées pour les deueloper.

· Ce qui n'empefche nullement que l'on ne conçoiue que tout corps lucide fait vne fphere folide de lumiere, aufsi grande comme l'on veut fe l'imaginer.

Soit donc le rayon AE, qui tombant obliquement fur le point E du miroir BG, ne demeure pas en E, comme s'il auoit efté attiré par le point A, & ne coule pas aufsi fur EG, cóme feroit le bafton AE qui feroit pouffé par telle force qu'on voudra d'A en E : quoy que fi la lumiere eft le mouuement des petites boules d'vne matiere tres-fubtile, il femble que le continuel pouffement, ou l'impreffion qui fe fait fur ces petits corps, deuroit pluftoft les faire couler par la ligne EG, que par EC, qui eft la ligne par où ils font reflechis, ou par où le mouuement du Soleil leur eft communiqué, comme mon tre l'experience, à laquelle il fe faut arrefter, quelque raifon qu'on puiffe s'imaginer contr'elle ; puis que la raifon eft toufjours fauffe toutes & quante-fois que l'experience luy eft contraire.

Or elle nous enfeigne que le rayon AE fe reflechit d'E en C, de forte que l'angle de reflexion CEG eft égal à l'angle d'incidence A EB. Comme fi l'angle AEB eft de 45. degrez, l'angle CEG fera aufsi de 45. degrez.

La mefme chofe arriue au rayon tombant d'I en E, car fi l'angle IEB eft de 30 degrez, l'angle de fa reflexion DEG fera femblablement de 30 degrez ; & ainfi des autres.

Et fi le rayon coule de B en E, il continuëra d'E en G fans fe reflechir : & finalement, s'il tombe du point F perpendiculairement en E, il retornera par la mefme ligne EF, puis qu'il n'y a nulle caufe qui le determine pluftoft vers le cofté droit CG, que vers le cofté gauche AB.

Ie fçay qu'il eft difficile d'imaginer comme quoy vn mefme rayon peut reuenir fur foy-mefme, particulierement fi on le conçoit comme vne chaine, ou vn enchainement de petites boules qui fe pouffent mutuellement : car fi le corps lucide F pouffe toufiours ces corps depuis FE, comme fe peut il faire que tandis que les vns tombent continument de F en E, ceux qui ont precedé retornent par le mefme chemin EF ; qui eft toufiours rempli des autres qui continuent à venir de F en E, fi ce n'eft que l'on die qu'ils retornent à cofté, & qu'eftant tombez par le cofté droit de la ligne FE, ils s'en retournent par le cofté gauche de la mefme ligne EF, contigument à icelle, afin que cette ligne foit Phyfique, & par confequent diuifible par l'efprit, bien que l'œil ne le puiffe apperceuoir.

· Si cela eft, ou s'il fe fait quelque chofe de femblable, la fcience

ne le confidere pas, car elle fupofe que la ligne du rayon F E, & du
reflechi E F eft indiuifible;& que la mefme vertu qui vient de F en E,
fe redouble & s'vnit par vne parfaite penetration en retournant d'E
en F.

Ce qui ne peut, ce me femble, eftre conçeu plus diftinctement,
& plus clerement qu'en pofant que ce rayon redoublé foit vn mouuement renforcé, femblable à celuy d'vn bafton pouffé auffi fort
& en mefme temps d'E en F, que de F en E; car il eft aifé d'imaginer
que deux mouuemens, foit égaux, ou inégaux, peuuent eftre communiquez en mefme temps à vn mefme corps; la feule difficulté
qui refte, confifte à fçauoir comme il fe peut faire qu'vn corps pouffé de deux forces égales oppofées en droite ligne, comme les forces FE & EF font oppofées, puiffe eftre meu : puis que la raifon contraint d'auoüer que ce corps demeurera en repos, & qu'il ne pourra fe mouuoir pendant qu'il fera pouffé par 2 forces égales : comme il arriue que le fleau des balances fe repofe neceffairement,
quand les poids des 2 baffins font égaux.

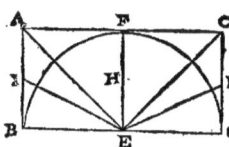

Mais ce qui donne tant de peine à l'argumen-
tation, luy peut feruir pour la foulager : car fi
l'on conçoit que les bras du fleau, ne laiffent
pas d'eftre en perpetuel mouuement, quoy
qu'ils femblent eftre en repos, puis que par
fucceffion de temps ils fe courbent, ou fe rompent par la force des
poids qui les attirent, ou les preffent également; on peut auffi entendre que le corps qui a deux mouuemens opofez & qui femble
eftre en repos, ne laiffe pas de fe mouuoir ou d'auoir vne actuelle
inclination au mouuement, ce qui fuffit pour multiplier la fenfation de l'action du mouuement.

Quoy qu'on puiffe dire que le mouuement qui fait la lumiere fe
faifant par vne efpece de vibration, ou fecouffe ; il fuffit que cette
vibration fe faffe auec plus de vigueur, par la reflexion perpendiculaire iointe à la cheute perpendiculaire, que lors que celle-cy eft
toute feule.

Ceux qui admettent le vuide, difent que le rayon ayant quelque
groffeur cylindrique, ou conique, les petites boules qui font ce rayon, ont de petits vuides ou des pores, & qu'apres que ces corpufcules qui font le rayon d'incidence, font defcendus fur la glace du
miroir, ils remontent par lefdits vuides au mefme temps que fe
fait la defcente continuelle des autres.

Or pour mieux entendre la reflexion, & pourquoy elle fe fait à
angles égaux; fupofons que le mouuement du rayon A E, foit compofé du mouuement A F parallele à B E, & du mouuement A B perpendiculaire à B E, comme il feroit en effet, fi l'on imaginoit qu'vn
corps fuft tiré en mefme temps par des forces égales d'A en F & en
B, car il n'iroit ny par A F, ny par A B, mais par par la diagonale
A E.

Ce qui arriueroit en mefme façon, fi la ligne AF defcendoit parallelement fur BE, tandis que la ligne AB va parallelement fur la
ligne FE : & parce que le mouuement d'A B vers F E, n'eft point
opofé au plan BE, & que l'on fupofe que le rayon ne perd point de
fa viteffe, fi toft qu'il a frapé E, il doit retourner dans vn temps égal
à celuy auquel il a tombé depuis A iufques à E, (fi toutesfois on peut
imaginer deux temps differens dans le moment) du mefme E à
quelque point de la ligne C G : or s'il retournoit d'E en G en cou-
lant le long d'EG, ou en D, il auroit perdu de fa viteffe, puis qu'il
ne feroit pas fon chemin de retour égal au premier qu'il a fait d'A
en E.

Au refte, l'on peut imaginer que le rayon AE, ou HE, diminuë,
ou augmente fa viteffe au point E : par exemple, fi le rayon perpendiculaire HE l'augmente en E, comme il arriueroit fi le plan BG fai-
foit reffort au point E, qui aioûtaft vn nouueau mouuement à celuy
qu'a le rayon en defcendant de H en E, la reflexion ne fe feroit feulement pas iufques en H, dans vn temps égal à celuy auquel le rayon eft defcendu de H en E, car il iroit plus haut vers F.

Mais afin que nous ne faffions point de nouuelle hypothefe fur
vn fuiet qui femble d'ailleurs affez difficile, voyons s'il y a quelqu'autre raifon pour laquelle le rayon A E fe reflechit par le rayon
E C, qui fait l'angle de reflexion EGC égal à celuy d'incidence E B
A, & s'il y a quelque raifon qui combate cette reflexion, & qui femble prouuer qu'elle fe doit faire entre C & G comme en D, ou entre
C & F, ou enfin qu'elle ne fe doiue point faire, & que le rayon doiue pluftoft demeurer en E, qu'il pouffe toufiours comme feroit vn
bafton pouffé d'A en E, qui demeureroit en E, ou qui couleroit vers
G, à caufe de fon inclination ou de fa pante : c'eft pour ce genre de
difficultez que ie fais vne nouuelle propofition, de peur que celle-
cy foit trop longue.

PROPOSITION II.

Expliquer la difficulté qui fe trouue dans la reflexion par angles égaux : &
que cette égalité d'angles fe fait encore que les lignes ne foient pas les
moindres par lefquelles le rayon peut arriuer par reflexion de l'ob-
jet à l'œil.

Lufieurs ont creu que la raifon des angles égaux qui fe font dans la reflexion fe de-uoit prendre de la briefueté des lignes d'inci-déce, & de reflexion : parcequ'ils ont penfé que ces 2 lignes ne pouuoient iamais eftre moin-dres, en quelque forte qu'on les tiraft de l'obiet au miroir reflechiffant, & du miroirà l'œil.

Ce qui n'eft pas neantmoins veritable, com-me l'on void dans cette figure qui reprefente vn miroir concaue.

Soit donc BD la tangente du cerle BOQN ; & que B foit le point où elle le touche ; duquel foient tirées deux lignes BQ & BN faifans deux angles égaux auec le diametre BE : que l'obiet foit dans la circonference du cercle au point N, & l'œil au point Q. Ie dis que les lignes BQ & BN font plus longues que toutes les autres lignes tirées des points Q & N à tel point de la circonference qu'on vou-dra ; quoy que la reflexion de l'obiet N à l'œil Q fe faffe par les lignes NBQ.

Soient, par exemple, les 2 droites QO & NO, qui font plus cour-tes que les deux fufdites, comme ie demonftre, puis que les deux an-gles QBN & QON font égaux, auffi bien que les angles BNO, & BQO. Les angles contrepofez au point A font auffi égaux : & par-tant nous fçauons, par la 4 du 6. qu'AB eft à AO, comme AN à AQ, & BN à OQ : & par confequent qu'ABN eft AOQ, comme AN à AQ.

Or au triangle ANQ, l'angle AQN eftant plus grand que l'an-gle ANQ, puis que cét ANQ n'eft qu'vne partie de BNQ efgal à BQN ou AQN ; il s'enfuit, par la 18 du 1. que le cofté AN eft plus grand que AQ : partant il s'enfuit auffi que les deux coftez enfem-ble ABN font plus grands que les deux AOQ. Puis donc que ces quatre grandeurs font proportionnelles ABN, AOQ, AN, AQ ; & que les extremes ABN & AQ font la plus grande & la plus petite ; il s'enfuit par la 25 du 5. qu'eftans iointes enfemble, elles font plus grandes que les deux moyennes iointes enfemble, A OQ & AN ; c'eft à dire que NBQ valent plus que NOQ.

La mefme chofe eft demonftrée plus vniuerfellement dans Bap-tifta : qui fait voir que cette briefueté de lignes eft indifferente.

Or l'autre raifon par la quelle les angles d'incidence & de refle-

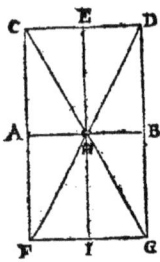

xion font égaux, fe prend de ce que fi le rayon paf-
foit à trauers le miroir, il feroit deffous le miroir vn
angle égal à celuy qu'il fait deffus, comme l'on void
en cette figure, où l'angle GHB que fait le rayon
CHG, deffous le miroir AB, auec le mefme miroir
AB, eft égal à l'angle CHA, comme l'angle DHB
eft égal au mefme CHA : de forte que cét angle qui
fe fuft fait deffous le miroir, fi le rayon euft paffé à
trauers, fe fait par deffus le mefme miroir; tellement que l'angle D
HB eft égal à l'angle GHB; c'eft à dire à l'angle CHA.

Mais cette raifon ne femble pas encore fatisfaire pleinement;
c'eft pourquoy i'aioûte icy le raifonnement d'vn excellent efprit, à
fçauoir qu'vn corps eftant meu auec violence, reiaillit quand il rencontre vn corps dur, dont il s'éloigne par le mefme mouuement qui
luy auoit efté imprimé, lequel n'eftant point épuifé par l'atouchement du corps dur, retourne, & fe reflechit, foit que ce mouuement
fe diminuë vn peu par le choc du corps dur, ou qu'il demeure en
fon entier, comme lors que le corps dur n'ofte aucune partie du
mouuement du corps pouffé, ce qui arriue peut-eftre quand ces 2
corps font parfaitement durs: de forte que fi cette dureté ne fe trouue point au monde, l'on peut dire qu'il n'y a point de corps reflechiffans qui ne diminuënt vn peu l'égalité de l'angle de reflexion,
ou du moins qui ne diminuënt la force & la longueur du rayon reflechi, bien que nous ne l'aperceuions pas.

Or pour faire comprendre d'où peut venir l'égalité fufdite des angles, fupofons vn corps fpherique, qui ne touche le plan reflechiffant qu'en vn point, & qui foit vniforme en toutes fes parties, en
forte que fon centre de pefanteur foit le mefme que celuy de fa
grandeur: parce qu'il femble que les corps qui ont d'autres figures ne font pas propres pour fe reflechir à angles égaux.

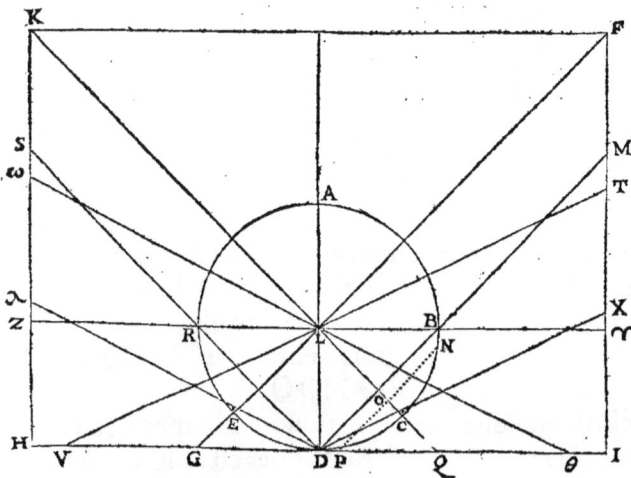

Soit donc
la fphere A
BCDE, (car
par ce cer-
cle on peut
entendre la
fphere) dót
le centre
defcende,
ou foit pouf-
fé, ou ietté
du point F
par la ligne
de directió
FLG fur le

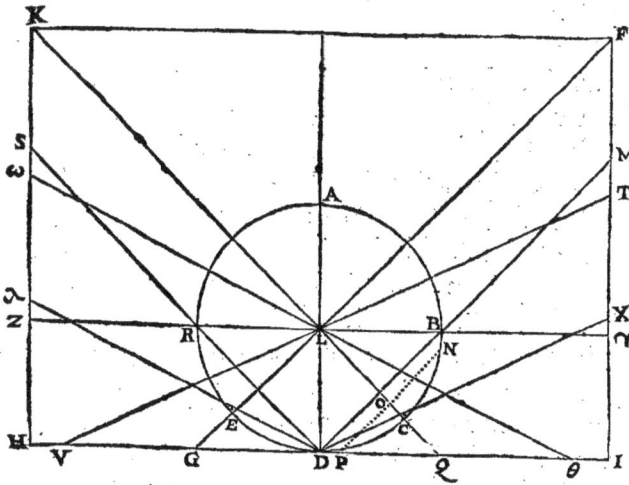

plan dur H
I. Ce mou-
uement par
la ligne FG,
à l'egard du
plan HI ,
peut eftre
conçeu có-
me compo-
fé du mou-
uement pa-
rallele re-
prefeté par
la droite F
K , & du
perpendiculaire reprefenté par la droite F I ; quoy qu'en effet il
foit fimple: mais parce que cette penfée de compofition de mouuement qui ne change rien dans fa fimplicité, ayde à comprendre
dre la raifon de l'égalité des angles , il eft permis de s'en feruir, puis
qu'il peut eftre compofé en cette façon, fans mefme que nous puif-
fions le difcerner.

Cecy eftant pofé, le point D de cette fphere touchera pluftóft le
plan HI, que le point E, qui fe rencontre en la ligne du centre, comme la figure montre fi euidemment, qu'il n'eft pas befoin de le
prouuer. Or il faut tirer de ce point d'atouchement D, la droite D
M parallele à la ligne de direction F G, coupant la circonference
du cercle au point B ; afin d'auoir le fegment BCD ; & lors que la
fphere fe meut du point F vers le plan, ou la ligne H I; & que fa vertu d'impulfion, ou de pefanteur eft faite parallele à la ligne F G, ledit fegment veut aller d'vn mouuement contraire par la ligne DM, à
caufe de la refiftence qu'il trouue au point D.

Mais parce qu'il ne touche le plan HI qu'en vn point, ou en fort
peu de parties proches du point D, toutes les autres parties qui
compofent le fegment, ne peuuent eftre arreftées, de forte que P
& plufieurs autres parties de ce fegment NCP, ne font pas empef-
chées d'aller vers le plan H I: ioint qu'au mefme moment que les
parties qui font au long de la ligne DB voudroient retorner vers M,
le plus grand fegment BAD, où fe trouue le centre de pefanteur, de
toute la fphere, tend vers le plan H I, qu'il n'a point encore touché.

De maniere que le plus fort emporte le plus foible, & le contraint
de le fuiure, quoy qu'il diminuë la vertu impulfiue, ou le mouuement de ce grand fegment, & qu'il le contraigne de prendre vn autre chemin que celuy qu'il prédroit fans cét empefchement, fuiuant
la ligne F G, & fes paralleles; au lieu duquel il va par la ligne QLK,

comme le petit segment monte par la ligne parallele DRS, de sorte que la sphere s'aproche de la ligne KH, & s'éloigne du costé FI.

Mais monstrons pourquoy la reflexion de cette sphere (qui nous represente l'vn des corps qu'on supose faire ce que nous appellons lumiere ou rayon) se fait à angles égaux; c'est à dire pourquoy la ligne de retour, ou de reflexion QK fait l'angle KQH, égal à celuy que fait la ligne d'incidence FG, à sçauoir FGI, ou MDI. Sur quoy il faut remarquer que plus cét angle fait par la ligne MD parallele à la ligne du centre FG, & par la ligne du plan DI sera grand, & plus grand sera le segment compris par cette ligne MD : comme il arriueroit si la sphere descendoit par la ligne TV, qui fait vn angle plus aigu auec HI, que l'angle FGI. Car il est éuident que la sphere touchera plustost HI en D, qu'en V. Cecy estant posé, il faut tirer du point D la ligne DX parallele à TV ligne du centre de ce second mouuement, qui montrera que le segment CPD est moindre que le segment BCD, puis que la partie est moindre que le tout.

La mesme chose arriuera pour tous les autres angles, iusques à ce que la ligne du mouuement central ne fasse plus d'angle auec la ligne HI ; c'est à dire iusques à ce que son mouuement soit parallele à HI, suiuant la ligne YZ, ou ses parallèles.

Au contraire, si la sphere tombe perpendiculairement sur le plan, & qu'il ne tienne rien du mouuement parallele, comme l'ors qu'il tombe par la perpendiculaire AD, les deux segmens de la sphere AKD, & ABD seront égaux, puis que chacun sera vn hemisphere.

Apres tout cecy, disons que puis que le moindre segment est d'autant plus grand, que l'angle de la ligne d'atouchement est plus grand, qu'il aura vne plus grande vertu impulsiue, & partant qu'il aportera d'autant plus d'empeschement à la sphere, & par consequent, qu'il fera aussi d'autant plus varier sa ligne du mouuement central, & ses parallèles.

Or l'angle de reflexion fait, par exemple de la ligne HQ & de la ligne QK, ou de ses parallèles comme SD, est d'autant plus grand que ledit empeschement est plus grand : de sorte qu'il y a tousiours égale raison de l'angle d'incidence au segment fait par la ligne d'atouchement, & du segment à sa vertu impulsiue, de cette vertu à la variation du mouuement paralele, quand la sphere touche au point D, & de cette variation à l'angle de reflexion : & par consequent tel que sera l'angle FGI, ou MDI d'incidence, tel seront les angles de reflexion KQH ou SDH.

C'est pourquoy si la sphere descend par la ligne TV, elle ne se reflechira pas par les lignes QLK, DRS, ou par leurs parallèles, mais par les lignes θω, Dλ, qui font des angles auec HI égaux aux angles

TVI ,& XDI. Ce font là les 3. mouuemens qui font confiderables
dans les mouuemens du rayon, qui ne peut aller que parallelement
au plan HI ,en le rafant, parce que nulle portion de la fphere n'eft
interceptée ou coupée par la droite tirée parallele du point d'atou-
chementà la ligne du mouuement du centre YZ: & partant la fphere ne s'éleuera nullement, puis qu'il n'y a nul fegment intercepté
qui la puiffe éleuer.

Et fi elle tombe par AD ,elle remontera par la mefme ligne qu'elle eft defcenduë, vers la ligne KF, parce que fa ligne du mouuement
central la diuife en deux parties égales : c'eft pourquoy l'vne ne
peut furmonter l'autre: & n'y ayant point de raifon pourquoy elle
fe détourne à droite ou à gauche, elle eft contrainte de remonter
par DA: puis qu'elle retient encore le mouuement qui luy a efté
imprimé lors qu'elle a defcendu : autrement elle s'arrefteroit au
point D, comme fait vne maffe de plomb, qui tombe fans fe reflechir.

COROLLAIRE. I.

Encore qu'il foit certain que les petits corps qui nous font fentir
la lumiere en fe reflechiffant à nos yeux, ne font pas fi gros que cette fphere, qui creueroit les yeux ; & que les fpherules qui feruent à
la lumiere & à l'œil foient beaucoup moindres qu'aucun corps vifi-
ble ; neantmoins il eft neceffaire de faire les chofes fenfibles, quand
on les affuietit à l'œil, ou aux autres fens : & la demonftration ne
perd rien de fa force , ou de fon euidence par cette augmentation.

Et bien que la lumiere ne fe fift pas auec le mouuement de ces
petites boules, elles ne laiffent pas d'en donner l'intelligence plus
claire que ne font les qualitez ordinaires, dont on n'a point d'idée
bien diftincte, & euidente.

COROLLAIRE II.

Si au lieu du rayon l'on prend cette fphere pour vne bale de tripot; il faudra conclure que la mefme impreffion l'enuoyra plus loin
parallelement, que par aucune reflexion ; parce qu'elle n'a point
d'empefchement ; & lors qu'elle fe reflechira, elle ira d'autant plus
loin que l'angle de la reflexion, & par confequent de l'incidence, fera moindre: parce que le fegmét intercepté par la lig. DB eft moindre és moindres angles: c'eft pourquoy lors qu'on veut que le corps
qu'on iette dans l'eau reialiffe bien loin, on le iette par vn angle fort
aigu : & ce corps ira d'autant moins loin qu'il fera de plus grands angles auec les corps reflechiffans : & par confequent, fa reflexion perpendiculaire le portera moins loin qu'aucune autre reflexion.

A fçauoir

A fçauoir fi le rayon va femblablement plus ou moins loin fuiuant ces mefmes reflexions ; & fi par exemple, le rayon du Soleil qui
tombe perpendiculairement fur la glace d'vn miroir, va moins loin
apres fa reflexion, que celuy qui tombe & qui eft reflechi obliquement ; cela dépend de fçauoir comme fe fait ce rayon : car s'il eft
compofé de petits corps pouffez par le luminaire, comme la fleche
par vn archer, ou comme la bale par vn ioüeur, l'on peut dire que
la lumiere fuit les mefmes loix de ladite bale.

Et nous ne fçauons pas par experience fi les rayós de la lumiere du
Soleil que la terre, où nos miroirs reflechiffent vers le Soleil, vont
iufques à luy : quoy que le corps de la Lune priué de la lumiere directe du Soleil, qui nous la rend claire, montre qu'elle va iufques à elle : autrement, nous ne verrions pas fon corps, fur lequel les rayons
de la terre ont fi peu de force, qu'ils nous paroiffent fort obfcuré-
ment, & quelquefois ne paroiffent point du tout ; à caufe que la reflexion des mers, & des autres parties de noftre terre, n'eft pas affez forte pour l'illuminer, & pour fe reflechir fenfiblement iufques
à nous ; comme la lumiere receuë du Soleil, qu'elle nous renuoye
n'eft peut eftre pas capable de fe reflechir encore vne fois fenfiblement iufques à elle : ce qui eft difficile à fçauoir, fi l'on n'imagine
vn œil qui en face l'obferuation fur la mefme Lune ; quoy que l'on
ne doute point que la lumiere que la terre reçoit immediatement
du Soleil, ne retourne à ladite Lune, qu'elle illumine fenfiblement.

S'il ne fe perdoit plufieurs rayons, il feroit ayfé de fupputer combien elle eft plus ou moins illuminée que la terre ; foit par la premiere, ou par la 2, & 3 lumiere du Soleil : mais les inegalitez de ces deux
corps, empefchent la conclufion.

PROPOSITION III.

Expliquer encor autrement pourquoy la reflexion fe fait à angles égaux : & comme fe peut faire la reflexion perpendiculaire.

IE mets icy la penfée d'vn autre Philofophe fur ce fuiet ; afin
que le lecteur embraffe ce qui luy agreéra d'auantage : c'eft à dire ce qu'il iugera plus raifonnable, & plus veritable.

Soit donc vne ligne Phyfique AB roide, & qui ne fe puiffe ployer :
& fur AB foient menées les deux perpendiculaires AE, BD ; qui feront paralleles ; & qui aboutiront au plan reflechiffant aux points
E, D.

Imaginez que cette ligne rigide AB fe meuue obliquement fuiuant tel angle BDF que vous voudrez, & qu'elle fe trouue en CD : le
point D qui frapera premierement le plan en D, reiaillira tandis que
le point C ira en E ; de forte qu'vn cercle fera defcrit par ce mouue-

M

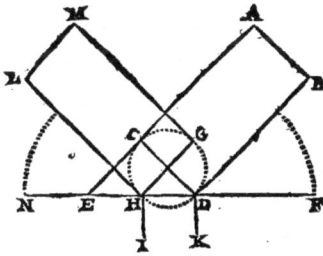

ment; excepté que les points C & D tenant quelque chose de leur mouuement lateral, feront pluſtoſt vne ouale qu'vn cercle: quoy que n'eſtant pas icy neceſſaire de conſiderer cette particularité, nous retiendrons le cercle, dans lequel nous ſupoſons que le point D ſe reflechit iuſqu'à G; de façon que le point C arriue auſſi-toſt au point H du plan reflechiſſant, que le point D à G.

Il eſt euident que le mouuement du point C, ſoit le circulaire par H D, ou le perpendiculaire par H I, ſe perdra par la reſiſtence du plan reflechiſſant en H: Et parce qu'à meſme temps que le mouuement circulaire ceſſe au point H, il ceſſe auſſi au point G; il n'y a que le mouuement parallelle à la droite ED, & celuy qui ſuruient de la reſtitution du plan reflechi par I H, qui va perpendiculairement en haut, qui reſiſte au point H; comme il n'y a que le mouuement parallele à ED, & le perpendiculaire par K D, qui reſiſte au point G.

Or le mouuement du point H par HL, & le mouuement de G par GM, eſt compoſé de ces mouuemens.

Il s'enſuit de ces mouuemens compoſez, que l'angle d'incidence BDF eſt égal à l'angle de reflexion LHE, Où il faut remarquer que l'irregularité du mouuement du point D vers G, & du point C vers H, vient de ce que la reflexion ne commence pas au point E, mais plus proche au point H: c'eſt pourquoy cette reflexió ſe fait par vne ligne parallele à HL. Semblablement la droite par laquelle ſe reflechit le point G, eſt plus proche de C; autrement GH ne demeureroit pas rigide, & ſeroit plus longue qu'au commencement.

Ce qui a eſté demonſtré dans le baſton rigide de la longueur d'A B, ſe demonſtre auſſi dans la droite ſous double, ſous quadruple, &c. d'AB, iuſques à l'infini: c'eſt pourquoy la propoſition eſt vraye dans le point Phyſique: de ſorte que ſi AB eſt vn point, les paralleles A E, BD, ne feront qu'vne ſeule ligne droite.

Supoſons dans la meſme figure qu'au lieu du baſton CD, le globe CGDH tombe obliquement ſur le plan ED, entre les meſmes paralleles AE, BD: le premier toucher ſe fera dans vn point mathematique; & la premiere impreſſion, dans vn point Phyſique. Poſons que l'impreſſion continuë, & que la premiere ſoit le ſegment du cercle de deſſous le plan HD: le globe ſe mouuera en haut entre les paralleles IH, & KD, par la force du reſſort du plan, qui ſe reſtablira dans ſa premiere aſſiette.

Et parce que le globe a receu le mouuement lateral vers la partie gauche, il ſe fera vn mouuement compoſé de deux, comme cydeuant, entre les paralleles HL, GM. Car à meſure que le mouuement du globe s'auance sur le plan DH, vers H, le restablissement, ou le reiaillissement des parties qui se releuent continuellement depuis D iusques à H, s'auance tout de mesme: de sorte qu'il n'y a point d'oposition entre les parties qui se leuent continuellement deuant le globe, qui ne soit recompensée par celles qui s'éleuent derriere, & qui le poussent de mesme force que les parties de deuant s'y opposent.

La mesme chose arriuera aux petits globes, dont le mouuement fait la lumiere: & la raison de la reflexion n'aura plus de difficulté, quand elle se fera obliquement. Quant à la perpendiculaire, il faut imaginer que les corps tombans & reflechissans, n'ayant pas vne dureté infinie, se pressent, en mesme sorte que deux cylindres de cire que l'on pousse l'vn contre l'autre, qui se rebouchent & deuiennent plus courts & plus gros: car bien que le sens n'aperçoiue rien de cela; neantmoins la raison le persuade: & parce que le rayon qui illumine, doit estre consideré Physiquement; il faut imaginer qu'il reiaillit tout autour de soy; & qu'il se fait quelque chose de semblable à vne pierre plate qui tombant sur vne autre pierre plate couuerte d'eau, feroit reiaillir cette eau à costé, & en haut; & que la lumiere qui se reflechit perpendiculairement, fait quelque chose de semblable; & que c'est en ce sens que le rayon qui tombe à plomb, redouble sa force: autrement, il est impossible qu'il remonte tandis qu'il descend.

AVERTISSEMENT POVR LA REFLEXION
des rayons.

IL n'est pas necessaire qu'aucune chose reuienne de dessus les mirois, pour les effets qu'on y remarque: il suffit que les rayons soient repoussez, & qu'ils endurent la mesme chose qu'vn homme qui pousse & presse vn mur: car la reaction du mur qui represse l'homme, est semblable à la reflexion; quoy qu'il ne reiaillisse pas comme vne bale: pource que la reflexion ne consiste pas au reiaillissement, mais à la repression, ou reaction du corps frapé: de sorte que tout reiaillissement est reflexion; mais toute reflezion n'est pas vn reiaillissement.

Or cecy estant posé, le reste est facile: pource que les loix de la reflexion sont connuës: puis qu'elles sont toutes fondées sur l'égalité des angles: & il n'est pas necessaire de mettre en question si le rayon reflechi va aussi viste que l'incident; puis que le mur repousse l'homme en mesme temps qu'il pousse le mur.

PROPOSITION IV.

Expliquer la cauſe de tant de differentes opinions, touchant la nature de la lu-
miere, & de ſa reflexion.

PAr les trois propoſitions precedentes, on peut aſſez conno-
ſtre qu'il y a vne grande incertitude entre les Philoſophes, ſur
le moyen que la nature tient en la reflexion de la lumiere tombant
ſur les ſuperficies des corps reflechiſſans; puis qu'ils ſont preſque
tous differens, tant en leurs hypotheſes touchant l'eſſence, & la
production de cette lumiere, qu'en la cauſe qui la fait reflechir.
Meſmes, tout ce qu'ils ont dit ſur ce ſuiet, reſſemble pluſtoſt à autant de viſions, qu'à vne verité bien eſtablie: imitans en cela ceux
de nos eſcholes vulgaires; qui aux queſtions douteuſes & incertaines, aiment mieux aduancer vne grande multitude de paroles qui
ne ſignifient rien, & embroüillent d'autant plus la matiere; que de
confeſſer franchement qu'ils ne voyent point de raiſons qui les
contentent au ſujet dont il s'agit. Mais bien loin de faire vne telle
confeſſion, qui ſeroit autant ingenuë que veritable; ils s'obſtinent,
au contraire, à ſouſtenir le party qui leur eſt tombé en fantaſie,
comme s'il eſtoit le vray, quoy qu'ils n'en produiſent aucune preuue vallable; & s'arreſtant à ce maſque de verité, ils negligent de la
rechercher d'auantage, croyans la poſſeder.

Pour ne pas tomber en vn pareil inconuenient; voyons ſi nous
pourrons parmy tant de doutes, eſtablir quelques fondemens aſſez
fermes pour eſtayer & ſouſtenir le baſtiment de la Catoptrique, iuſques à ce que la verité de la reflexion, ſortant du puy de Democrite,
nous fourniſſe des colomnes qui durent eternellement.

Et puis qu'en cette occaſion, le raiſonnement ſeul ne nous four-
nit pas dequoy contenter vn eſprit qui veut philoſopher franchement, & ne rien accorder qui ne luy paroiſſe clairement & diſtinctement vray; ioignons luy l'experience, & empruntons d'elle ce
qu'elle nous aura touſiours conſtamment teſmoigné, ſans auoir iamais rien fait paroiſtre de contraire, au fait dont il eſt queſtion.
C'eſt ce que nous ferons en la propoſition ſuiuante, qui ſera la cinquieſme.

Mais auparauant, ie veux icy en faueur de ceux qui n'ayment que
la pure verité, faire vne petite conſideration (ſans toutesfois ſortir
de mon ſuiet, en ce qui regarde le general) & rapporter en peu de
paroles, les meditations d'vn homme également verſé en la Philoſophie, & en la Mathematique, ſur ce prurit & cette demangaiſon
de pluſieurs, qui veulent à quelque prix que ce ſoit, paroiſtre ſçauans, meſmes aux choſes qu'ils connoiſſent bien qu'ils ignorent. Il
en attribuoit donc le principe à vn vain deſir de gloire: mais il les

accuſoit d'arrogance, en ce qu'ils pretendent le plus ſouuent, faire croire aux autres, ce qu'ils ne croyent, ou au moins, ce qu'ils ne voyent pas clairement eux meſmes : & ce qui eſt pis, ils penſent auoir aſſez bien eſtabli vne verité pretenduë, quand ils croyent qu'on ne la peut conuaincre de faux; comme ſi vn meurtrier croyoit eſtre innocent, pource qu'on ne pourroit prouuer ſon aſſaſſinat. Ainſi, au ſuiet dont nous traitons, touchât l'eſgalité des angles d'incidence, & de reflexion, les vns veulent nous faire croire que la lumiere ſe reflechit par reſſort; d'autres, par vne continuation du mouuement actuel des corpuſcules qui la font; d'autres, par la continuation du meſme mouuement de ces pretendus corpuſcules, non pas actuel, mais ſeulement en puiſſance; telle que ſeroit l'action de pluſieurs boules diſpoſées en ligne droite contigument, dont la premiere toucheroit vne muraille & la derniere ſeroit pouſſée par quelque force qui voudroit les faire mouuoir toutes à la fois le long de la meſme ligne droite, vers la meſme muraille; d'autres encor ſe ſeruent de la comparaiſon d'vn baſton ietté par force perpendiculairement, ou obliquement contre vn plan; d'autres ont d'autres viſions encor moins vrai ſemblables: mais tous expliquent cette illuſtre action de la nature, par quelque reſſemblance qu'ils croyent qu'elle a auec quelque autre choſe qu'ils penſent bien connoiſtre.

Et toutefois, il eſt certain qu'ils ne cognoiſſent rien que par l'entremiſe des ſens; ſoit que ces ſens produiſent immediatement cette cognoiſſance; comme ils produiſent immediatement la premiere ſenſation de la lumiere, des couleurs, du chaud, du froid, du bruit, des odeurs, des ſaueurs &c. Soit qu'ils la produiſent ſeulement par occaſion, donnant ſuiet à l'entendement de raiſonner ſur les eſpeces qui luy ſont venuës par leur moyen : comme quand ils luy ont rapporté vne telle qu'elle eſpece d'vn triangle; ce qui luy a donné occaſion de ſe repreſenter vn triangle parfait, & en ſuitte d'en rechercher les proprietez: de meſmes, les ſens ayans rapporté à l'entendement les eſpeces ſenſibles de Pierre, de Iean, de Paul, & autres indiuidus des hommes; ils luy ont donné l'occaſion de conſiderer ce qu'ils ont de commun, & de ſe former l'idée d'vne nature humaine, qu'il conſidere comme vne choſe vniuerſelle qui conuient à tous les particuliers.

Que ſi nous conſiderons l'entendement comme eſtant & ayant touſiours eſté denué de tous les ſens; alors nous ne ſçaurions comprendre qu'il peuſt auoir aucunes idées des choſes exterieures; & il y auroit occaſion de douter s'il en auroit vne de ſa propre exiſtence.

Cela eſtant, il s'enſuit que s'il y a dans la nature quelques choſes qui ne puiſſent tomber ſous aucun de nos ſens, ny directement, ny indirectement, l'entendemét ne pourra former aucunes idées de

M iij

ces chofes: comme vn aueugle né qui n'auroit iamais ouy parler
de couleurs, n'y penferoit iamais ; & quand il en auroit ouy parler, il ne s'en fçauroit former d'idée veritable ; mais feulement, il
pourroit, peut eftre, fe reprefenter quelque chofe reuenant aux idées
qu'il auroit acquifes par les autres fens : & fi en luy donnant à ta-
fter de l'efcarlate, il la trouuoit douce, auec vn certain gouft, ou
vne telle odeur, ou faifant vn tel bruit au maniment ; il fe compofe-
roit peut eftre vne idée de toutes ces fenfations, & en feroit à fa
mode, l'idée de l'efcarlate, qui feroit bien efloignée de la veritable idée d'vne telle couleur. Que fi ce mefme aueugle ayant fenty
par plufieurs fois la chaleur du Soleil, durant les diuerfes faifons,
vouloit entreprendre de raifonner fur toutes les proprietez & les
actions de cét aftre, n'en ayant iamais rien appris d'ailleurs ; il y a
apparence qu'il aprefteroit bien à rire aux Aftronomes clair-voyans
qui l'entendroient difcourir, quoy qu'il fuft le plus fçauant des
aueugles, & qu'entreux il paffaft pour vn oracle. Cependant, il n'i-
gnoreroit pas qu'il y eut vn Soleil, s'en eftant aperçeu par le fens du
tact ; mais faute d'vn autre fens bien plus propre pour en defcouurir les plus confiderables proprietez, fon entendement ne s'en
formeroit que des idées tres imparfaites, qui toutes auroient quelque rapport à celles qu'il auroit accouftumé de fe former à l'occafion du fens du tact ; & ainfi il n'en pourroit raifonner qu'auec beaucoup d'imperfections.

Or, quelle affeurance auons nous d'auoir vn fens propre pour
defcouurir la nature de la lumiere ; comment elle eft produite par
le luminaire dans les corps diaphanes ; comment elle eft arreftée par
les corps opaques ; comment elle eft reflechie par les miroirs ; comment elle eft rompuë dans les diaphanes de differente denfité ; &
vne grande quantité d'autres accidens qui luy arriuent, qui ne s'ac-
commodent, peut eftre, non plus à aucun de nos cinq fens, que l'o-
deur s'accommode au fens de l'ouye : il eft vray que nous auons vn
fens propre pour nous apperceuoir qu'il y a de la lumiere ; qu'elle
eft produite, reflechie, rompuë &c. Mais fa nature, la caufe de fon
exiftence, de fa production, de fa reflexion, de fa fraction &c. nous
eft inconnuë : & il y a grande apparence que nous n'auons aucun
fens propre pour defcouurir vne telle caufe, non plus que plufieurs
autres qui appartiennent à la nature de tout l'vniuers : c'eft pourquoy nous ne nous en reprefentons que des idées tres imparfaites,
qui ont rapport à ces cinq fens dont nous iouyffons : comme font
les idées de certains corpufcules enuoyez du Soleil en terre en fi
peu de temps qu'il paffe pour vn moment : ou celles de certaine matiere tres-fubtile compofée d'vn nombre innombrable de boules
parfaitement rondes, fi petites qu'il y en a des millions en vn feul
grain de fable, & qui fe touchent fans difcontinuation depuis le Soleil iufques icy ; tellement que le mefme Soleil, par vn mouuement

spherique qu'il a à l'entour de son propre centre, fait vn effort continuel contre ces boules, les poussant en dehors de toutes parts, ce qui fait qu'au mesme temps qu'il presse celles qui le touchent immediatement, celles-là pressent leurs voisines, & ainsi de suitte iusques au fonds de nostre œil, où ce pressement fait cette sensation sur nos nerfs, laquelle nous appellons la sensation de la lumiere, dont l'ame s'apperçoit par le moyen des mesmes nerfs, dans le cerueau, d'où ils tirent leur origine. Ie pourrois icy rapporter d'autres idées que d'autres ont eu de la lumiere: mais toutes aussi bien celles-cy, paroistroient peut estre aussi ridicules à vn qui en connoistroit la veritable nature, que celles de nostre aueugle à vn clairvoyant; si cét aueugle ayant fait tous ses efforts en vne campagne toute raze, pour se cacher de luy, s'esloignant assez loin, sans faire bruit, apres auoir destourné de soy toutes les odeurs; & se sentant neantmoins à toutes les fois trouué & pris promptement & sans peine; se fantastiquoit que le clair voyant auroit le tact, ou l'odorat tres-subtil, & qu'il sentiroit de loin la resistance de l'air compris entre eux deux; ou que l'aueugle enuoyant continuellement & sans s'en apperceuoir, quelques petits corpuscules de toutes parts hors de soy, le clair-voyant en auroit le nez frapé, ce qui luy descouuriroit la part ou seroit l'aueugle. Peut estre aussi que cette belle pensée d'vn tel Philosophe sans yeux, ne seroit pas peu admirée par les autres aueugles ses confreres, qui auroient trauaillé comme luy à rechercher la cause pourquoy le clair-voyant les trouueroit si facilement, les nommans sans hesiter, en mesme temps qu'il les toucheroit, ou mesmes auparauant, quelque mélange qu'ils peussent faire entr'eux par leurs differens mouuemens: qui ne seroit pas vn petit diuertissement pour le clair-voyant, entre des aueugles qui n'auroient iamais ouy dire ce que c'est que de voir.

Et cependant, nous voyons tous les iours arriuer la mesme chose dans nos escholes; puis que les pensées qu'on y admire ordinairement, n'ont autre fondement que l'ignorance, tant de l'inuenteur, que des admirateurs; qui tous se tourmentent, pour descouurir des cognoissances, pour lesquelles souuent, ils n'ont pas de sens propres: en quoy ils se laissent tellement emporter par le desir de paroistre sçauans, que celuy-là est le plus admiré, & le plus imité, qui aux choses les plus douteuses, produit les plus hautes extrauagances.

Voila quel estoit en substance, le raisonnement de ce grand Philosophe, & Mathematicien, sur le suiet des dogmatistes de ce temps, qu'il nommoit les sçauans visionnaires, tant en Philosophie, que Mathematique, & autres sciences. Et sa conclusion estoit, qu'en ce qui regarde les sciences humaines, nous deuons, tant qu'il est possible, nous seruir du pur raisonnement; pourueu qu'il soit establi sur des principes clairement & distinctement vrais, pour en ti-

rer des conclufions indubitables; comme nous faifons en la Geometrie, & en l'Arithmetique: pour lefquelles tous nos fens fe trouuent propres; nous faifans defcouurir qu'il y a vn efpace ou vne
eftenduë en tout fens & de toutes parts; ce qui donne occafion à
l'entendement d'eftablir la pure Geometrie: & que dans cét efpace il y a plufieurs chofes : ce qui luy donne occafion de mediter fur
le nombre, & d'eftablir l'Arithmetique. Au deffaut de tels principes, nous deuons auoir recours à vne experience conftante faite
auec les conditions requifes, pour en tirer des conclufions vrai-fem-
blables. Et il appelloit Science, la cognoiffance qui vient des conclufions de la premiere forte : quant aux conclufions tirées des experiences ; il appelloit Opinion la cognoiffance qui nous en vient.
Hors quoy, dans les mefmes cognoiffances purement humaines;
il appelloit toutes les autres perfuafions des hommes, autant de vi-
fions, qui ne meritoient aucune croyance: & en general, il prefe-
roit l'ignorance cognuë, à vne perfuafion mal fondée.   Il eft vray
que nous nommons Sciences plufieurs cognoiffances de celles
qu'il comprend fous le nom d'Opinion: comme la Mechanique,
l'Optique, l'Aftronomie, & quelques autres; qui toutes emprun-
tent quelque chofe de l'experience : mais pour ce qu'elles emprun-
tent auffi beaucoup de la Geometrie, & de l'Arithmetique, qui
font des pures fciences; nous les nommons ordinairement fciences,
empruntans leur nom, de leur plus noble partie. Luy au contraire,
tiroit leur nom de la partie la plus foible, à caufe de cét axiome de
Logique, que quand vne conclufion eft tirée de premiffes qui ne
font pas de mefme dignité, elle fuit toufiours la plus foible partie,
& n'a ny plus de force, ny plus de dignité que la premiffe la plus foible. Mais, pour ne pas difputer des noms; fi nous les voulons nommer Opinions ; nous entendrons que ce font des Opinions fort cer-
taines, à comparaifon de plufieurs autres qui font fort legeres. Que
fi nous les voulons nómer Sciences; nous entendrons que ce font
des fciences meflées, à comparaifon de la Geometrie, de l'Arithmetique, & encore de la Logique prife dans fa pureté, & purgée des
queftions eftrangeres: car celles-cy font des pures fciences fans incertitude, & defquelles le doute, qui fe pourroit gliffer dans les autres de la part de l'experience, eft abfolument banni.

PROPOSITION V.

*Expliquer les fondemens qu'on doit pofer pour principes de la reflexion de la
lumiere fur toute fuperficie reflechiffante.*

MAintenant donc, reuenons à noftre principal fujet; & fui-
uons le confeil de ce Philofophe, pour l'eftabliffement des
fondemens generaux de la Catoptrique; ce que nous imiterons en-

core dans les propositions suiuantes. En quoy le Lecteur sera
aduerty que nous nous seruons des termes ordinaires, & en mesme signification que celle qu'ils ont euë iusques à maintenant.
Et particulierement, il remarquera qu'à l'esgard de chacun point
de tout obiet qui enuoye ses especes sur vn miroir, d'où elles sont
resleschies à vn seul œil du regardant, il y a trois lignes principales; sçauoir, la ligne d'incidence, qui est le rayon par lequel
ce point enuoye son espece à quelque point du miroir : la ligne
ou le rayon de reflexion, par laquelle le rayon d'indence retourne à l'œil : d'où vient que ce point du miroir, auquel se rencontrent ces deux lignes, ou rayons, est tantost appellé le point
d'incidence, & tantost le point de reflexion : & la perpendiculaire du miroir, menée du point commun d'incidence & de reflexion, perpendiculairement à la surface du mesme miroir, &
prolongée de part & d'autre tant que de besoin : que si cette surface est plane, il n'y a aucune difficulté d'entendre cette perpendiculaire : mais si la mesme surface est courbe, on doit entendre
vn plan qui la touche au point d'incidence, & lors la ligne qui
de ce point sera perpendiculaire au plan touchant, est celle que
nous appellons la perpendiculaire du miroir; & ce plan sera appellé le plan touchant. Toutes ces choses doiuent estre conside-
rées à l'esgard de chacun point de l'obiet; qui ayant vne infinité de
points, produira aussi vne infinité de telles lignes; & encore vne
infinité de tels plans touchans, si la superficie du miroir est
courbe.

Dauantage, pour ne pas embarasser ensemble la Dioptrique
auec la Catoptrique, chacune prise separement estant assez difficile; nous ne considererons les actions de la lumiere, & de sa
reflexion, que dans vn mesme milieu vniforme; comme dans l'air
seul, ou dans l'eau seule, & ainsi des autres diaphanes vnifor-
mes en toutes leurs parties : cela posé, nos principaux fondemens
seront tels.

1. La ligne d'incidence, & celle de reflexion, sont des lignes
droites. C'est ce que l'experience témoigne constamment, tant
en nostre Catoptrique, qu'en la Dioptrique, & en general, en
toute l'Optique; sçauoir, qu'vn rayon est droit tant qu'il trauer-
se vn milieu diaphane tout vniforme.

CONSEQVENCE.

Mais particulierement, il s'ensuit icy que ces deux lignes d'incidence, & de reflexion sont en vn mesme plan; & c'est ce plan
que nous appellons le plan d'incidence, ou le plan de reflexion.

Quant à la perpendiculaire du miroir, elle est droite, par sup-

N

polition ; ne dependant que de l'eftabliffement des autheurs, pour faciliter leur cognoiffance.

2. La perpendiculaire du miroir eft dans le mefme plan que les lignes d'incidence & de reflexion, c'eft à dire, dans le plan d'incidence, qui eft auffi celuy de reflexion. Cecy eft encor conftant par l'experience.

DEFINITION.

Et, pour ce que le plan d'incidence coupe le long d'vne ligne droite le miroir, s'il eft plan, ou le plan touchant du miroir, s'il eft courbe ; c'eft cette ligne que nous appellons la touchante du miroir ; foit que cette touchante foit au miroir mefme, quand il eft plan ; foit qu'elle touche feulement le miroir en vn ou plufieurs points, quand il eft courbe.

Or l'angle compris de la ligne d'incidence & de la touchante du miroir, de la part du point de l'obiet, eft l'angle d'incidence : & l'angle compris de la ligne de reflexion & de la mefme touchante du miroir, de la part de l'œil, eft l'angle de reflexion. Que fi ces angles d'incidence, & de reflexion, font aigus, leurs complemens feront les deux angles aigus compris de la perpendiculaire du miroir, & des lignes d'incidence & de reflexion.

3. Les angles d'incidence, & de reflexion, font efgaux entre eux. Le rayon d'incidence, qui eft perpendiculaire au miroir, fe reflefchit en foy mefme : que fi le rayon d'incidence eft oblique au miroir, il fe reflechit obliquement ; & lors, la perpendiculaire du miroir eft toufiours comprife entre les rayons d'incidence & de reflexion, c'eft à dire, entre le point de l'obiet & l'œil qui voit la reflexion de ce point. Nous auons auffi cette connoiffance de l'experience ; & c'eft celle pour laquelle nos Philofophes vifionnaires ont tant produit de fantafies, defquelles nous auons rapporté quelques vnes dans les trois premieres propofitions.

4. En tout miroir, le plan d'incidence eft perpendiculaire au plan touchant. Et ce mefme plan d'incidence contient les quatre principales lignes ; fçauoir, la perpendiculaire du miroir, les lignes d'incidence, & de reflexion, & la touchante du miroir. Cecy eft de la pure Geometrie, en confequence de ce qui a efté eftably cy-deffus.

Mefmes, aux miroirs plans & fpheriques, ce plan d'incidence contient encor deux autres perpendiculaires fort confiderées par quelques autheurs ; fçauoir la perpendiculaire d'incidence, qui tombe du point de l'objet perpendiculairement fur le miroir ; & celle de reflexion, qui tombe du point de l'œil perpendiculairement fur le mefme miroir.

Mais en tous les autres miroirs outre les plans, & les fpheri-ques, ces deux perpendiculaires d'incidence, & de reflexion, ne fe rencontrent que rarement dans ce plan d'incidence; fçauoir quafi feulement quand il paffe le long de l'axe du miroir: car en toute autre propofition du mefme plan, on ne trouuera prefque point que ces deux perpendiculaires le fuiuent, ou qu'il les con-tienne. Mefmes, il fera fort rare de les rencontrer entre elles en vn mefme plan autre que celuy d'incidence.

Nota. C'eft ce qui faute d'eftre connu, ou confideré, a fait fai-re de lourdes fautes à plufieurs, qui ont voulu eftablir pour regle generale, que le lieu apparant de l'image d'vn point veu par refle-xion dans quelque miroir que ce fuft, eftoit dans la perpendi-culaire d'incidence; pour ce feulement qu'ils l'auoient trouué vray au miroir plan, ne l'eftant pas generalement ny au fpherique, ny en aucun des autres. Mais nous parlerons de cecy plus ample-ment en la 10. propof. & autres fuiuantes.

5. Tout obiet qui ne paroift qu'en vn feul lieu, paroift eftre vnique : celuy qui paroift eftre en deux lieux, paroift eftre dou-ble: fi en trois lieux, triple: fi en quatre, quadruple &c. Reciproquement, tout obiet qui ne paroift eftre qu'vn, ne paroift eftre qu'en vn feul lieu: celuy qui paroift double, paroift en deux lieux, & ainfi de trois, quatre, &c. Cecy eft vray generalement en l'Op-tique, Dioptrique, & Catoptrique: & eft du fens commun, con-firmé vniuerfellement par toutes les experiences. C'eft auffi fur ce principe que l'entendement iuge de l'vnité, ou de la multitude des chofes qu'il ne defcouure que par le moyen des fens exterieurs.

6. Le lieu apparant d'vn point de quelque obiet veu par re-flexion dans vn miroir, eft dans la ligne de reflexion de ce point, prolongée au deuant de l'œil vers le miroir, & outre le mefme mi-roir, s'il en eft befoin. Cecy eft de l'experience : & c'eft vn effet de la fantafie, qui iuge toufiours fon objet eftre vers la part d'où luy vient l'efpece qui frappe l'œil.

CONSEQVENCE.

Voila pourquoy l'image d'vn obiet paroift fort fouuent eftre de l'autre part du miroir, que celle en laquelle fe rencontre cét obiet, qui eftant deuant le miroir, fait voir fon efpece derriere, quoy que non pas toufiours, comme nous dirons ailleurs.

Nous ne difons point auffi combien cette image apparante eft efloignée de l'œil, ou du miroir, pour ce que cette diftance change pour plufieurs raifons, & que le vray lieu d'en parler, vien-dra cy-apres.

7. Vn mefme point d'vn obiet ne peut enuoyer fon efpece aux

deux yeux que par deux rayons d'incidence differens , & deux
differens rayons de reflexion, faifans fur le miroir deux differens
points d'incidence, & deux differentes perpendiculaires du miroir &c. Ce que l'experience confirme conftamment.

CONSEQVENCE.

Si donc vn mefme point de l'obiet eft eft veu par les deux
yeux à la fois dans vn miroir, l'efpece de ce point paroiftra auoir
fon lieu dans chacune des deux lignes de reflexion ; fçauoir, tant
dans celle qui fe reflefchit à l'œil droit, que dans celle qui fe reflefchit à l'œil gauche: partant, ou cette efpece paroiftra double;
ou, fi elle paroift fimple , fon lieu apparant fera au point, où fe
coupent les deux rayons de reflexion , prolongez felon qu'il en
fera de befoin.　Nous expliquerons auffi dans la propofition 9.
& les fuiuantes , en quelle occafion ces rayons fe rencontrent,
& en quelle ils ne peuuent fe rencontrer ; par où on connoiftra
en quelle difpofition des yeux & du miroir, vn obiet doit paroiftre fimple ou double dans le mefme miroir.

DEFINITION.

Outre les lignes dont nous auons donné les definitions cy-
deffus, & qui ne fe rapportent qu'à vn feul point de l'obiet veu
dans vn miroir par vn œil feul confideré comme vn point: noftre
Geometre en confidere encor vne qu'il appelle la fection d'incidence ; laquelle fe rapporte au mefme point de l'obiet veu dans
vn miroir par les deux yeux à la fois confiderez comme deux
points; ou par vn œil feul confideré comme ayant vne grandeur
fenfible ; de forte qu'on puiffe prendre dans l'eftenduë de cét œil
deux points fenfiblement eftoignez entre eux , chacun defquels
points aye fon plan d'incidence different de celuy de l'autre ; auquel cas , ces deux plans d'incidence s'entrecouperont , & leur
commune fection fera cette ligne qui eft icy appellée la fection
d'incidence. Et quoy que cette fection ne foit pas abfolument neceffaire pour determiner le lieu apparant de l'image d'vn objet,
toutefois noftre Geometre fait voir qu'elle y eft fi vtile & fi confiderable , que c'eft dans elle qu'on rencontre ce que les autres
cherchoient en vain dans leur perpendiculaire d'incidence, qui
eft inutile & ne produit rien finon quand elle eft la mefme que
cette fection dont nous parlons , comme il arriue aux miroirs
plans & fpheriques. C'eft ce qui a fait equiuoquer les autheurs ,
qui n'ayans efgard qu'à ces deux efpeces de miroirs , ont attribué
à leur perpendiculaire d'incidence, ce qui ne luy appartient pas
proprement, mais feulement à la fection d'incidence.

COROLLAIRE. I.

Il paroift qu'à l'efgard de chafcun point de l'obiet veu dans vn miroir par les deux yeux à la fois confiderez comme deux points, il y a cinq points principaux ; fçauoir ce point de l'obiet, les deux yeux, & les deux points d'incidence ou de reflexion, qui font fur le miroir qui renuoye l'efpece du point de l'obiet à chacun des yeux.

Que fi ces cinq points font donnez, on pourra connoiftre fi les rayons reflechis prolongez des yeux vers le miroir, & plus outre, s'il en eft befoin, fe rencontrent ou non : & au cas qu'ils fe rencontrent, on pourra en trouuer le point, qui fera le lieu apparant de l'image exterieure du point de l'objet propofé: que s'ils ne fe rencontrent point, on conclurra que ce lieu de l'image ne fçauroit eftre vnique. Mais cecy fera demonftré plus au long dans les prop. 9, 10, & fuiuantes, auquel lieu nous renuoyons le Lecteur, nous contentans d'auoir icy indiqué que ces deux derniers fondemens, fçauoir le 6 & 7 pourroient fuffire en vn befoin pour l'eftabliffement de la doctrine du lieu de l'image exterieure d'vn obiet regardé dans vn miroir : car ce qui a efté dit d'vn feul point du mefme obiet, peut eftre eftendu à chacun des autres points : auffi ces fondemens feront les principaux qui feruiront pour appuyer les propofitions qui fuiuront pour ce fuiet.

COROLLAIRE II.

Il s'enfuit auffi de ces 6. & 7. fondemens, qu'aux miroirs aufquels la perpendiculaire d'icidence n'eft pas dans le plan de reflexion, le lieu apparant de l'image exterieure ne peut eftre dás cette perpendiculaire; puifqu'elle ne peut eftre rencontrée par la ligne de reflexion dans laquelle eft neceffairement ce lieu apparant, par le 6. fondement; ce que nous confirmerons encor dans la 10. propofition, & les fuiuantes, où nous demonftrerons que ce lieu eft dans la fection d'incidence, qui, hors les miroirs plans & fpheriques, eft toute differente de cette perpendiculaire d'incidence.

8. L'œil & l'objet eftans confiderez comme deux points, par le moyen de quelque miroir que ce foit, fe renuoyent mutuellement leurs efpeces l'vun à l'autre par les mefmes lignes ; tellement que la ligne d'incidence de l'obiet à l'œil, eft la ligne de reflexion de l'œil à l'obiet; & reciproquement la ligne de reflexion de l'objet à l'œil, eft la ligne d'incidence de l'œil à l'objet. De la vient que fi vn œil voit vn autre œil dans vn miroir, celuy-cy reciproquement verra le premier, fi tous deux ont d'ailleurs les autres conditions

requiſes. Ce fondement ſe peut déduire des precedens, & principalement du 3. eſtant au ſurplus confimé conſtamment par toutes les experiences.

9. Tout obiet qu'on veut voir par le moyen d'vn miroir, doit
eſtre illuminé; ce qui n'eſt pas requis ny au miroir, ny à l'œil, qui
au contraire ſont d'ordinaire mieux eſtans dans les tenebres qu'e-
ſtans illuminez. Cecy eſt vray non ſeulement en la Catoptrique,
mais generalement en toute l'Optique; ſoit que l'œil voye directement, ou par reflexion, ou par refraction : & eſt encor conſtamment confirmé par l'experience.

DEFINITION.

Au diſcours ſuiuant nous conſidererons deux ſortes d'images
d'vn meſme obiet veu par reflexion au moyen d'vn miroir ; ou
par refraction au moyen des lunettes & autres corps diaphanes;
l'vne que nous appellerons l'image interieure ou ſenſible, eſt
celle qui eſt repreſentée dans l'œil ſur la principale tunique, qui
receuant les rayons de l'obiet chacun en ſon ordre, ſert à l'ame
de principal organe pour la veuë, luy faiſant ſentir ces rayons
dans vn tel ordre, qui luy en fait connoiſtre l'image comme dans
vn tableau. L'autre ſorte d'image que nous appellerons exterieure ou apparante, eſt celle que noſtre fantaſie nous repreſente
au dehors en quelque lieu loin on prés de nous, comme ſi l'objet meſme eſtoit en ce lieu-là, d'où il nous enuoyaſt ſes rayons
pour former l'image interieure; quoy que cét obiet ſoit ſouuent
fort éloigné du meſme lieu.

PROPOSITION VI.

Expliquer combien il y a de ſortes de miroirs ſimples.

VOvs aurez dans le reſte de ce liure de la Catoptrique, vn
abregé, ſur ce ſuiet, des meditations du ſieur de Roberual
Profeſſeur és Mathematiques au College Royal de France: celuy
qui en pluſieurs lieux de nos œuures, eſt nommé abſolument noſtre Geometre; non pas que i'entende par là qu'il ne faſſe profeſ-
ſion que de la Geometrie, puis qu'il eſt eſgalement verſé en toutes les parties des Mathematiques, mais à la façon des anciens qui
ne qualifioient les plus grands Mathematiciens que du nom de
Geometres : comme Apollonius Pergæus fut ſurnommé de ſon
temps le grand Geometre.

Ce ſont auſſi les meſmes meditations auſquelles le R. P. Niceron dans la Preface de ſon troiſieſme liure de la Perſpectiue Cu-
rieuſe Latine, renuoye le Lecteur, au cas qu'elles s'impriment vn

iour, ce que ne pouuant se faire pour le present, à la diligence de l'autheur, à cause de ses occupations ordinaires en ses leçons publiques & particulieres; i'ay obtenu de luy de les pouuoir mettre icy en abregé: ce que i'ay fait d'autant plus volontiers, que i'ay reconnu qu'en ce qui regarde le lieu apparant de l'image exterieure d'vn obiet representé par vn miroir, il satisfait plainement, & fait voir l'erreur de ceux qui ont pensé que pour chacun point de l'obiet, ce lieu estoit tousiours dans la perpendiculaire d'incidence du mesme point: ce qui toute fois, n'est vray generallement qu'aux miroirs plans; ne l'estant que rarement aux spheriques; & encor bien plus rarement aux autres.

Or quoy que nostre Geometre diuise ses meditations sur ce suiet, en plusieurs petites propositions, selon la methode ordinaire de ceux qui suiuent les loix exactes de la Geometrie; adioustant partout les demonstrations déduites tant des principes Geometriques, que des fondemens particuliers de la Catoptrique, rapportez cy-dessus en la 5. prop. lesquels pour la pluspart, i'ay tiré de son traité: toute-fois, nous en cet abregé, n'estans pas obligez à vne si grande rigueur, nous mettrons plusieurs de ses propositions en vne des nostres. Et quant aux demonstrations, nous en donnerons seulement quelques-vnes des principales, qui seruiront à rendre les autres assez faciles pour ceux qui seront mediocrement versez en la Geometrie. Commençons donc cette matiere par l'explication des miroirs simples, & composez, desquels les simples acheueront cette proposition; & les composez seront pour la suiuante.

Nous appellons vn miroir simple celuy qui estant engendré d'vne figure simple, ne reflechit que d'vne seule superficie, & par vn seul milieu diaphane. D'où il est clair que nos miroirs communs qui sont des glaces de crystail ou de verre, auec vn enduit de vif-argent, ou autre corps fixé sur la face de derriere, ne sont pas des miroirs simples; puis qu'ils reflechissent des deux surfaces; sçauoir de celle de dessus, qui fait peu d'effect; & de celle de dessous, qui est la principale; ioint que cette principale face de dessous, ne reçoit & ne reflechit l'espece, qu'apres deux refractions causées l'vne à l'entrée, & l'autre à la sortie du crystail; à cause que le milieu diaphane n'est pas simple, mais, pour l'ordinaire, composé de l'air & du crystail mesme du miroir: ainsi en ces miroirs ordinaires, il y a deux refractions, & vne reflexion au milieu d'elles, ce qui les met au rang des miroirs composez.

Or, en general, on reduit tous les miroirs simples en trois classes. La premiere contient les miroirs plans. La seconde, les miroirs conuexes. Et la troisiesme classe contient les miroirs concaues.

Touchant les miroirs de la premiere classe; sçauoir les plans; ils sont tous d'vne mesme espece: mais ceux des deux autres classes, qui font les conuexes, & les concaues, fe repartiffent en vne infinité d'efpeces de fuperficies courbes, tant conuexes, que concaues, chacune defquelles peut engendrer vn miroir de fa forte; & ce miroir, outre les proprietez qu'il aura communes auec les autres, aura auffi celles qui luy feront fpecifiques, & qui ne conuiendront qu'à luy feul. Mais de ce nombre infini, nous ne nommerons icy que ceux qui font les plus connus entre les fçauans; pour ce que le denombrement des autres feroit impoffible, & inutile.

Les miroirs plans, quoy qu'ils foient tous d'vne efpece, font pourtant differens en bien des fortes; fçauoir, en grandeur ou eftenduë, en la figure exterieure, qui pourra eftre circulaire, ouale, triangulaire, quarrée, pentagone, exagone &c. en la matiere qui pourra eftre du métail, du marbre, ou autre; & ainfi de beaucoup de femblables differences accidentelles, qui peuuent auffi conuenir aux miroirs conuexes, & concaues, & ne font gueres confiderables qu'entre les Marchans ou Artifans; finon que quelquefois elles font changer de couleur à l'efpece qu'ils reflefchiffent, à caufe de la matiere dont ils font faits; ce qui ne changeant rien aux loix de la reflexion, nous n'en dirons auffi rien d'auantage.

Les efpeces des miroirs conuexes, plus confiderables, font le fpherique, le cylindrique, le parabolique, l'hyperbolique, & l'elliptique ou ouale: c'eft à dire, qui font faits des fuperficies de fpheres, de cylindres, de cones, de conoïdes paraboliques, de conoïdes hyperboliques, & de fpheroïdes: qui tous outre les differences accidentelles dont nous venons de parler, en reçoiuent encor vne infinité d'autres de la part de la figure d'où ils font engendrez, laquelle figure peut eftre plus grande ou moindre, eu efgard à fes diametres, ou à fes principales lignes: comme il y a des fpheres plus grandes ou moindres, &c.

Les efpeces des miroirs concaues, font les mefmes que des conuexes: & en effet, ce font les mefmes figures pour les vns & les autres; mais elles font diuerfement confiderées; c'eft à dire, par le dehors ou par la partie qui eft bouge, pour le conuexe; & par le dedans ou par la partie qui eft creufe, pour le concaue: partant le denombrement que nous venons de faire des conuexes les plus connus, feruira auffi pour les concaues.

PROPOSITION VII.

Expliquer combien il y a de sortes de miroirs composez.

Nous appellons vn miroir composé, generalement tout miroir qui n'est pas simple : sçauoir, ou quand il est engendré d'vne figure composée ; ou qu'il reflechit de plusieurs superfices ; ou par des milieux diaphanes differens ; ou quand il est fabriqué de l'assemblage de plusieurs miroirs simples qui tous ensemble concourent à vn mesme effect ; ou autrement en quelque maniere que ce puisse estre. Voicy ceux qui sont les plus connus, & le principal dessein de leur composition.

1. Tout miroir dont le corps est diaphane de soy ; non pas parfaitement, (car nous n'auons point de corps parfaitement diaphanes propres à faire des miroirs) & ayant deux superficies, dont l'vne est enduite de quelque corps opaque fixé, & l'autre non ; est composé ; veu qu'il reflechit de chacune des deux superficies ; quoy que l'vne des reflexions soit d'ordinaire bien plus forte que l'autre. Cecy se verifie en nos miroirs communs de crystail ou de verre, tant plans, que conuexes, & concaues ; ausquels la face enduite reflechit d'autant plus clairement, que plus le verre ou le crystail est net & diaphane : au contraire, si le verre ou le crystail est moins diaphane, tenant plus de l'opaque, cette face enduite reflechira d'autant moins, & la premiere face en reflechira mieux : ce qui est assez connu par l'experience. C'est ce qui est cause qu'en nos miroirs ordinaires, principalement en ceux dont le crystail est fort espais, les images des obiets paroissent auoir les extremitez doubles. Mesmes les espingles, les poinçons & autres tels menus obiets, y paroissent entierement doubles : ce qui fait croire à plusieurs qu'vn miroir est faux, qui souuent est excellent. Il est vray que si vn obiet paroist plus que double en vn tel miroir, quand il doit estre plan, la veuë du regardant estant en bonne disposition, ce miroir est faux, & est concaue au lieu d'estre veritablement plan : mais cecy appartient plus particulierement aux propositions suiuantes, où il est parfaitement demonstré.

2. On compose plusieurs miroirs plans, les assemblant en vn mesme, ou en diuers lieux, auec correspondance, pour produire vn mesme effet : soit pour l'vtilité, ou pour le diuertissement, comme si du fonds de ma chambre ie veux voir ce qui se fait en vn lieu de mon iardin, que ie ne vois pas mesme de ma fenestre ; ie pourray choisir quelque endroit duquel ie verray & ma fenestre, & ce lieu proposé de mon iardin ; à cét endroit choisi, ie mettray vn grand miroir plan tourné de sorte que receuant l'espece du lieu proposé, il la renuoye à ma fenestre, où elle sera receuë par vn au-

O

tre miroir qui n'aura pas fouuent befoin d'eftre fi grand ; & cettuy-
cy la renuoyera au fonds de ma chambre où ie feray. Si deux miroirs ne fuffifent, on en employera plufieurs ; dont le premier receuant l'efpece de l'objet qu'on veut voir, la renuoyera au fecond ;
celuy-cy, au troifiefme ; & ainfi d'ordre iufqu'au dernier qui la
renuoira aux yeux du regardant : où on aura le plaifir de voir dans
ce dernier miroir tous les precedens comme enfoncez l'vn dans
l'autre en mefme ordre qu'ils font difpofez , commençant par le
dernier ; de forte que le premier fera le plus enfoncé, & l'obiet paroiftra encor plus enfoncé dans ce premier. Par ce moyen , il
n'y aura guere de lieu , quelque deftourné qu'il foit , qu'on ne
puiffe voir, au moyen d'vne telle compofition de miroirs, fi on
veut en faire les frais , & y employer la peine : pourueu qu'on
fe fouuienne que les premiers miroirs doiuent eftre d'autant plus
grands, qu'ils feront proches de l'obiet ; & que cét obiet doit eftre
clair ou illuminé, & non pas en tenebres ; ce qui n'importe à l'efgard des miroirs, & du regardant. De mefmes , par le moyen
de plufieurs miroirs plans affemblez auec addreffe, on peut reünir les efpeces de plufieurs parties d'vn mefme obiet, difperfées
en diuers lieux : de forte que dans ce miroir compofé, l'obiet ne
paroiftra qu'vn, & toutes fes parties fembleront eftre en leur propre place : auquel cas , il n'y aura qu'vn lieu propre pour y pla-
cer l'œil du regardant. Il y a vne infinité d'autres telles compofitions de miroirs plans ; mais elles ne fe font qu'à grands frais ;
& celuy qui aura l'induftrie & la pratique iointes auec la connoiffance, pourra fe faire admirer par ces feuls miroirs ; fans qu'il
foit befoin, s'il ne veut, de recourir aux courbes, dont les frais
font encor plus grands.

3. On compofe un grand miroir concaue parabolique auec
vn petit conuexe ou concaue auffi parabolique, y adiouftant, fi
on veut, vn petit miroir plan ; le tout à deffein de faire vn miroir
ardant qui bruflera à quelque diftance, aux rayons du Soleil. La
mefme compofition peut auffi feruir pour faire vn miroir à voir de
loing & groffir les efpeces, comme les lunettes de longue veuë.

4. On compofe vn grand concaue parabolique auec vn
moindre conuexe ou concaue hyperbolique , y adiouftant , fi
on veut, vn petit miroir plan ; pour faire vn miroir ardant qui
bruflera à vne diftance certaine, aux rayons du Soleil. La mefme
compofition pourra auffi feruir comme vne lunette de longue
veuë.

4. On compofe les grands miroirs concaues, principalement
le parabolique, auec vn plan de mefme grandeur ; l'hyperbolique
auec vn concaue parabolique plus grand ; & l'elliptique auec vn
conuexe parabolique moindre ; pour faire vn miroir qui par le
moyen d'vne feule chandelle , efclairera fort loing , & fuffi-

famment pour lire comme de prés. La mefme chofe fe peut pra-
tiquer auec le fpherique ; & encor auec plufieurs plans, mais non
pas fi parfaitement.

6. On peut faire de pareilles compofitions pour l'Echo; mais
icy, les murailles peuuent feruir au lieu de miroirs; dequoy nous
auons parlé dans nos autres œuures.

Ie laiffe vne infinité d'autres compofitions, admirables veritablement, mais longues, difficiles, & inutiles.

PROPOSITION VIII.

Expliquer quelques proprietez geometriques, tant des lignes droites qui ne
peuuent eftre en mefme plan, que de celles qui font perpendicu-
laires fur quelques fuperficies.

ENtre plufieurs propofitions de geometrie que noftre autheur demonftre pour feruir de lemmes aux demonftrations
de la Catoptrique, les plus confiderables font celles-cy.

1. Si deux lignes droites ne font pas en vn mefme plan, (fçauoir quand n'eftans pas paralleles, elles ne fe rencontrent pas,
quoy qu'elles foient continuées à l'infiny de part & d'autre) il
n'y a qu'vne feule autre ligne droite qui leur puiffe eftre perpendiculaire à toutes deux.

2. Cette perpendiculaire fera la plus courte ligne qui puiffe
eftre menée de l'vne à l'autre des deux premieres. Tellement
qu'elle monftre le lieu où ces deux lignes s'approchent le plus
l'vne de l'autre. Il appelle ce lieu, le croifement en puiffance.

3. Que fi ces deux premieres lignes font données de pofition,
cette perpendiculaire ou plus courte diftance ou croifement en
puiffance, le fera auffi; ce qui fe conftruit & demonftre facilement.

4. De tous les plans qui peuuent paffer pour chacune de ces
deux lignes propofées, il n'y en a que deux qui foient paralleles
entre eux; tous les autres s'entrecoupent deux à deux.

5. Aucune des communes fections de ces plans qui s'entrecoupent, n'eft iamais parallele à toutes les deux lignes propofées;
mais à vne feule des deux au plus; & le plus fouuent à aucune.

6. Que fi quelqu'vne des communes fections de ces plans, rencontre toutes les deux lignes propofées, ce fera en deux poinſts differens, qui feront donnez, fi les deux lignes & cette commune fection font données de pofition.

7. Reciproquement, fi la commune fection de deux plans eft
rencontrée en deux poinſts differens, par deux lignes droites, dont
l'vne foit dans l'vn des plans, & l'autre dans l'autre; ces deux dernieres lignes ne pourront eftre en vn mefme plan, & ne fe rencon-

treront iamais, quoy qu'elles ne foient pas paralleles.

Touchant les fuperficies, & les lignes droites qui leur font perpendiculaires , nous pouuons raifonnablement en faire cinq
claffes.

1. La premiere claffe contient les feules fuperficies planes; qui
ont cette propriete, que toutes les lignes droites qui leur font
perpendiculaires, font paralleles entre celles; ce qui eft prouué
en l'vnziefme liure d'Euclide prop. 6. Reciproquement, s'il y a
quelque fuperficie telle que toutes les lignes droites qui luy feront
perpendiculaires, foient paralleles entre elles; cette fuperficie fera plane. Ce qui fe prouue par deduction à l'abfurde : attendu
que quelque courbure qu'on pretende y eftre, les perpendiculaires ne feroient pas paralleles, contre la fuppofition.

2. La feconde claffe contient les feules fuperficies fpheriques
tant conuexes que concaues; defquelles toutes les perpendicula-
res concourent à vn mefme point qui eft le centre. Reciproquement toute fuperficie de qui toutes les perpendiculaires concourent à vn mefme point, eft vne fuperficie fpherique.

3. La troifiefme contient toutes les fuperficies defcrites à l'entour d'vn axe ou aiffieu qui foit vne ligne droite, & qui ne font pas
fpheriques. Pour les comprendre en general, il faut fe reprefenter vne figure plane telle qu'on voudra, dont le premier cofté foit
vne ligne droite, les autres à difcretion, ou lignes droites, ou courbes, ou partie droites & partie courbes, fans qu'aucune autre courbure en foit exceptée que la demie circonference de cercle; & fans
limiter aucun nombre de ces coftez, autrement qu'à la difcretion
de chacun; & entendre qu'vne telle figure plane tourne à l'entour
de la premiere ligne droite comme de fon aiffieu; lors les autres
coftez de la figure, en tournant, defcriront quelque fuperficie qui
fera celle dont nous entendons parler.

Or il eft clair qu'il y a vne infinité de genres & d'efpeces toutes
differentes de telles fuperficies; de mefme qu'il y a vne infinité de
figures planes qui les peuuent décrire. Comme les triangles defcriuent les fuperficies coniques; les parallelogrammes defcriuent
les fuperficies cylindriques; les autres figures rectilignes defcriuent d'autres fuperficies compofées de coniques, de cylindriques,
& de circulaires; les fections coniques defcriuent des fuperficies
de fpheroides, & de conoides; les autres figures defcriuent d'autres
fuperficies à l'infiny. Mais toutes ont cette propriete, que fi vn
plan les coupe qui foit perpendiculaire à leur axe, il donnera pour
commune fection, auec chacune de ces fuperficies, vne circonference de cercle : que fi le plan coupant paffe tout le long de l'axe,
il donnera vne figure efgale & femblable à celle qui a defcrit la fuperficie. Et, ce qui regarde noftre fuiet, toutes les lignes droites
perpendiculaires à la fuperficie, eftans prolongées, rencontreront

l'axe, ou elles luy feront paralleles. Reciproquement, fi toutes
les perpendiculaires d'vne fuperficie rencontrent vne mefme ligne droite, la fuperficie fera de cette troifiefme claffe, & la ligne
droite en fera l'axe.

4. La quatriefme claffe contient toutes les fuperficies décrites
par vne conference de cercle, quand le cercle fe meut de forte que
fon centre eft porté le long d'vne ligne courbe quelle qu'elle puiffe eftre, pourueu qu'en toute pofition du cercle elle foit perpendiculaire au plan du mefme cercle, en la façon que les lignes courbes peuuent eftre perpendiculaires aux fuperficies planes. Chacune fuperficie ainfi defcrite eft appellée vn boyau.

Il eft donc clair que comme il y a vne infinité de genres & d'efpeces de lignes courbes, il y a de mefme vne infinité de genres &
d'efpeces de telles fuperficies, entre lefquelles font celles des an-
neaux. De toutes ces fuperficies, les lignes droites perpendiculaires prolongées comme de befoin, rencontrent toutes la ligne
courbe qui fert comme d'axe au boyau.

5. La cinquiefme & derniere claffe contient toutes les autres fuperficies dont toutes les perpendiculaires ne concourent pas à vn
mefme point ; ny ne rencontrent pas toutes vne mefme ligne, foit
droite ou courbe ; ny toutes ne font pas paralleles entre elles. Il
y en a vne infinité de fortes prefque toutes irregulieres ; c'eft pourquoy nous n'en parlerons pas dauantage.

Les demonftrations de tout ce que nous auons dit en cette propofition ne feront pas fort difficiles à ceux qui feront mediocrement verfez en Geometrie, ne dépendans que des 6. premiers, &
de l'onziefme liure d'Euclide.

PROPOSITION VI.

Expliquer quelques proprietez notables des rayons reflechis par les
miroirs.

LA plus notable & plus reguliere proprieté des miroirs, touchant les rayons refléchis, eft celle des miroirs plans, aufquels tous les rayons d'incidence qui viennent d'vn feul & mefme
point de l'obiet, apres auoir efté refléchis, s'en-retournét en s'écartant comme s'ils venoient tous directement d'vn autre feul & mefme point, & ce point eft derriere le miroir autant enfoncé que
le point de l'obiet en eft efloigné en auant ; tous ces deux points
eftans dans vne mefme ligne droite perpendiculaire au miroir :
tellement que fi du point de l'obiet on abbaiffe vne perpendiculaire fur le plan du miroir continué s'il en eft befoin, & que cette
perpendiculaire foit autant prolongée derriere le miroir qu'elle
eft longue en deuant, on aura derriere le mefme miroir au bout de

O iij

cette perpendiculaire prolongée , le point dont nous parlons,
duquel femblent venir tous les rayons reflechis dont les rayons
d'incidence ont efté produits par le point de l'obiet.

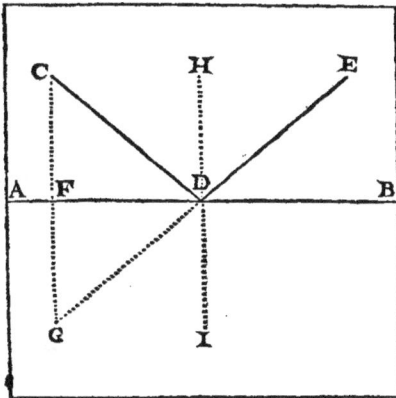

Comme fi le miroir plan
eftAB , le point de l'obiet C,
& tel rayon d'incidence qu'on
voudra CD duquel le rayon de
reflexion foit DE; l'angle d'incidence CDA, & fon égal l'angle de reflexion EDB eftans
aigus: foit C F perpendiculaire au plan du miroir, laquelle
foit prolongée de l'autre part
vers G tant que FG d'vne part,
foit égale à FC d'autre part.

Ie dis que la ligne DE eft in-
clinée de mefme que fi elle venoit directement du point G. Car
foit menée HDI perpendiculaire au miroir, & partant parallele à CG. & en mefme plan qu'elle, fçauoir dans le plan d'incidence FCDE: donc menant DG, elle fera auffi dans le mefme
plan. Or par la 4. prop. du 1. l. d'Euclide , aux deux triangles CF
D, & GFD, on demontrera que les angles CDF & GDF font efgaux; mais CDF eft égal à EDB par le 3. fondement. Donc GD
F eft égal au mefme EDB, partant la ligne GD eft en mefme ligne droite auec DE, par la conuerfe de la 15. p. du 1. l. d'Euclide:
ainfi DE vient comme du point G. Il en eft de mefme de toutes
les autres.

La feconde proprieté entre les notables , appartient aux miroirs fpheriques tant conuexes que concaues: elle eft telle ; Tous
les rayons d'incidence produits d'vn mefme point de l'obiet, venans à eftre reflechis par vn miroir fpherique, ont l'vne de ces
trois directions; fçauoir ou d'eftre paralleles au diametre de la
fphere, lequel prolongé s'il en eft befoin, paffe par le point de
l'obiet ; ou de s'en retourner vers le mefme diametre , mais à
diuers points ; ou enfin , de s'efcarter comme s'ils venoient de
diuers points. Et fpecialement, tous les rayons d'incidence qui
tombent fur la circonference de quelque cercle perpendiculaire à vn diametre, fi apres eftre reflechis ils ne font paralleles à
ce diametre ; eftans prolongez de part ou d'autre, ils concourent tous à vn mefme point du mefme diametre. La demonftration eft plus longue que la precedente, mais non pas plus difficile : nous la laiffons aux ftudieux pour s'exercer.

Il arriue vne pareille proprieté aux miroirs qui n'ont qu'vn axe,
mais elle n'eft pas vniuerfelle comme aux fpheriques, eftant re-

ſtrainte aux ſeuls points de l'obiet, qui ſont dans cét axe prolongé s'il en eſt beſoin.

Les proprietez ſuiuantes ſont plus vagues que les precedentes, mais elles ne ſont pas moins vtiles à la connoiſſance de la Catoptrique, à cauſe que comme elles, elles ſeruent à determiner le
lieu apparant de l'image exterieure, & ſon vnité ou multiplicité.

La Geometrie nous fait connoiſtre qu'il y a des miroirs qui
aprés auoir receu les eſpeces d'vn meſme point d'vn obiet par
les lignes d'incidence menées de ce point à diuers points du miroir, leſquelles lignes d'incidence, par conſequent, vont touſ-
jours en s'écartant depuis le point de l'obiet iuſques au miroir,
renuoyent les meſmes eſpeces par des lignes de reflexion qui
vont auſſi touſiours en s'écartant: tels que ſont tous les miroirs
plans, & conuexes; & encor les concaues, en certaine diſpoſition.

D'autres miroirs font ces lignes de reflexion paralleles, quoy
que celles d'incidence aillent en s'écartant: ſoit que toutes ces
lignes de reflexion deuiennent paralleles, ce qui eſt rare, & n'arriue qu'aux ſeuls paraboliques concaues, & au ſeul cas auquel le
point de l'obiet eſt le foyer: ſoit que quelques-vnes ſeulement deuiennent paralleles, les autres s'écartans ou s'approchans: ce qui
n'arriue auſſi qu'aux ſeuls miroirs concaues, en certaine diſpoſitiõ.
Enfin, il n'arriue auſſi qu'aux ſeuls miroirs concaues de faire que
ces lignes de reflexion s'approchent; ſoit pour concourir toutes à
vn meſme point, ce qui eſt rare, n'appartenant qu'aux ſeuls elliptiques & au ſeul cas auquel le point de l'obiet eſt l'vn des foyers;
ſoit pour concourir à diuers points, ſçauoir quelques vnes à vn
premier point, d'autres à vn ſecond, d'autres à vn troiſieſme, &c.
ſoit qu'elles s'approchent ſeulement pour faire vn croiſement
en puiſſance, ſuiuant ce qui a eſté dit en la 8. propoſit. En tous
leſquels cas de concours ou croiſement, en effet, ou en puiſſance ſeulement, il arriue neceſſairement que les meſmes lignes,
apres ce croiſement, viennent à s'eſcarter à l'infiny.

Ainſi en general, tout miroir plan, conuexe, ou concaue, en
certaine diſpoſition du point de l'obiet, fait eſcarter les lignes
ou rayons de reflexion dn meſme point; peu, ſçauoir quelques
concaues, les rendent paralleles; & quelques-vns auſſi concaues,
les font s'approcher.

Or entre ces rayons reflechis, nous conſiderons principalement ceux qui s'eſcartent comme s'ils venoient directement
d'vn meſme point; car il n'y a que ceux-là qui deux à deux puiſſent eſtre en vn meſme plan, & qui puiſſent faire paroiſtre le
point de l'obiet en vn ſeul lieu, & partant vnique, lors qu'il ſera regardé des deux yeux à la fois dans le miroir qui fera la reflexion de ces rayons: & la propoſition ſuiuante fera voir que tous

les autres rayons, tant ceux qui ne se croisent qu'en puissance, que ceux qui sont paralleles , ou qui vont en s'approchant, ne peuuent produire cét effet.

Par les rayons reflechis qui s'écartent comme s'ils venoient directement d'vn mesme point, nous entendons , non seulement ceux qui tous viendroient comme d'vn seul & vnique point; mais encor ceux desquels deux ou plusieurs viendroient comme d'vn certain autre point; & ainsi d'vn troisiesme point, & d'vn quatriesme, &c. à l'infiny; quoy que tous en general, n'ayent qu'vn mesme point de l'obiet pour origine, & qu'ainsi tous les rayons d'incidence partent reéllement & de fait de ce point original , comme nous auons supposé au commencement de cette proposition.

Que si quelqu'vn demande s'il peut y auoir des miroirs autres que les plans, qui dressent ces rayons reflechis, comme si tous venoient d'vn mesme poinct; il sçaura que le miroir hyperbolique fait encor la mesme chose , quand le point de l'obiet est à l'vn des foyers ; car soit qu'vn tel miroir soit conuexe ou concaue, si les rayons d'incidence viennent de l'vn des deux foyers, les rayons de reflexion s'en retournent tous comme s'ils venoient de l'autre foyer. Le miroir elliptique concaue est aussi de cette classe : car si le point de l'obiet est à l'vn des foyers, les rayons de reflexion s'assemblent premierement tous au second foyer , au partir duquel ils s'écartent à l'infiny, comme si tous venoient de ce second foyer par lequel ils ont passé reéllement & de fait.

Quant aux miroirs qui font escarter quelques rayons reflexis comme s'ils venoient d'vn certain point; quelques autres, comme s'ils venoient d'vn certain autre point ; & ainsi d'vn autre point, & d'vn autre , à l'infiny; il n'y a que le miroir plan qui en soit excepté : & tous aussi, excepté le mesme plan, font des rayons reflechis qui ne se croisent qu'en puisance , sans se rencontrer iamais en effet, de quelque part qu'on entende qu'ils soient prolongez à l'esgard du miroir. Mais pour toutes ces differentes reflexions , il faut le plus souuent des differentes positions du point de l'obiet, ce que nous laissons à considerer aux amateurs de telles speculations.

PROPOSI.

PROPOSITION X.

Demonstrer quels sont les rayons reflechis qui sont voir aux deux yeux à la fois con-
siderez comme deux points, l'image exterieure d'vn point de l'obiet en vn seul
lieu: & faire voir que ce lieu apparant est dans la section d'incidence, lors qu'il
y en a vne; & qu'il se peut trouuer, supposé que le point de l'obiet, les deux points
des yeux, & les deux points d'incidence ou de reflexion sur le miroir, soient donnez.

OR qu'il n'y aye que les seuls rayons reflechis qui tombans
dans les yeux, vont en s'écartant comme s'ils venoient
d'vn point, lesquels sassent voir aux deux yeux l'image exterieure d'vn point de l'obiet en vn seul lieu; & qne cét effet ne puisse estre produict ny par les rayons paralleles; ny par ceux qui en
tombant dans les yeux, vont en s'approchant comme pour s'en-
trecroiser en effet ou en puissance; ny mesmes par ceux lesquels
arriuans aux yeux vont en s'écartant, mais non pas comme s'ils
venoient d'vn mesme point; c'est vne verité facile à demonstrer.
Car posons, suiuant l'hypotese de cette proposition, que deux rayons reflechis venans l'vn à l'œil droit, l'autre à l'œil gauche, sassent voir l'image exterieure de ce point de l'obiet proposé, en vn
seul lieu, c'est à dire en vn seul point; lors, par les 6 & 7 fondemens, & leur consequence, en la 5. propos. ce lieu doit estre dans
chacun des rayons droit & gauche prolongé en auant vers le miroir, & outre, s'il en est besoin; & puis que le mesme lieu est vnique, il faut que ces rayons ainsi prolongez se rencontrent, autrement il paroistroit double, contre la supposition: partant puis
que des yeux tirant vers le miroir, ces rayons vont en s'approchant comme pour concourir à vn point; il est clair qu'arriuans
aux yeux, par mouuement contraire, ils vont en s'écartant comme s'ils venoient du mesme point: il est clair aussi que ni les rayons paralleles, ny les autres specifiez cy-dessus, ne peuuent concourir estans prolongez au deuant des yeux vers le miroir; & partant ils sont incapables de faire voir l'image exterieure d'vn point
de l'obiet, en vn seul lieu.

Maintenant faisons voir que quand il y a vne section d'incidence, ce lieu apparant de l'image est dans cette section menée du
point de l'obiet proposé, à l'esgard des deux yeux considerez
comme deux points. Et pour ce faire, considerons les deux plans
d'incidence qui en ce cas sont differens, & engendrent cette section, par sa definition qui est dans la 5. prop. l'vn pour l'œil droit
& l'autre pour le gauche: il est clair que ces deux plans n'ont rien
de commun entre eux que cette section d'incidence qui est leur
commune section: & partant, que tout point qui sera commun à
ces deux plans, sera dans cette ligne: or le point où se rencontrent
les deux rayons de reflexion de l'œil droit, & du gauche, c'est
à dire le lieu apparant de l'image exterieure, est commun à ces
deux plans, puis que le rayon droit est tout dans le plan droit, &
le rayon gauche est tout dans le plan gauche, par le premier fondement & sa consequence, & que ces deux rayons n'ont que ce

point de commun : donc ce mefme point ou lieu apparant de l'i-
mage exterieure, eft dans la fection d'incidence, qui eft ce que
nous voulions demonftrer ; & la demonftration eft vniuerfelle
pour tous les miroirs.

Nous auons mis cy-deffus vne reftriction touchant la fection
d'incidence, quand nous auons adioufté ces mots, LORS QV'IL
Y EN A VNE. Or vne telle reftriction eftoit neceffaire, veu qu'il
peut arriuer, que cette fection ne fe rencontrera point, fçauoir
lorfque les quatre principaux rayons, qui font les deux d'incidence & les deux de reflexion, feront tous en vn mefme plan, d'où il
arriuera que les deux plans d'incidence feront reünis en vn feul,
fans fection d'incidence : toute-fois, le lieu apparant de l'image
exterieure du point de l'obiet fera toufiours au point du concours
des deux rayons de reflexion, prolongez en auant vers le miroir
tant qu'ils fe rencontrent. Voila pourquoy dans la 5. prop. nous
auons dit que cette fection d'incidence n'eft pas abfolument neceffaire, mais feulement vtile, pour faire l'office que les auteurs
attribuent vainement à la perpendiculaire d'incidence. Il eft vray
qu'aux miroirs plans & fpheriques, noftre fection d'incidence
eft vne mefme ligne auec cette perpendiculaire d'incidence ; ce
qui fait qu'en tous les plans, & en plufieurs cas des fpheriques, ce
lieu apparât de l'image fe trouuoit bien eftably par les auteurs dás
leur perpendiculaire : mais dans les autres miroirs, mefmes aux
cas plus ordinaires des fpheriques, leur eftabliffement eftoit mal
fondé, & manquoit toufiours, finon que par rencontre fort rare,
noftre fection & leur perpendiculaire fe rencontraffent vnies en
vne feule ligne, & de plus, que les rayons de reflexion fuffent en
vn mefme plan ; ce qui eft facile à demonftrer en confequence de
ce qui a efté dit cy-deuant.

Maintenant, fuppofé que les principaux points foient donnez fçauoir le point de l'obiet, les deux yeux, & les deux points
d'incidence fur le miroir, il fera facile de trouuer le lieu apparant
de l'image exterieure en plufieurs fortes, dont celle-cy eft la plus
facile, & la plus affeurée.

Premierement, par les points donnez on menera comme il
faut, les deux lignes d'incidence & les deux de reflexion, & encor les deux plans d'incidence, qu'il fuffira de s'imaginer, & remarquer s'ils font differens, ou s'ils s'vniffent en vn. Si donc ils
font differens, il faut, par les regles de Geometrie, trouuer leur
commune fection qui fera la fection d'incidence, & prolonger
les rayons de reflexion tant qu'ils rencontrent cette fection ; &
s'ils la rencontrent en vn mefme point, ce fera le lieu apparant
de l'Image exterieure, mais s'ils la rencontrent en des points differens ; alors les rayons de reflexion ne feront pas en mefme plan,
mais fe croiferont puiffance ; partant l'image ne paroiftra pas vnique, mais fe verra en diuers lieux ; & fi ces lieux font fenfiblement
éloignez l'vn de l'autre, ces images feront auffi fenfiblement dif-

ferens ; autrement , si ces lieux sont fort proches entr'eux , ces
images pourront assez souuent sembler estre confonduës en vne,
quoy qu'à la rigueur geometrique , elles soient diuerses & se-
parées ; c'est pourquoy il y aura quelque confusion en vne telle
sorte de veuë, dont nous parlerons plus amplement en la proposition suiuante : & en ce cas de confusion , le lieu apparant de
l'image exterieure, sera enuiron où est le croisement en puissance des deux rayons de reflexion, qui est l'endroit ou ils ont le
moins de distance entre eux, laquelle distance, en ce cas, nous
supposons si petite qu'elle est comme insensible, & partant elle
faict à peu prés le mesme effet à la veuë, que si c'estoit vn croisement actuel des rayons de reflexion qui se rencontrassent en vn
mesme point. Que si les plans de reflexion sont vnis en vn mesme & vnique plan ; alors il suffira de prolonger en auant, les deux
rayons de reflexion tant qu'ils se rencontrent , s'ils le peuuent ; &
au point de leur concours ils donneront le lieu apparant de l'ima-
mage exterieure : autrement , scauoir lors qu'ils ne peuuent concourir, l'image ne paroistra pas vnique , mais elle se verra en diuers lieux, chacun desquels sera determiné en la prop. suiuante.

Cecy est general en tout miroir ; mais en special au plan, il suffit
de prolonger l'vn des rayons de reflexion autant au delà du miroir
que sa ligne d'incidence est longue. Comme en la figure de la 9.
proposition, prolongeant le rayon de reflexion ED vers G, tant
que DG soit esgale à sa ligne d'incidence CD, le point G sera le
lieu apparant de l'image exterieure du point de l'obiet C veu
de tant d'yeux qu'on voudra, par la reflexion du miroir plan A B.
Au miroir spherique, supposant que tous les rayons d'incidence
d'vn mesme point de l'obiet veu dans le miroir, par tant d'yeux
qu'on voudra, tombent en la circonference d'vn mesme cercle
qui aye pour axe la ligne droite menée du point de l'obiet au
centre de la sphere, & pour pole, le point où cét axe rencontre
la superficie spherique du miroir ; le mesme axe sera en mesme
temps la perpendiculaire & la section d'incidence ; & tous ces
yeux ensemble, par la reflexion de tous ces rayons, ne verront
qu'vne seule image exterieure , dont le lieu apparant sera dans
la mesme section d'incidence ; lequel lieu se trouuera prolongeant vn seul des rayons de reflexion depuis l'œil iusques à cette section : car quand on prolongeroit tous les rayons de reflexion venans des rayons d'incidence que nous venons de specifi-
fier, tous se rencontreroient en ce mesme point de la mesme section d'incidence : ainsi ce point trouué donnera le lieu de l'image.

Quant aux autres rayons d'incidence d'vn mesme point de
l'obiet, qui tombent sur la circonference de diuers cercles d'vn
miroir spherique, leurs rayons de reflexion prolongez tant qu'on
voudra, ne se rencontreront iamais tous en vn mesme point, mais
au plus , deux , trois , ou quatre ; ce qui fait que le plus souuent ils representent plusieurs images d'vn mesme point de l'ob-

iet, & en diuers lieux , dont nous parlerons dans la 13. propoſition.

Il y a auſſi des miroirs, ſçauoir generalement preſque tous les
concaues , par leſquels vn ſeul & meſme point de l'obiet enuoye
pluſieurs differens rayons de reflexion à vn ſeul & meſme œil; ce
qui eſt encor vne cauſe de la multiplication des lieux apparans
de l'image de ce point; dont il ſera auſſi parlé en la meſme 13. propoſition.

PROPOSITION XI.

Determiner le lieu apparant de l'image exterieure d'vn point de l'obiet , veu
dans vn miroir par vn œil ſeul conſideré comme ayant vne gran-
deur ſenſible.

POur l'éclairciſſement de cette propoſition , il faut remarquer que la nature a tellement formé l'œil , de tuniques &
d'humeurs differentes ; & auec vn tel ordre, eu eſgard à la figure,
à la grandeur , à la diſtance , & à la ſituation de chacune , que
par leur moyen tous les rayons qui venans d'vn meſme point,
tombent ſur cét œil & paſſent par la prunelle , ſont rompus auec
tant de iuſteſſe , que quoy qu'ils allaſſent en s'écartant lors de
leur arriuée à l'œil , neantmoins apres cette refraction ils ſont
contraints de ſe reünir à vn meſme point au dedans de l'œil : ou ſi
cette reünion ne ſe fait à vn meſme point preciſement & geometriquement, elle en approche ſi prés ,& l'eſpace où ces rayons
s'approchent le plus, eſt ſi petit, que parlant ſenſiblement, il peut
paſſer pour vn point Phyſique. l'entends vn œil bien formé, tel
que l'ont ordinairement ceux que nous diſons auoir l'œil bon :
quant aux autres qui ont quelque vice , nous en dirons deux mots
cy-aprés. De plus, à ce point de reünion, la meſme nature a eſtabli le lieu de la principale partie de l'œil, pour l'action de la veuë;
ſçauoir, ſelon l'opinion la mieux receuë, cette tunique appellée
vulgairement la retine , ſur laquelle , comme ſur vn tableau, ſont
imprimez tous les points de reünion appartenans à chacun point
de l'obiet, en meſme ordre & diſpoſition , (ou fort prés) qu'ils ſe
rencontrent dans le meſme obiet, ſuiuant qu'il eſt expoſé à la veuë;
eu eſgard aux loix de la Perſpectiue : ainſi tous ces points enſemble forment ſur cette tunique l'image exterieure ou ſenſible de
l'obiet , qui par l'entremiſe des nerfs , eſt apperceuë de l'ame ,
pour en eſtre conſiderée ſuiuant le beſoin. Dauantage, pour ce
que les obiets ne ſont pas tous à vne diſtance de l'œil, les vns en
eſtant ſouuent fort proches, d'autres tres eſloignez , & d'autres
mediocrement; d'où il arriue , par les loix de la refraction , que le
point de reünion des rayons rompus dans l'œil, eſt quelque-fois

plus enfoncé dans le mefme œil , (fçauoir aux obiets plus proches) & quelques-fois moins ; (fçauoir aux obiets plus efloignez)
il arriueroit auffi que fi la principale tunique qui doit receuoir
tous les points de reünion, demeuroit toufiours ftable dans l'œil,
auec vn enfoncement qui fuft toufiours immuable, elle ne receuroit pas toufiours les rayons en leurs points de reünion, mais
trop toft ou tard, ce qui cauferoit de la confufion : pour obuier à
cét inconuenient, cette fçauante mere la nature a fait cette principale tunique mobile , luy donnant la faculté de s'auancer ou
s'enfoncer dans l'œil plus ou moins, felon le befoin, pour receuoir ces rayons en leurs points de reünion , precifement , ou au
plus prés que faire fe pourra : & tout œil qui n'a point cette faculté, comme il arriue aux vieillards, qui d'ordinaire l'ont perduë,
ne peut pas s'accommoder à toute forte de veuë ; c'eft pourquoy
il a befoin de lunettes pour corriger vn tel defaut.

Or quoy que ce mouuement de la principale tunique, par lequel elle s'auance vn peu plus vers le dehors de l'œil pour les obiets efloignez, & s'enfonce vn peu dauantage vers le dedans, pour
les obiets plus proches, ne foit pas arbitraire, c'eft à dire, que la
faculté qui caufe ce mouuement, ne foit pas fuiette à l'Empire
Defpotique de la volonté, agiffant feulement par neceffité, fuiuant le befoin, & le plus fouuent fans la connoiffance de l'animal;
neantmoins l'ame s'apperçoit des effets d'vn tel mouuement, &
reconnoift par vne longue habitude, qu'il faut quelque changement en la difpofition de l'œil, pour voir les obiets dans ces differens éloignemens; quoy que cette reconnoiffance ne foit fimplement qu'habituelle & fans aucune reflexion du raifonnement.
Quiconque voudra s'en éclaircir; qu'il regarde fixement durant
vn affez long-temps, vn obiet efloigné, foit des deux yeux, ou
d'vn feul ; puis tout foudain, qu'il regarde vn obiet proche, comme vn liure pour le lire ; il ne verra fur le champ que de la confufion, pour ce que la principale tunique fera trop auancée vers le
deuant de l'œil pour cét obiet prochain , eftant difpofée pour le
premier plus efloigné ; mais petit à petit, cette tunique fe renfon-
çant, la confufion ceffera, & il pourra lire ; que fi apres auoir leu
quelque temps , il tourne foudain l'œil vers fon premier obiet, il
ne le verra d'abord que confufement, pour ce que la mefme tunique fera trop enfoncée pour vne telle veuë, mais elle s'y accom-
modera bien-toft. Ce mouuement eft vne des caufes qui nous
font iuger de la diftance des obiets qui font proches ou peu efloignez; car pour ceux qui le font beaucoup, il ne nous fait connoiftre autre chofe finon qu'ils font fort efloignez, fans iuger autrement de la diftance, s'il n'y a d'autres moyens, comme fi on def-
courre vn grand païs entre l'œil & l'obiet ; fi cét obiet paroift petit, encor que d'ailleurs nous fçachions qu'il foit grand ; & ainfi des

autres moyens de connoiftre les diftances , qui font enfeignéz
dans l'Optique. Mefmes les vieillards qui ont perdu la faculté
d'vn tel mouuement, s'apperçoiuent neantmoins de l'efloigne-
ment de l'obiet, quand ils le voyent clairement; & de fa proximité,
quand ils le voyent confufement : à caufe que par le defeche-
ment des humeurs, ayans l'œil plus plat, la tunique s'auance trop
vers le dehors pour les obiets proches, & fouuent mefmes pour les
plus efloignez, & alors ils deuiennent comme aueugles. Aux gros
yeux & fort profonds, il arriue fouuent le contraire: c'eft à dire que
la principale tunique eft fouuent trop enfoncée, ainfi ils voyent
mieux de prés que de loin; & quelque-fois elle ne fe peut affez aduancer, ce qui eft caufe que mefmes tout prés, ils ne voyent que
confufement. De làvient auffi qu'à de tels yeux trop gros il faut des
lunettes concaues; au contraire des yeux plats des vieillards, aufquels il en faut des conuexes.

Cela pofé, il eft facile de reduire cette propofition à la precedente. Car puis que chacun œil feul ne voit diftinctement vn feul
point de fon obiet dans vn miroir, que quand tous les rayons de
reflexion de ce point viennent au mefme œil comme s'ils partoient tous d'vn feul autre point; il eft clair qu'il ne faut que trouuer cét autre point d'où ces rayons de reflexion femblent partir;
car ce point fera le lieu apparant de l'image exterieure du point de
l'obiet dont il s'agift.

Partant eftans donnez le point de l'obiet, le miroir, & l'œil de
quelque grandeur fenfible; on prendra dans cette grandeur de
l'œil, deux poincts fenfiblement efloignez l'vn de l'autre; &
auec ces poincts on fera de mefme que fi c'eftoient deux yeux
confiderez comme deux poincts, en la propofition precedente;
c'eft à dire que fuiuant la nature du miroir, il faudra trouuer fur
fa furface les deux poincts d'incidence appartenans aux deux
points oculaires; ainfi on aura les deux rayons de reflexion, lefquels
on prolongera en deuant tant qu'ils fe rencontrent, s'ils le peuuent, & à ce point de rencontre fera le lieu apparant de l'image exterieure: car en fuite de ce qui a efté dit, il faudra que pour voir
cette image, l'œil & fa principale tunique fe difpofent comme
pour regarder vn obiet qui feroit en ce mefme lieu de rencontre. Que fi les deux rayons de reflexion prolongez ne fe rencontrent pas, eftans en diuers plans, ou paralleles, ou s'écartans; la
veuë en ce cas, ne pourra eftre bien claire & diftincte, mais confufe; & ce d'autant plus, que ces rayons feront plus efloignez l'vn
de l'autre; mefmes, parlant geometriquement & à la rigueur, ils
reprefenteront le point de l'obiet en diuers lieux.

Il eft donc clair que ce que nous auons dit en fpecial du miroir
plan & du fpherique, dans la propofition precedente, eft encor
vray dans celle-cy, & pour les mefmes raifons ; c'eft pourquoy
nous n'en ferons aucune repetition.

PROPOSITION XII.

Du lieu apparant de l'image exterieure de l'obiet entier. De la confusion de la veuë. Et du point d'incidence.

AYant expliqué le lieu apparant de l'image exterieure de chacun point d'vn obiet; il ne sera pas difficile de determiner
le lieu apparant de son image entiere; i'entends l'image de toute
cette partie de l'obiet qui est exposée au miroir, de sorte qu'en receuant les rayons d'incidence, il les peut reflechir à l'œil; attendu
que le miroir ne reflechit rien de ce qui luy est caché. Car comme
l'obiet qui est exposé à l'œil en la veuë directe, forme son image interieure & sensible sur la principale tunique, par le moyen des
rayons qui sont enuoyez directement de tous les points de l'obiet,
& receus sur la mesme tunique, chacun en son ordre, eu esgard
aux loix de la Perspectiue: de mesme, en la veuë de reflection, l'i-
mage exterieure & sensible de l'obiet est formée sur cette tunique, par le moyen des rayons qui estans enuoyez de tous les points
de l'obiet sur le miroir, sont reflechis par le mesme miroir, & receus
dans l'œil sur la mesme tunique, chacun en son ordre, eu esgard
aux loix, tant de la Perspectiue que de la Catoptrique; auquel lieu
ils forment cette image interieure & sensible; soit qu'elle soit
conforme à son obiet, ou difforme, suiuant l'espece du miroir
qui peut souuent causer de grands changemens en la conformité ou difformité de l'image auec le mesme obiet.

Cela posé, si on trouue, par les deux propositions precedén-
tes, hors l'œil, le lieu apparant de l'image exterieure de chacun
point de l'obiet veu dans vn miroir, tous ces lieux ensemble repre-
senteront hors le mesme œil, & à quelque distance de luy, le lieu
total de l'image exterieure entiere de l'obiet, suiuant les loix ci-
tées cy-dessus, & auec la conformité ou difformité requise par les
mesmes loix.

Or quoy qu'en la veuë actuelle, cette image auec toutes ses cir-
constances, paroisse comme en vn instant, & toute à la fois : neantmoins ce ne seroit pas vne petite entreprise, de vouloir par la science ou par l'art, assigner actuellement le lieu apparant de chacun
point; tant pour ce que ces points sont infinis, que pour ce que
l'espece du miroir peut est telle, qu'elle y apporteroit vne grande difficulté par sa forme. Il n'y a que le miroir plan qui soit exempt
d'vne si difficile recherche; à cause qu'en vn tel miroir, chacun
rayon de reflection, estant prolongé directement au delà du miroir, autant que son rayon d'incidence est long du miroir à l'obiet, donne au bout du prolongement le lieu apparant de chacun
point, comme il a desia esté dit en la 10. proposition. Nostre in-

tention donc, n'eſt pas icy d'enſeigner vne pratique qui feroit trop difficile, & inutile; mais ſeulement de donner la connoiſſance de la verité touchant le lieu apparant des images exterieures. Que ſi on veut en quelque ſorte reduire cette theorie en pratique, il ſuffira de trouuer les lieux apparans des images exterieures des principaux points de l'obiet; ſçauoir de ſes extremitez, & des plus conſiderables parties du milieu; ce qui ne ſera pas ſi difficile, & neantmoins capable de repreſenter l'image aſſez parfaitement.

Touchant les cauſes de la confuſion qui arriue ſouuent en la veuë, ſoit directe, ſoit par reflexion, ou par refraction; on peut par les propoſitions precedentes, en auoir remarqué les principales cauſes: i'entends parler de cette confuſion qui peut ſuruenir quoy que l'obiet aye toutes les conditions requiſes en ce qui regarde ſa diſtance, ſa grandeur, ſon illumination, ſon opacité, & la tranſparance du milieu par lequel il enuoye ſes eſpeces.

En la veuë directe donc, ces conditions eſtans poſées, il n'y peut arriuer de confuſion que par le vice, ou par l'indeuë diſpoſition de l'organe, c'eſt à dire de l'œil, qui pourra eſtre trop plat, ou trop profond; de ſorte que la principale tunique ne pourra eſtre placée dans vne iuſte diſtance; mais où elle ſera trop prés de la ſurface exterieure de l'œil, où elle ſera trop enfoncée; d'où arriuera la confuſion dont nous auons parlé au commencement de la propoſition precedente. Dauantage, l'œil peut eſtre troublé, ou coloré de couleurs eſtrangeres, comme il arriue aux Icteriques. Adiouſtez à cela, que la ſocieté naturelle des yeux peut eſtre empeſchée par violence, ou par maladie; ce qui ſeul peut cauſer de la confuſion.

En la veuë de reflexion ou de refraction, outre les cauſes de confuſion dont nous venons de parler, qui y peuuent auſſi auoir lieu; la forme du miroir, ou de la lunette, peut auoir ſes cauſes particulieres, qui feront que les rayons de reflexion, ou de refraction qui viendront à l'œil, ne concoureront pas à vn meſme point eſtans prolongez au deuant de l'œil, quoy que tous viennent d'vu meſme point de l'obiet: d'où il eſt neceſſaire qu'il naiſſe de la confuſion: ce qui a eſté aſſez expliqué en la propoſition precedente.

Il eſt pourtant à remarquer que les miroirs plans ſimples n'ont d'eux meſmes à cauſe de leur forme, aucun principe de confuſion: & partant s'il y en arriue, il faut qu'elle vienne ou de l'obiet, oude l'œil, ou bien du milieu par où paſſent les eſpeces.

Enfin, pour ce qui regarde le point d'incidence auquel le miroir eſt rencontré par l'eſpece d'vn point de l'obiet, pour de là eſtre renuoyée à l'œil; comme il eſt tres facile à trouuer en la veuë actuelle,

actuelle, c'eſt à dire lors que l'obiet, le miroir & l'œil ſont preſens & arreſtez en leurs propres places, auec toutes les conditions re-quiſes pour bien voir, ce point s'offrant comme de ſoy-meſme au ſens, qui le deſcouure & le remarque ſans peine: par vn ſort con-traire, il eſt ſouuent fort difficile à donner ſcientifiquement par les regles de la geometrie. Car hors le miroir plan, auquel ce pro-bleme ſe rencontre auſſi plan, & ſans difficulté, auec vne ſolution vnique pour chacun point vnique de l'obiet, l'œil eſtant auſſi vni-que & repreſenté comme vn ſeul point; il n'y a preſque aucun au-tre miroir auquel ce meſme probleme ne ſoit ſolide, ou lineaire; & ſouuent auec pluſieurs ſolutions.

Noſtre Geometre en a fait l'analyſe, & la compoſition pour les miroirs ſpheriques, pour les cylindriques, pour les coniques, pour les ſpheroides, pour les paraboliques, & pour les hyperboliques: mais ces recherches ſont trop particulieres, & d'vne Geometrie trop profonde pour ce lieu cy auquel nous ne pretendons traiter la reflexion qu'en general, laiſſans ces particularitez à éclaircir aux grands Geometres, qui ſans doute, ne les trouueront pas indignes de leurs ſpeculations.

PROPOSITION XIII.

Quels miroirs repreſentent l'obiet en pluſieurs lieux, multiplians le nombre de ſes eſpeces.

NOvs entendons icy parler de la ſeule augmentation du nombre des eſpeces d'vn meſme & vnique obiet; par le mo-yen de laquelle augmentation, cét obiet eſt repreſenté en deux, trois, ou pluſieurs lieux differens, par vn meſme miroir; & non pas de l'augmentation par laquelle vne meſme eſpece eſt renduë plus grande & plus eſtenduë, ce que nous reſeruons pour la 15. propo-ſition.

En general, le principe de la multiplicité des eſpeces d'vn meſ-me obiet, dépend de deux chefs. L'vn eſt la multiplicité des yeux, & conuient tant à la veuë directe, qu'à celle de reflexion, & à celle de refraction. L'autre chef eſt la forme du miroir, ou de la lunet-te, & ne conuient qu'à la Catoptrique, & à la Dioptrique.

Quant au premier chef, il faut ſçauoir que chacun animal qui a deux yeux (s'il s'en trouuoit qui en euſſent plus de deux, il arriue-roit le meſme à proportion, que ce que nous dirons) bien diſpoſez & en vne bonne aſſiete pour conſiderer vn meſme obiet des 2. à la fois, s'accouſtume par habitude, à vne certaine ſituation telle que toutes & quantesfois qu'elle ſe rencontre aux meſmes yeux, il iuge que ſon obiet eſt vnique, quoy que chacun œil reçoiue vne eſpece differente de celle que reçoit l'autre: cette ſituation ou diſpoſition

yeux eft appellée d'ordinaire la focieté naturelle des mefmes yeux;
& chacun de tels animaux, particulierement l'homme, poffede
vne faculté par laquelle il peut au befoin, dreffer fes yeux pour les
accommoder à vne telle difpofition, toutes les fois qu'il les veut arrefter tous deux à la confideration d'vn mefme obiet: & par la mefme faculté il les maintient fouuent vn longtemps en cet eftat: mefmes, il peut les tourner tous deux enfemble, & les pourmener par
toutes les parties de fon obiet, fans alterer fenfiblement cette focieté naturelle; ce qui fait qu'il ne voit toufiours qu'vn mefme
obiet, quand cét obiet eft vnique reéllement & de fait. Mais la
mefme focieté peut eftre empefchée en plufieurs manieres; fçauoir par violence, par foibleffe ou maladie, par trop de vin, ou autrement; & tels accidens font affez fouuent paroiftre double l'i-
mage d'vn obiet vnique; & d'autant plus que les yeux s'écartent
loin de leur focieté naturelle, d'autant plus les deux images du
mefme obiet, paroiffent efloignées l'vne de l'autre. Ce chef comme nous auons dit, eft general en toutes les trois veuës; & nous ne
l'auons rapporté icy que pource qu'il peut auoir lieu dans la Catoptrique.

Pour l'intelligence du fecond chef, en tant qu'il regarde la Catoptrique, où la forme du miroir peut multiplier en plufieurs lieux
l'efpece d'vn feul & vnique obiet, mefmes à l'efgard d'vn feul œil;
il eft certain que fi la forme d'vn miroir eft telle, que de tous les
rayons d'incidence qui viennent d'vn mefme point de l'obiet, &
tombent fur diuers points du miroir, deux, trois, ou plufieurs de
ces rayons, apres leur reflexion, fe reüniffent en vn mefme point
hors le miroir; pofant l'œil à ce point de reünion, cét œil receura
ces diuers rayons de reflexion, qui venans de diuers lieux fenfiblement efloignez l'vn de l'autre, reprefenteront diuerfes images exterieures, en autant de lieux diuers; quoy qu'elles foient produites d'vn mefme point de l'obiet: car il eft clair en ce cas, qu'à prendre de l'œil tirant vers le miroir, & plus loin s'il en eft befoin, ces
rayons de reflexion vont toufiours en s'écartant vers diuers lieux,
aufquels, & en chacun d'eux, l'image exterieure femble eftre; &
partant elle paroift eftre multipliée, par le 5. fondemét de la 5. prop.

Or qu'il y aye des miroirs d'vne telle forme, c'eft vne chofe no-
toire, par les demonftrations tirées de la Geometrie: & il n'y en a
prefque point de concaues qui n'ayent cette proprieté; iuques là
que plufieurs d'entre eux font reflechir à vn mefme point hors le
miroir, vne infinité de rayons qu'ils reçoiuent d'vn mefme point
de l'obiet, & ce en certaine fituation du mefme obiet; car en vne
autre fituation, ils ne feront concourir à vn mefme point qu'vn
nombre determiné de ces rayons reflechis, fçauoir 2, 3, 4, ou plus,
felon la forme & la nature du miroir; dequoy nous auons defia dit
quelque chofe en la 9. prop.

Mais il faut remarquer que les miroirs plans & conuexes n'ont point cette proprieté; c'est à dire qu'en de tels miroirs, les rayons qui viennent d'vn mesme point de l'obiet, apres estre reflechis, vont tousiours en s'escartant, & ne concourent iamais ensemble, ny deux ny plusieurs, estans prolongez en dehors vers le regardant: partant ils representent tousiours l'obiet vnique à vn œil seul consideré comme vn point.

Que si la societé naturelle des yeux n'est point empeschée, nous raisonnerons des deux yeux comme d'vn seul: mais si elle l'est, les obiets doubleront, chacun œil representant à la fantasie, son image en vn lieu different de l'autre. Ainsi ce qu'vn miroir ne representoit que simple à vn œil, sera representé double aux deux yeux: ce qu'vn miroir representoit double à vn œil, paroistra quadruple aux deux, &c. Et dans cette multiplicité il arriue quelquefois que deux images se reünissent en vne; & ainsi quatre ne paroissent que trois: six ne paroissent que cinq, quatre, ou trois, &c. ce qui iroit à vne consideration infinie.

Dauantage, ce que nous venons de dire se doit entendre des miroirs qui ne reflechissent que d'vne seule superficie: car ceux qui reflechissent de deux superficies, comme nos miroirs communs de crystail, chacune superficie faisant son effet, comme vn miroir simple; il arriuera encor de la multiplicité pour ce chef, comme nous auons desia dit ailleurs; & l'effet en sera d'autant plus sensible, que plus la glace sera espaisse, & que l'obiet y sera regardé plus obliquement: & encor bien plus, si les deux superficies d'vn tel miroir ne sont pas paralleles; ce qui causera bien des accidens assez remarquables, que nous laissons à considerer aux plus curieux.

Ce qui a esté dit d'vn point de l'obiet, peut estre facilement entendu de tous les points du mesme, & partant de l'obiet entier: mais souuent, en cas de multiplicité de l'image entiere d'vn tel obiet, ces images se confondent plusieurs en vne, soit du tout, ou en partie; principalement si l'obiet & le regardant sont proches du miroir; dequoy les causes ne sont pas difficiles à comprendre, en suite de ce que nous auons dit.

PROPOSITION XIV.

Quels miroirs font paroistre l'image exterieure de l'obiet au dedans ou au dehors d'eux mesmes : droite, ou renuersée.

NOus disons qu'vn miroir fait paroistre l'image exterieure de l'obiet au dedans du mesme miroir, quant à l'esgard du regardant, cette image est plus esloignée que le miroir, qui par consequent se trouue placé entre l'œil qui voit, & le lieu apparant de l'image exterieure qui est veuë. Au contraire, nous difons qu'vn miroir fait paroiftre hors de foy l'image exterieure d'vn obiet, quand le lieu apparant de cette image, eft entre le miroir & l'œil qui voit. La premiere de ces deux fortes de veuës qui fait paroiftre l'image exterieure plus efloignée que le miroir, eftant fort commune, ne caufe point d'admiration: mais la feconde, où l'image exterieure paroift en l'air entre le miroir & le regardant, eft admirée quafi le tout ceux à qui elle arriue, comme vne chofe extraordinaire dont ils ignorent la caufe.

En general, pour faire cette apparance, il faut vn miroir qui ayant receu plufieurs rayons d'incidence d'vn mefme point de l'obiet, renuoye ces rayons par reflection, vers vn mefme point, foit précifement & geometriquement, foit fort prés & phyfiquement; de forte que fenfiblement parlant, les rayons de reflexion concourent à vn mefme point entre le miroir & le regardant : car par ce moyen, il arriuera que ces mefmes rayons, apres auoir paffé par ce point de concours, s'écarteront de rechef tirant vers l'œil du regardant qui venant à les receuoir, fera obligé, pour les confiderer, de fe difpofer de mefme que fi tous partoient reéllement, & de fait de ce point de concours, & que le point de l'obiet y fuft; ainfi, par tout ce qui a efté dit & repeté tant de fois cy-deuant, le lieu apparant de l'image exterieure: du point de l'obiet dont il s'agift, fera à ce point de concours, quoy que peut-eftre l'obiet en foit fort efloigné: puis que, par nos maximes precedentes, & pour les confequences que nous en auons déduites, ce lieu apparant eft celuy vers qui l'œil du regardant eft dreffé & arrefté. Et tous les autres points de l'obiet, faifans le mefme, chacun felon fa difpofition, eu efgard aux loix de la Perfpectiue, & à la forme du miroir; il pourra arriuer que tous feront reprefentez en apparance, entre l'œil & le miroir, & qu'ainfi le lieu apparant de l'image exterieure entiere, fera en l'air au mefme lieu, non fans l'admiration de plufieurs.

Ce que nous venons de dire eft à l'efgard d'vn œil feul: mais il eft certain que l'apparance eft bien plus fenfible à l'efgard des deux: en quoy pourtant il ne furuient aucune nouuelle difficulté à expliquer: car comme de tous les rayons de reflexion qui ont paffé par vn mefme point de concours, & qui en fuitte font allez en s'écartans, vne partie eft tombée fur l'œil droit, pour exemple; à mefme droit & pour mefme raifon, vne autre partie peut tomber fur le gauche; & ainfi tous les deux yeux font obligez de fe dreffer vers ce mefme point pour bien receuoir & confiderer ces rayons; & partant ce point fera le lieu apparant de l'image exterieure du point de l'obiet dont il s'agift: & tous les autres points de l'obiet faifans le mefme, nous raifonnerons de l'image entiere, comme cy-deffus.

En deux mots, le lieu apparant de l'image exterieure d'vn point
d'vn obiet, en toutes fortes de veuës, droite, reflechie, & rompuë;
tant pour vn œil feul, que pour les deux, eftant le point où les rayons qui tombent fur les yeux concourent en effet ou en puiffance, immediatement au deuant des yeux; (c'eft à dire que quand
il y auroit plufieurs points de concours on doit prendre celuy qui
eft le plus proche des yeux & au deuant d'eux) fi en la Catoptrique ce point eft au delà du miroir, le lieu apparant de l'image exterieure, fera aufli au delà du miroir : mais fi ce point eft entre les
yeux & le miroir, l'image exterieure paroiftra aufli en l'air entre les
yeux & le miroir.

Ce que deffus eftant expliqué en general, il fera facile de diftinguer en particulier, quels miroirs ont la forme propre pour reprefenter les images des obiets au dedans ou au dehors des mefmes
miroirs; pour quoy on aura recours à la 9. prop. de ce traité, qui
enfeigne que tous les miroirs plans & conuexes renuoyent les rayons de reflexion en s'écartant; & partant les mefmes rayons ne
peuuent concourir qu'en puiffance, eftans prolongez au deuant
de l'œil iufques au delà du miroir : ainfi ils ne reprefentent iamais
l'image exterieure de l'obiet qu'au dedans d'eux mefmes; c'eft à
dire que cette image paroift toufiours plus efloignée de l'œil que
le miroir mefme; puis qu'elle paroift eftre à ce point de concours.
Les miroirs concaues font le mefme en certaine difpofition de
l'obiet & de l'œil : mais en quelques autres difpofitions, ils font
que les rayons de reflexion, au partir du miroir, vont en s'approchant, dont quelques-vns concourent, foit Mathematiquement
ou Phyfiquement, & aprés ce concours, vont de rechef en s'écartans : pofant donc les yeux en eftat de receuoir ces rayons, lors
qu'aprés leur concours ils font écartez, il eft certain que le point
de concours fera entre les yeux & le miroir, auquel lieu paroiftra
eftre l'image exterieure. D'où il eft clair qu'il n'y a que les feuls miroirs concaues qui puiffent caufer vne telle veuë, laquelle mefmes, ils ne font pas toufiours, mais feulement en vne certaine difpofition des yeux & de l'obiet.

Touchant cette difpofition des yeux & de l'obiet aux miroirs
concaues qui font capables de reprefenter l'image exterieure au
dedans ou au dehors d'eux mefmes; nous dirons feulement en general, que pour reprefenter cette image en dehors, l'obiet doit
eftre plus efloigné du miroir que pour la reprefenter en dedans :
il en eft de mefme des yeux : Quant au particulier, il n'y a point
d'ordinaire de diftance limitée ou precife, finon celle qui limite
l'endroit iufques où l'image exterieure paroift en dedans du miroir; de forte que tant que l'obiet fera entre cét endroit & le miroir, l'image exterieure de cét obiet paroiftra eftre au dedans
du mefme miroir : mais fi au contraire l'obiet fe trouue plus

Q iij

esloigné du miroir, l'image exterieure paroistra en dehors, entre
le miroir & l'œil du regardant.   Or cét endroit est ordinairement
estendu par toute vne superficie, ce que les Geometres appellent
vn lieu superficiel, dont la consideration est d'vne trop subtile &
trop profonde Geometrie pour ce traité.

Sur le suiet du renuersement des images, causé par les miroirs;
On remarquera qu'à cause que le rayon d'incidence & son rayon
de reflexion, font au point d'incidence vn angle; de sorte, que si
ces deux rayons estoient prolongez au delà du miroir, ils se croise-
roient, il est necessaire que tous les miroirs fassent quelque renuersement, soit de la droite à la gauche, soit du haut au bas: mais
il y a des occasions où ces renuersemens sont bien plus remar-
bles qu'en d'autres: nous en remarquerons donc quelques-vns,
qui pourront suffire pour donner occasion aux curieux de considerer les autres.

Tout miroir plan auquel l'obiet est parallele, fait l'image renuersée de droite à gauche: c'est ce qui arriue continuellement à
ceux qui s'y mirent: car quoy que leur image exterieure represente vne autre personne toute semblable à eux mesme, qui les regarde face à face, faisant les mesmes gestes qu'eux; toutefois s'ils y
prennent garde, cette image fera de la gauche, ce qu'eux font
de la droite: & s'ils ont quelque marque en la partie droite, comme en la iouë pour exemple, cette image semblera auoir vne pareille marque en la iouë gauche &c. Mais cette apparance est
plus sensible par le moyen de l'écriture, qui estant exposée à vn
miroir plan, fait voir dans ce miroir vne autre écriture dont chacune lettre est à rebours, iustement comme vne forme d'impression preste à mettre sous la presse; de sorte qu'on ne la peut lire,
si on n'est accoustumé comme les Imprimeurs, à cette sorte de
lecture. Reciproquement, vne forme d'impression ou vne es-
criture faite de mesme à rebours, estant exposée à vn miroir plan,
paroistra dans le miroir redressée à l'ordinaire & facile à lire.

Que si vn obiet est perpendiculaire à vn miroir plan, cét obiet
paroistra renuersé de haut en bas à l'esgard du mesme miroir:
comme il arriue aux arbres & aux hommes qui sont sur le bord des
estangs, riuieres &c.

Ce que nous venons de dire des miroirs plans, conuient à peu
prés de mesme à tous les autres miroirs qui representent l'image exterieure de l'obiet au dedans d'eux mesmes.

Mais aux miroirs concaues considerez en la disposition où ils
representent l'image exterieure au dehors, entre eux & les yeux
du regardant; il arriue qu'à cause du croisement des rayons de
reflection lequel se fait au concours des mesmes rayons, au
lieu apparant de l'image exterieure, cette image paroist renuersée de haut en bas; ce qui se voyant en l'air comme nous auons

dit , augmente encor l'admiration des fpectateurs.

Toutes ces apparances fe diuerfifient infiniment, felon les diuerfes fituations des yeux & de l'obiet à l'efgard du miroir : mais le deftail en feroit trop long, & peut eftre ennuyeux ; c'eft pourquoy nous le laiffons à ceux qui ont affez de patience, de connoiffance, & de loifir.

PROPOSITION XV.

Quels miroirs augmentent ou diminuënt ; font paroiftre l'image bien ou mal-ordonnée ; & conforme à fon obiet, ou difforme.

NOvs difons qu'vn miroir (entendez la mefme chofe d'vne lunette) augmente vn obiet, quand l'image exterieure qu'il nous en fait paroiftre, fe montre plus grande que ne fe montreroit l'obiet mefme, s'il eftoit au lieu apparant de l'image, fans changer l'œil : le contraire fe doit entendre de la diminution : & en cette occafion l'ame affied fon iugement fur la grandeur de l'image interieure qui eft formée dans l'œil fur la principale tnique, ayant efgard à la diftance depuis le mefme œil iufques au lieu apparant de l'image exterieure reprefentée par le miroir au dedans ou au dehors de luy-mefme : car fi l'image interieure occupe vne plus grande partie de la tunique qu'elle ne deuroit, eu efgard à la diftance fufdite, il eft fans doute que l'ame iugera l'obiet plus grand qu'il n'eft en effet, & fera trompée, fi elle n'eft redreffée d'ailleurs : elle fera vn contraire iugement, par vne apparance contraire ; c'eft à dire lors que l'image interieure occupera vne moindre partie de la principale tunique, qu'elle ne deuroit eu efgard à la diftance fpecifiée cy-deffus.

Aux miroirs plans cette augmentation ou diminution n'a point de lieu ; & l'image exterieure de quelque obiet que ce foit, reprefentée derriere le miroir auffi enfoncée que l'obiet en eft efloigné en deuant, paroift iuftement de mefme grandeur que paroiftroit l'obiet mefme, s'il eftoit tranfporté en la place de l'image exterieure, l'œil le regardant directement fans changer de lieu.

Aux miroirs conuexes l'image exterieure paroift diminuée pour deux raifons ; l'vne eft que cette image eft reflechie par vne bien petite partie du miroir, c'eft à dire que cette partie eft bien moindre qu'elle ne feroit fi le miroir eftoit plan, tout le refte eftant pareil en ce qui regarde l'éloignement de l'œil & de l'obiet : l'autre raifon eft que le lieu apparant de l'image exterieure eft bien moins enfoncé au dedans des miroirs conuexes que des plans ; ainfi cette image exterieure paroift eftre plus proche de la veuë par les conuexes : Partant, puis qu'vne telle image eft diminuée en effet par le miroir, & que toute petite qu'elle eſt, elle paroiſt proche de l'œil; il eſt neceſſaire que ſa diminution paroiſſe fortſenſible à la faculté eſtimatiue, qui eſt accouſtumée de iuger de la petiteſſe d'vn obiet, par la petiteſſe & le peu d'eſloignement de ſon image exterieure.

Enfin, aux miroirs concaues, en vne certaine diſpoſition de l'œil & de l'obiet, l'image exterieure paroiſt fort augmentée; & au contraire, en vne autre diſpoſition, cette image paroiſt diminuée. La diſpoſition pour l'augmentation, eſt la meſme que celle qui fait paroiſtre le lieu de l'image exterieure au dedans du miroir; de quoy nous auós parlé en la prop. preced. Surquoy il faut remarquer qu'aux miroirs, toutes les autres choſes eſtant pareilles, leurs formes exceptées, l'image d'vn obiet receuë ſur la ſuperficie d'vn miroir concaue, occupe plus d'eſpace ſur cette ſuperficie, que ſur celle d'vn miroir plan, ou d'vn conuexe: & de plus, le lieu apparant de l'image exterieure, lors qu'il eſt enfoncé au dedans du miroir concaue, en paroiſt ſouuent eſtre fort eſloigné: par ce moyen cette image exterieure eſtant grande, & paroiſſant eſloignée de la veuë, il eſt neceſſaire que la fantaſie la iuge fort augmentée.

Mais ſi cette image, eſtant grande ſur le miroir concaue, comme nous venons de dire, paroiſt eſtre hors le miroir en l'air, entre ce miroir & l'œil du regardant; alors il ſe pourra faire qu'elle paroiſtra ſi proche de l'œil, qu'encor qu'elle ſoit grande, elle ne le ſera pas aſſez, à proportion d'vne ſi petite diſtance; tellement que ſi l'obiet meſme eſtoit en ce lieu apparant, il paroiſtroit plus grand que l'image, laquelle pour cette raiſon, paroiſtra neceſſairement eſtre diminuée.

Ceux qui voudront conſiderer plus profondement cette partie de la Catoptrique, ſeront aduertis qu'aux miroirs plans, le lieu que l'image d'vn obiet occupe ſur la ſuperficie du miroir, à l'eſgard d'vn œil ſeul conſideré comme vn point, ce lieu dis-je, examiué ſelon toutes ſes dimenſions en longueur, tant de haut en bas, que de droite à gauche &c. & comparé au meſme obiet examiné ſelon les meſmes dimenſions en longueur, tant de haut en bas, que de droite à gauche &c. ſe trouuera touſiours proportionné enuiron dans la proportion ſuiuante. Comme la diſtance de l'œil au miroir, eſt à la ſomme de la meſme diſtance ioínte à la diſtance de l'obiet au miroir, ainſi la longueur ou la largeur de l'image meſurée ſur le miroir, eſt à la longueur ou largeur correſpondante de l'obiet; ayant toutefois eſgard aux loix de la Perſpectiue, pour le racourciſſement de l'obiet, quand il n'eſt pas expoſé parallelement au miroir plan. Aux miroirs conuexes, la premiere de ces raiſons eſt plus grande que la ſeconde: & aux concaues, au contraire, la premiere raiſon eſt la moindre: mais dans ces deux derniers genres de miroirs, ſçauoir aux conuexes & aux concaues, les

propor-

proportions font plus difficiles à regler qu'aux miroirs plans, à caufe des diftances qui ne font pas fi bien ordonnées : mais cecy eft
d'vne confideration trop fubtile.

Touchant la conformité ou difformité de l'image auec fon obiet, d'où dépend la bonne ou mauuaife ordonnance de fes parties entre elles ; veu que par vne image bien ordonnée, on entend
celle qui reffemble à l'obiet ; il eft certain qu'il n'y a que les miroirs plans qui reprefentent cette conformité dans vne perfection
fenfible, eu efgard aux loix de la Perfpectiue, qui ne doiuent iamais eftre negligées. Et la raifon de cette conformité vient de ce
que toutes les perpendiculaires du miroir eftans paralleles entre
elles, on demonftre en confequence, que toutes les lignes droites
égales entre elles, paralleles au miroir, & diftantes également du
mefme miroir, paroiffent auffi par reflexion à vn œil feul confideré comme vn point, toutes égales entre elles, paralleles au
miroir, & diftantes également du mefme miroir : car de cette proprieté qui n'appartient qu'aux feuls miroirs plans, on peut affez
facilement conclure la conformité dont eft queftion. Aprés les
miroirs plans, les fpheriques font ceux qui reprefentent au plus
prés cette conformité ; & particulieremét les fpheriques conuexes.

Il eft vray qu'ils diminuent l'efpece, mais cette diminution
fe faifant en tout fens, c'eft à dire tant en longueur qu'en largeur,
elle reuient à peu prés femblable à l'obiet ; & ce d'autant plus, que
le miroir fera d'vne plus grande fphere, & que l'obiet fera plus
petit, & plus efloigné du miroir : car alors la partie du miroir que
l'efpece occupera, participera d'autant moins de la courbure, &
approchera d'autant plus du miroir plan, auquel confifte la perfection, pour la conformité dont nous traitons. Et en general,
plus vn miroir, foit conuexe ou concaue, approchera du plan
par la partie qui reflechit l'efpece d'vn obiet, plus cette efpece
aura de conformité auec le mefme obiet : comme au contraire,
vne image refléchie par vn miroir conuexe ou concaue, aura
d'autant moins de conformité auec fon obiet, que le miroir ref-
femblera moins à vn miroir plan, par la partie qui refléchit l'efpece du mefme obiet. Car quoy que le propre des miroirs conuexes, foit de diminuer les efpeces ; & le propre des concaues, de
les augmenter de prés, & les diminuer de loin ; toutefois cette augmentation, ou diminution n'eft iamais bien proportionnée en
toutes fes parties, eftant plus grande aux vnes qu'aux autres, en
vne mefme image : d'où il arriue de neceffité que cette image, par
vne telle reflexion, deuient mal proportionnée en fes parties, &
partant difforme ; c'eft à dire qu'elle n'eft point femblable à fon
obiet.

C'eft principalement fur ce principe que font fondées ces repre-
fentations que plufieurs trouuent admirables, & defquelles le R.P.

R

Niceron en a repreſenté quelques-vnes dans ſa Thaumaturgie
Catoptrique.

Car repreſentez-vous, pour exemple, qu'vn miroir ſoit de telle forme qu'en vn ſens il diminuë les eſpeces qu'il reçoit, & qu'en
vn autre ſens il les laiſſe en leur naturelle grandeur pareille à celle du veritable obiet; comme il arriue au miroir cylindrique conuexe, qui par ſa rondeur imite le ſpherique, & diminuë les eſpeces; & par ſa longueur droite, imite le miroir plan, ſans rien
augmenter ny diminuer des meſmes eſpeces: il eſt clair qu'vn
obiet expoſé à vn tel miroir, comme vn viſage peint au naturel,
paroiſtra par reflexion fort difforme, ſçauoir fort eſtroit en vn
ſens & fort alongé en l'autre. Si donc quelqu'vn deſire faire voir
dans vn tel miroir par reflexion, vne image qui reſſemble au viſage propoſé, il faudra peindre vn autre viſage fort eſlargy en vn
ſens; demeurant en l'autre ſens en ſon naturel; & que cét eſlargiſ-
ſement récompenſe la diminution qui doit venir de la part de ce
miroir; car par ce moyen, ce viſage ainſi élargy eſtant expoſé au
meſme miroir dans la diſtance & ſituation te quiſe, & l'œil placé
où il faut, ſera corrigé par la reflexion, & ce qui eſtoit trop large
dans la peinture, ſe retrecira dans le miroir, & paroiſtra dans
vne iuſte proportion, pour repreſenter au naturel le viſage premierement propoſé. Et il ſe pourra faire que la derniere peinture artificielle ſera tellement difforme, qu'elle ne reſſemblera
nullement au viſage qui en eſt le prototipe: & ainſi on admire-
ra que d'vne telle difformité il ſe puiſſe engendrer vne ſi grande
conformité que celle qui paroiſtra dans le miroir. Ie laiſſe mille
autres conſiderations ſur le meſme ſuiet, qui n'a point d'autres
bornes ny plus reſſerrées que l'entendement de celuy qui voudra
s'exercer à en faire la recherche.

PROPOSITION XVI.

Des miroirs bruſlans.

PLuſieurs penſent qu'il y a des miroirs qui raſſemblent en vn
ſeul & vnique point tous les rayons qu'ils reçoiuent de quelque luminaire, comme du Soleil; & qu'eſtans preſts de s'aſſem-
bler à ce point, qu'ils appellent le foyer; ou bien auſſi toſt aprés
auoir paſſé ce point, lors qu'ils ſont encor fort preſſez & condenſez, on peut les receuoir ſur vn autre miroir qui les rendra tous paralleles, & les renuoyera preſſez comme ils ſont, à vne diſtance
infinie, dans laquelle ils ſeront capables d'illuminer, & d'échauffer puiſſamment, iuſques à bruſler les corps combuſtibles, tellement que s'ils ne mettent le feu par tout, ce n'eſt que faut-
te de matiere propre à faire de tels miroirs, ou que l'art ne

peut pas arriuer à la precision de la forme requise pour vn tel effet.

Il est vray, que cette pensée n'est pas purement imaginaire, & que ceux qui l'ont euë, auoient quelque sorte de fondement pour l'establir : mais faute de bien considerer ce fondement auec toutes les precautions requises, ils n'en ont pas connu les bornes, & ainsi ils ont creu qu'il auoit bien plus d'estenduë qu'il n'en a en effet ; ce qui a esté cause qu'ils en ont tiré des consequences absurdes & impossibles dans l'ordre de la nature.

Ce fondement est principalement establi sur les miroirs paraboliques, hyperboliques, & elliptiques, dont les proprietez sont telles, qu'au parabolique concaue tous les rayons qui viennent paralleles à l'axe, s'en retournent apres leur reflexion precisément vers vn mesme point qui est le foyer, auquel point ils s'entrecroisent, pour puis apres s'écarter à l'infiny : & au contraire tous les rayons qui viennent precisément du foyer, s'en retournent apres leur reflexion, paralleles à l'axe à l'infini. Mais au parabolique conuexe, tous les rayons qui viennent paralleles à l'axe, s'en retournent apres leur reflexion, comme s'ils venoient precisément du foyer. Et au contraire tous les rayons qui viennent estans dressez precisément vers le foyer, s'en retournent apres leur reflexion, iustement paralleles à l'axe à l'infiny. Au miroir hyperbolique concaue, tous les rayons qui viennét estans precisément dressez vers le foyer exterieur, s'en retournent apres leur reflexion, iustemét vers le foyer interieur, où apres s'estre entrecoupez, ils s'écartent à l'infiny : & au contraire, tous les rayons qui viennent precisément du foyer interieur, s'en retournent apres leur reflexion, comme s'ils venoient iustement du foyer exterieur. Mais à l'hyperbolique conuexe, tous les rayons qui viennent estans dressez precisément vers le foyer interieur, s'en retournent apres leur reflexion, vers le foyer exterieur, où apres s'estre entrecoupez ils s'écartent à l'infiny : & au contraire tous les rayons qui viennent precisément du foyer exterieur, s'en retournent apres leur reflexion, comme s'ils venoient iustement du foyer interieur. Enfin, au miroir elliptique concaue, tous les rayons qui viennent precisément de l'vn des deux foyers, s'en retournent apres leur reflexion, iustement à l'autre foyer, où apres s'estre entrecoupez, ils s'écartent à l'infiny. Mais à l'elliptique conuexe, tous les rayons qui viennent estans dressez precisément vers l'vn des foyers, s'en retournent apres leur reflexion, comme s'ils venoient iustement de l'autre foyer.

Or ce fondement est tres veritable, & establi sur des demonstrations claires & éuidentes, tirées de la Geometrie, & de l'Optique ; voyons donc par quel moyen ces autheurs en tirent leurs

confequences abfurdes : & à cét effet , chofiffons le miroir parabolique dont ils fe feruent principalement, au moyen du Soleil qui dans toute la nature, eft l'agent le plus propre à leur deffein; car ce que nous dirons de ce parabolique, fera facilement
appliqué aux autres.

Le Soleil, difent-ils, eft fi efloigné de la terre, que tous les
rayons qui viennent de luy iufques à nous, font comme paralleles; & quand on les prendra pour paralleles en effet, il n'y aura point d'erreur fenfible en vne telle fuppofition, pour toutes
les diftances, mefmes les plus grandes, dont nous auons affaire
fur la terre; veu que ces diftances comparées à celle d'icy au Soleil, n'ont point de comparaifon fenfible; tellement que la plus
grande de celles-là, eft comme rien à comparaifon de celle-cy;
principalement lorfqu'il s'agit de pratique, en laquelle ce qui
eft infenfible, eft de nulle confideration. Cela eftant, fi on ex-
pofe au Solel clair & net, vn grand miroir parabolique concaue
dont la matiere ny la forme n'ayent aucun deffaut fenfible, &
que l'axe de ce miroir foit dreffé precifement vers le Soleil, tous
les rayons de cét aftre, qui tomberont fur le miroir, feront comme paralleles tant entr'eux qu'à l'axe du miroir, & partant, par
le fondement precedent, aprés leur reflexion, ils s'en retourne-
ront tous vers le foyer, auquel point eftans affemblez, ils illumineront, & échaufferont puiffamment, iufques à brufler les
corps combuftibles; ce que l'experience confirme affez en des
miroirs dont la bonté de la matiere & de la forme, n'eft que
mediocre; & neantmoins ils ne laiffent pas d'allumer du feu à
ce point & aux enuirons; fçauoir vn peu auant & vn peu aprés
le concours des rayons, où ils fe trouuent affez ramaffez & affez
condenfez pour cét effet. Si donc on difpofe à ce point ou foyer
vn autre petit miroir parabolique, foit conuexe ou concaue,
mais pour le mieux, conuexe, dont le foyer conuienne precifement auec le foyer du grand; ce petit miroir ayant la matiere
& la forme fans reproche, & receuant les rayons qui par la reflexion du grand concaue, font dreffez vers le foyer commun
des deux, & fort ramaffez & condenfez, affez pour brufler, c'eft
à dire fort proche du foyer, deuant ou aprés leurs concours, felon que le petit miroir fera conuexe ou concaue; les renuoyera
paralleles à l'axe du mefme petit miroir, par le mefme fondement; & dans cét eftat de parallelifme, eftans autant ramaffez
& condenfez qu'ils eftoient fur le petit miroir où ils eftoient capables de brufler, ils demeureront en fuite toufiours capables
de brufler, puis que le parallelifme les empefche de fe diffiper
& de perdre leur force : ainfi eftans portez fi loin qu'on voudra
fur quelque corps combuftile, ils le brufleront de mefme qu'ils
feroient tout proche du foyer : & en cette occafion on aura

cette commodité, que faisant le petit miroir mobile à l'entour de son foyer, qui est aussi le foyer, du grand miroir, pourueu qu'en tournant le petit miroir, ces deux foyers ne se des-
vnissent iamais, & que l'axe du grand, demeure tousiours dres-
sé precissement vers le Soleil ; on dressera l'axe du petit vers telle
part qu'on voudra, pour y allumer le feu, si la matiere y est disposée.

Voila le raisonnement fallacieux de ces autheurs, dont le principal deffaut consiste en ce qu'ils presupposent que tous les rayons qui viennent du Soleil sur le grand miroir parabolique
concaue, sont comme paralleles ; ce qui toute-fois est sensiblement esloigné de la verité : & pour le faire voir, dressons ce miroir
le mieux qu'il puisse estre, sçauoir que son axe vise iustement au
centre du disque du Soleil ; alors si nous examinons la chose
par la regle de la raison, nous verrons qu'il n'y a qu'vne fort petite partie de cét astre dont les rayons tombans sur le miroir,
soient paralleles tant entr'eux qu'à l'axe du mesme miroir, sçauoir cette partie qui estant disposée à l'entour du centre du disque, est esgale à l'ouuerture du miroir ; & que mesme tous les
rayons de cette partie si petite, ne sont pas precisement paralleles à cét axe ; mais seulement quelques-vns, sçauoir vn de chacun point lumineux ; tous les autres qui sont infiniment dauantage, (veu que chacun point lumineux enuoye ses rayons par tout
le miroir) n'estans que comme paralleles, de mesme que ceux des
autres parties du disque qui sont les plus proches de la partie du
milieu cy-dessus specifiée : quant aux autres parties sensiblement
esloignées du milieu, leurs rayons ne sont plus sensiblement paralleles aux precedens : mesmes ceux qui viennent des bords du
Soleil, sont tellement inclinez aux premiers, qu'ils font auec
eux des angles d'vn quart de degré ou enuiron, sçauoir autant
que nous paroist grand le demy diametre du Soleil.

On peut donc dire des seuls rayons de ce petit espace du milieu du Soleil, qu'ils sont comme paralleles ; & qu'il n'y a que ceux-
là qui aprés la reflexion du grand miroir concaue, vont pour s'as-
sembler au seul point du foyer, prés duquel estans receus par le
petit miroir, il les reflechit parallelement à son axe. Mais tous
ces rayons ensemble venans d'vne si petite portion du Soleil, &
laquelle sensiblement parlant, n'est rien à comparaison du total,
ne peut produire aucun effet sensible ; non plus que feroit le Soleil mesme, si estant où il est, il n'estoit pas plus grand que cette portion ; auquel cas il ne pourroit pas estre apperceu de la terre, quand on y employeroit les meilleures lunettes que nous
ayons. Que si quelqu'vn doute encor de cette consequence,
croyant peut estre, que l'assemblage des rayons condensez à l'entour du foyer, puis renuoyez par le petit miroir paralleles à son

axe, ne laifferoit pas de faire vn effet fenfible loin du miroir;
quoy que ces rayons ne fuffent produits que par vne tres petite partie du Soleil, & laquelle n'auroit pas de comparaifon fenfible au total : que celuy-là confidere l'effet de tous les rayons
du Soleil entier, raffemblez au plus prés qu'ils puiffent l'eftre,
& fans empefchement, à l'entour du foyer du grand miroir concaue ; ie dis à l'entour, pource qu'outre les rayons de cette petite partie du milieu du Soleil, qui fe raffemblent enuiron precifement au foyer, comme il a efté dit, tous les autres rayons qui
viennent de toutes les parties du Soleil, fur ce miroir concaue,
& qui ne font pas precifement paralleles ny entre eux ny aux
precedens ; quoy qu'ils ne fe raffemblent pas precifement au
foyer, toute-fois ils en paffent fort prés, & tous enfemble proche de ce foyer, font contenus dans vn fort petit efpace, aprés
lequel paffans outre, ils s'écartent à l'infiny, & fe diffipent : &
quand on les receuroit fur le petit miroir difpofé comme il a
efté dit ; toutefois, n'eftans pas dreffez vers fon foyer, ils ne laif-
feroient pas de s'écarter, & fe diffiper aprés la reflexion de ce petit miroir ; il eft vray que ce ne feroit pas fi promptement, &
que durant quelque diftance ils demeureroient encor fenfiblement condenfez, mais s'efcartant tout doucement, cette diftance ne feroit pas de longue eftenduë. Confiderant donc l'effet de
tous ces rayons enfemble à l'entour du foyer, & fans aucun
empefchement ; on trouuera qu'en effet ils illuminent & échauf-
fent puiffamment, iufques à brufler fouuent mieux que noftre
feu ordinaire : mais voyons en la caufe. C'eft que toute la lumiere, & en confequence, toute la chaleur que les rayons du Soleil
refpandoient par toute la fuperficie du grand miroir, eft ramaf-
fée & reduite en vn fort petit efpace qui n'eft peut eftre pas la
centiefme partie de celuy qu'elle occupoit fur le miroir : pofons
qu'il ne foit que la milliefme partie ou encore moindre, pour
fortifier l'argument de nos autheurs plus qu'il ne le peut eftre
en effet : par ce moyen, cette chaleur reduite dans ce petit efpace, fera condenfée mille fois autant à l'entour du foyer que
fur la fuperficie du miroir, ce qui fera caufe qu'à l'entour du
foyer elle bruflera, quoy que fur la fuperficie elle ne faffe qu'efchauffer mediocrement.

Que fi cette chaleur du foyer vient de rechef à eftre rarefiée autant ou plus qu'elle l'eftoit fur la fuperficie du miroir, il eft clair
qu'elle ne bruflera plus, mais qu'elle pourra peut-eftre feulement
efchauffer mediocrement. Mefmes fi elle vient à eftre rarefiée
cent mille fois, ou vn million de fois plus qu'elle n'eftoit à l'entour du foyer, ou encor beaucoup dauantage, il eft clair qu'on
en pourra venir à vn tel degré intelligible de rarefraction, qu'elle fera du tout infenfible, & de nul effet. Or cette grande rare-

faction peut eſtre reéllement & de fait cauſée en pluſieurs ſortes ; mais la ſuiuante qui fait à noſtre ſuiet, eſt des plus conſiderables.

Puis que pour bruſler à l'entour du foyer du miroir, la chaleur ordinaire du Soleil entier y eſt multipliée mille fois ; il eſt clair
que s'il y a quelque endroit de pareille grandeur, qui ne ſoit éclairé que de la millieſme partie du diſque du Soleil, il n'y aura en
cét endroit que la millieſme partie de la chaleur qui eſt à l'entour du meſme foyer ; & cette millieſme partie ne ſera équiua-
lente qu'à la chaleur ordinaire du Soleil, laquelle ne fait qu'eſ-
chauffer mediocrement, bien loin de bruſler. Et ſi quelque endroit de pareille grandeur que celuy qui contient tous les rayons
du Soleil à l'entour du foyer, n'eſt éclairé que de la cent-mil-
lieſme partie du diſque du Soleil, ou d'vne partie qui ſoit encor beaucoup moindre, la chaleur de cét endroit ſera beaucoup
moindre que la chaleur ordinaire du Soleil. Et ainſi on en pourra venir à vne chaleur inſenſible, ſi l'endroit propoſé n'eſt éclairé que d'vne fort petite partie du Soleil, laquelle n'aye pas vne
comparaiſon ſenſible auec le total.

C'eſt ce qui arriue reéllement & de fait aux deux miroirs paraboliques, ſçauoir au grand & au petit diſpoſez comme nous
auons dit, pour compoſer vn ſeul miroir bruſlant, ſelon la penſée de nos autheurs. Car à l'entour du foyer commun, il eſt
vray que tous les rayons de toutes les parties du Soleil s'y trouuans raſſemblez dans vn fort petit eſpace, y ſont capables de
bruſler : il eſt vray encor, que le petit miroir parabolique empeſche que ces meſmes rayons ainſi raſſemblez, ne ſe diſſipent
en s'écartans tout à l'heure, & que durant quelque diſtance aſſez conſiderable, il les maintient aſſez vnis & condenſez pour
bruſler : mais cette diſtance eſtant de fort peu de pas, ſçauoir 1,
2, 3, ou 4, aux plus grands miroirs que les hommes puiſſent faire, elle ſe trouue fort eſloignée de la diſtance ſenſiblement infinie pretenduë par nos autheurs : car apres cette diſtance de peu
de pas, les rayons des plus grandes & principales parties du Soleil ſe trouuent trop eſcartez des autres & entre eux, & il n'y en
reſte plus d'vnis que ceux de cette tres petite & inſenſible partie du milieu, qui ſont rendus comme paralleles par le petit miroir ; qui par conſequent, ne peuuent produire aucun effet ſenſible, par les raiſons déduites cy deſſus ; puiſqu'ils ſont produits
par vne partie du Soleil, qui n'a point de comparaiſon ſenſible
auec le total.

Quelques-vns penſent que pour bruſler à quelque point, il
ſuffit qu'il puiſſe arriuer à ce meſme point vne infinité des rayons du Soleil, parlant Geometriquement & à la rigueur, & ſup-
poſant ſa ſuperficie lumineuſe eſtre diuiſible à l'infiny : puis de ce

fondement ils tirent des confequences quafi pareilles à celles des autheurs precedens pour les miroirs ardans.

Mais pour monftrer que ce fondement eft nul & contraire à la verité, il fuffit de confiderer l'illumination ordinaire du Soleil fur les obiets communs ; pour exemple, qu'il illumine ma main qui foit fimplement expofée aux rayons qui viennent directement de toutes les parties de fon difque : il eft fans doute que chacun point de cette main illuminée, receura vne infinité de rayons, au fens de ces autheurs, puis qu'il en reçoit de tous les points du difque lumineux ; partant il faudroit que ma main brûlaft, n'y ayant aucun point d'elle qui ne receuft affez de rayons pour brufler ; ce qui toute-fois eft manifeftement contre l'experience.

En vn mot, dans les chofes Phyfiques, tous ces argumens qui font tirez de la diuifion Geometrique ; foit de la ligne en points ; foit de la fuperficie en lignes ou points ; foit du folide en fuperficies, lignes, ou points ; font toufiours douteux, & fouuent faux & captieux. Il faut au fuiet dont nous traitons, laiffer cette confideration des rayons par leur nombre, & s'arrefter à l'affemblage qui leur arriue lors que d'vn grand efpace qu'ils occupoient, ils font tous reduits en vn autre efpace bien moindre, comme quand de toute la fuperficie d'vn grand miroir concaue qu'ils occupoient, ils font raffemblez dans vn petit lieu qui n'eft pas la centiefme partie de l'ouuerture du miroir par fon entrée ; car c'eft ce feul raffemblage qui augmente la lumiere, & la chaleur, en cét endroit.

Que fi eftans ainfi raffemblez, on pouuoit les conferuer, & les renuoyer au loin fans qu'ils fe diffipaffent, ils pourroient faire l'effet pretendu par nos autheurs ; encor faudroit-il que cette exceffiue chaleur ne gaftaft & ne corrompit pas le petit miroir ; qui eft encor vne nouuelle condition peut eftre auffi impoffible que la premiere, qui eftoit d'empefcher la diffipation des rayons.

COROLLAIRE.

Partant il ne faut point attendre de miroirs bruflans à l'infini : ny mefme dans vne longue diftance excedant 20. ou 30. pas : car quoy qu'à vn grand miroir parabolique concaue, ioignant vn moindre hyperbolique conuexe dont le foyer interieur foit iuftement vni au foyer du parabolique, on puiffe beaucoup prolonger le concours des rayons, qui venans pour s'affembler à l'entour de ce foyer interieur, feront renuoyez au foyer exterieur plus efloigné : toutefois l'induftrie humaine n'eft pas capable de faire auec certitude vne bonne forme hyperbolique, dont les foyers foient diftans l'vn de l'autre de plufieurs pas : & quiconque

l'entre-

l'entreprendroit, courroit rifque de perdre beaucoup de temps &
de frais : veu que mefmes on trouue à peine des miroirs plans qui
eftans regardez de 20. ou 30. pas, ne montrent des difformitez fort
fenfibles; figne affeuré qu'ils font defectueux : puis donc qu'on
manque à la forme plane, de laquelle l'art eft cultiué depuis tant
de temps, & par vn fi grand nombre d'ouuriers; que chacun iuge
ce qu'on doit efperer d'vne forme bien plus difficile, & bien
moins connuë; & qui ayant efté effayée à diuerfes fois par des
hommes tres habiles, tant de l'efprit que de la main, ils n'ont toutefois pû inuenter l'art de la produire, non pas mefme pour de bien
petites diftances.

Quant à ce qu'on dit d'Archimede, & d'autres, que l'on pretend
auoir mis le feu à quelques vaiffeaux, au moyen des miroirs : les hiftoires en font trop incertaines pour eftre creuës au preiudice du
raifonnement. Il fe peut faire qu'auec quelques machines ils auront lancé du feu iufques dans ces vaiffeaux, qui en ce temps-là
eftans petits, & affez plats, s'approchoient fort pres des murailles : ce qui aura donné occafion aux hiftoriens d'attribuer cét effet aux miroirs : pour, felon leur couftume, rendre leurs hiftoires
plus admirables, y adiouftant des chofes fauffes, dont eux & le
vulgaire ignorent l'impoffibilité.

ADVERTISSEMENT.

POvr finir ce traité, nous aduertirons le Lecteur d'vne apparence qui fe voit communement dans nos miroirs ordinaires
de verre, ou de cryftail, qui font neceffairement de la refraction
& de la reflexion tout enfemble; fçauoir que quand on regarde
obliquement dans vn tel miroir, vn objet fort illuminé, & de peu
de groffeur, comme la flamme d'vne chandelle, on en voit plufieurs images, & fouuent iufques à fix ou fept de fuitte; principalement fi le miroir eft bien plan de chacune de fes deux furfaces,
& fa glace affez efpaiffe, & affez large; quoy qu'on n'y applique
qu'vn œil feul; pourueu que ce foit dans vne obliquité requife; le
miroir eftant proche de l'objet. De ces efpeces, les deux plus proches du mefme objet, font les plus claires, & plus fortes; les autres
vont fucceffiuement en s'affoibliffant de plus en plus; tellement
que la derniere plus proche de l'œil, ne fe voit qu'à peine.

Cette apparence fembleroit contredire la feptiefme prop.
mais il faut fçauoir que là nous entédions parler d'vn objet regardé auec peu ou point d'obliquité, comme quand quelqu'vn fe re-

S

garde foy-mefme dans le miroir, ou fes habillemens, ou ce qui y eft attaché &c. & icy nous parlons d'vn autre objet éloigné du regardant, & qu'il ne peut voir dans le mefme miroir, que par vne reflexion fort oblique.

Or la raifon de cette multiplicité d'images eft confiderable : pour l'expliquer, nous nommerons premiere furface celle qui fait le deuant du miroir, & qui eft fans enduit ; & celle qui fait le derriere du miroir, où l'enduit eft attaché, fera nommée la feconde. Donc, des deux images les plus claires, l'vne, qui paroit la plus nette & plus diftincte, vient de la réflexion de la premiere furface, qui arrefte vne partie des rayons tombans obliquement de l'objet fur le miroir, & les reflechiffant obliquement à l'œil, fait voir cette image : l'autre vient de la reflexion de la feconde furface qui reçoit obliquement l'autre partie des rayons qui ont penetré iufques au fond du miroir, d'où eftás reflechis obliquement vers la premiere furface, elle en arrefte quelques vns, mais elle laiffe fortir les autres, qui font voir cette autre image. Ces rayons qui ont efté arreftez par la premiere furface qui les a empefché de fortir du miroir, font reflechis obliquemét, par la mefme premiere furface, vers la feconde, qui les receuant obliquemét, les reflechit obliquement vers la premiere, qui en arrefte encore quelques vns, & laiffe fortir les autres, qui font paroiftre vne troifieme image, mais affoiblie fenfiblement. Puis ces rayons qui à la feconde fortie ont efté arreftez par la premiere furface, font reflechis par elle mefme vers la feconde, & cette feconde les renuoye à la premiere, qui en arrefte encore vne partie, & laiffe fortir les autres, qui font vne quatriefme image plus foible que la troifiefme. De mefme les rayons qui ont efté arreftez à la troifiefme fortie ; par la premiere furface, eftant reflechis vers la feconde, & de là vers la premiere, celle cy en arrefte encore quelques vns, & laiffe fortir les autres, qui reprefentent vne cinquiefme image encore plus foible que la quatriefme. On expliquera de mefme la fixiefme image, la feptiefme, & les autres, s'il en paroit dauantage, iufques à ce qu'elles feront tellement affoiblies que l'œil ne les pourra plus apperceuoir.

FIN.

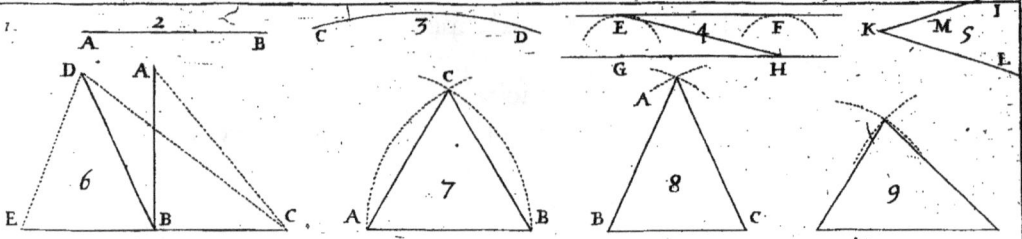

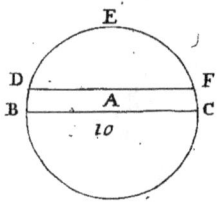
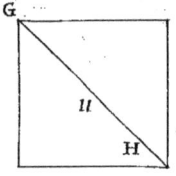
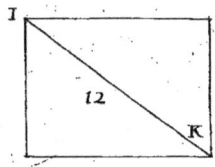
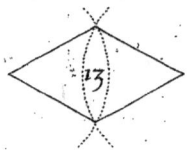
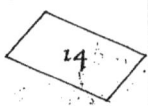

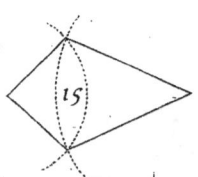
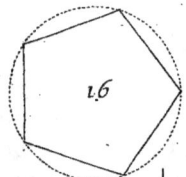

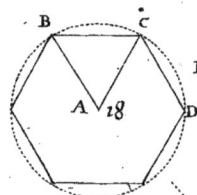
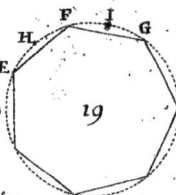

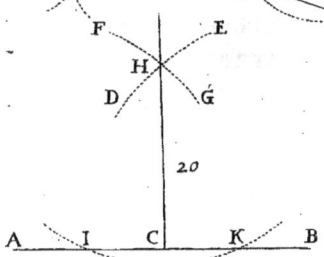
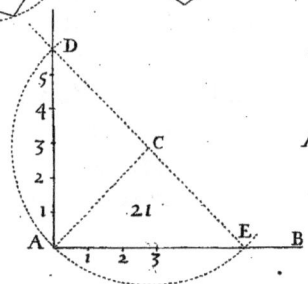
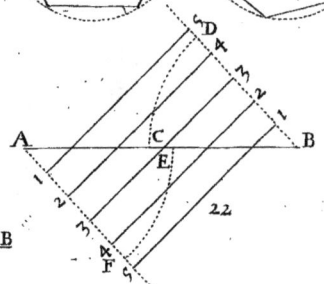

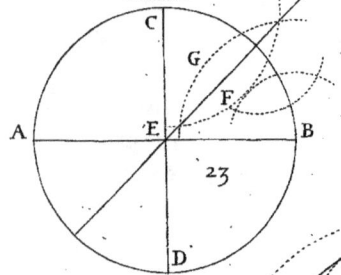
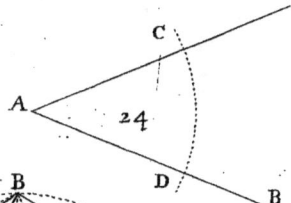
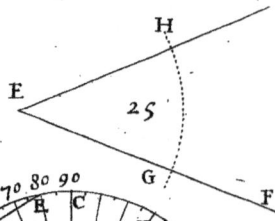

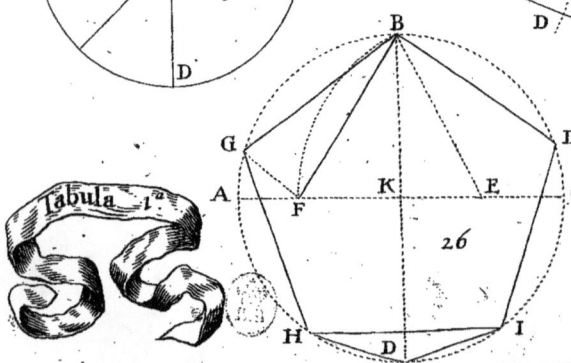
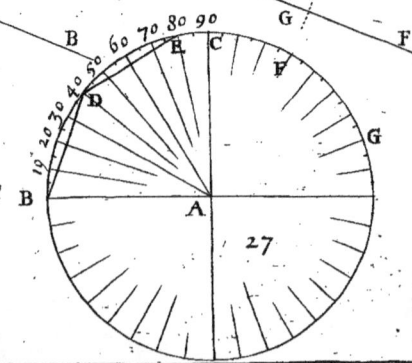

Tabula 1ª

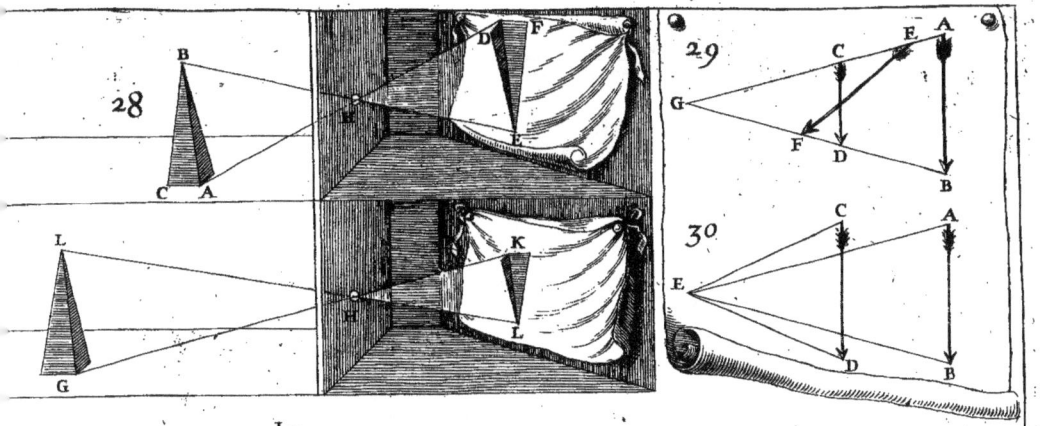

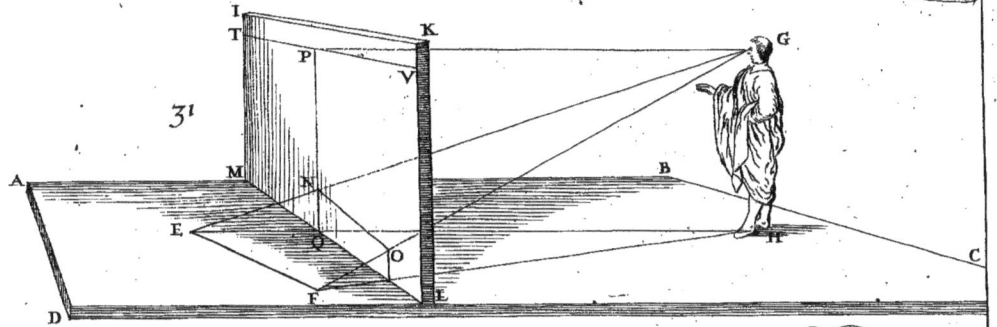

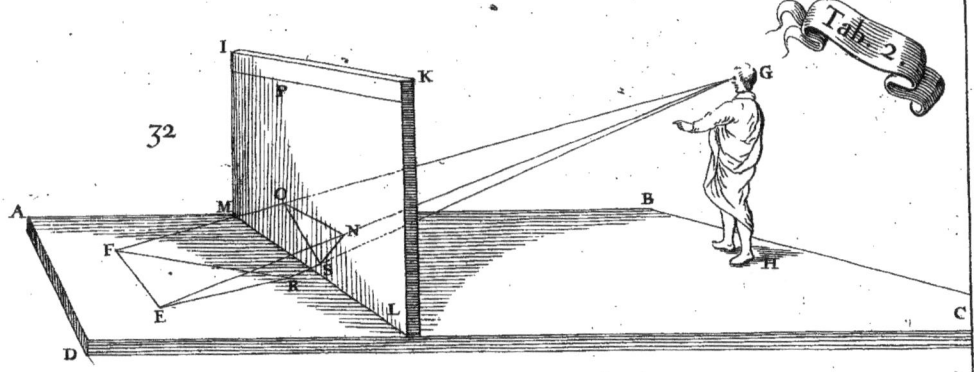

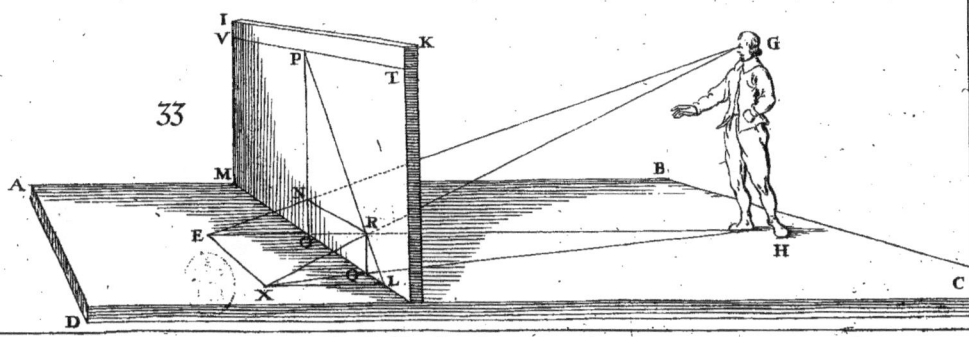

distance de l'œil

hauteur de l'œil

ligne horizontale

I

II

III

IIII

V

Tab. 3

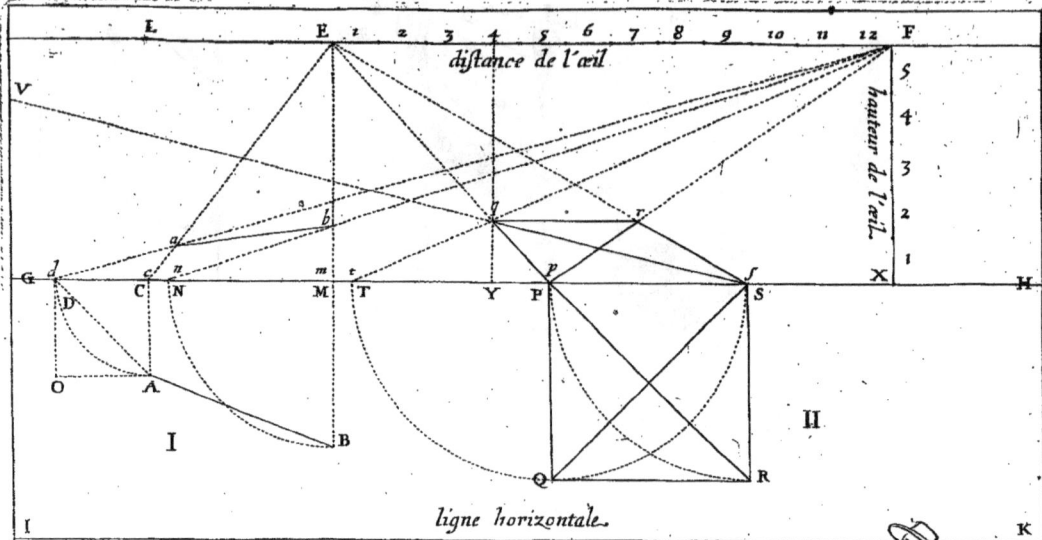

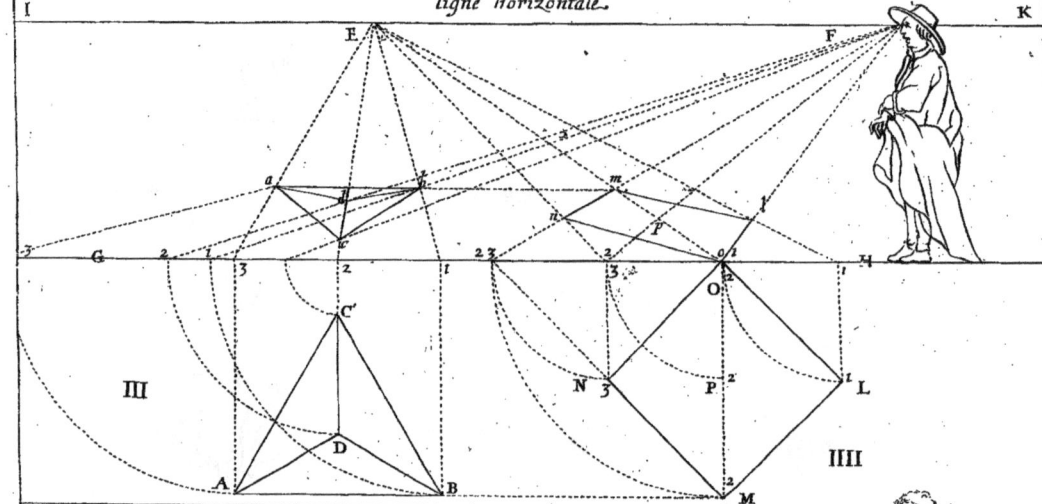

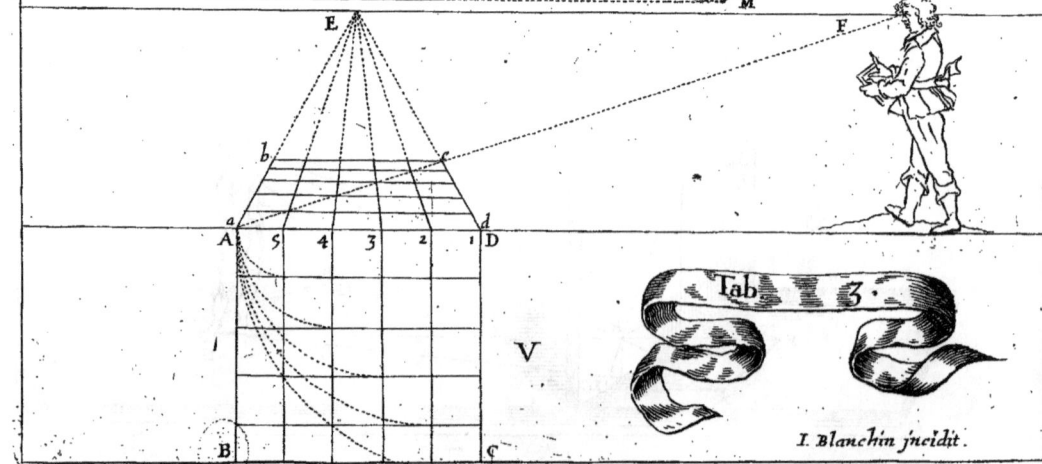

I. Blanchin jncidit.

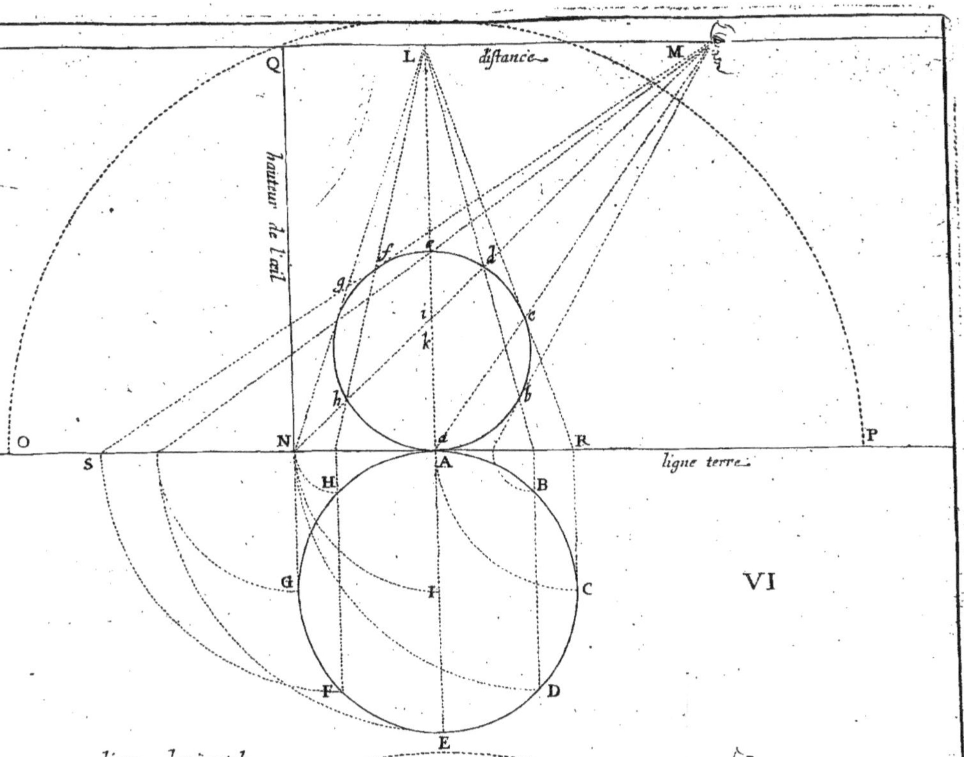

Q · · · L distance → M

hauteur de l'œil

f e d
g c
i
k
h b
O N d R P
S A ligne terre →
H B
G I C
F D
E
VI

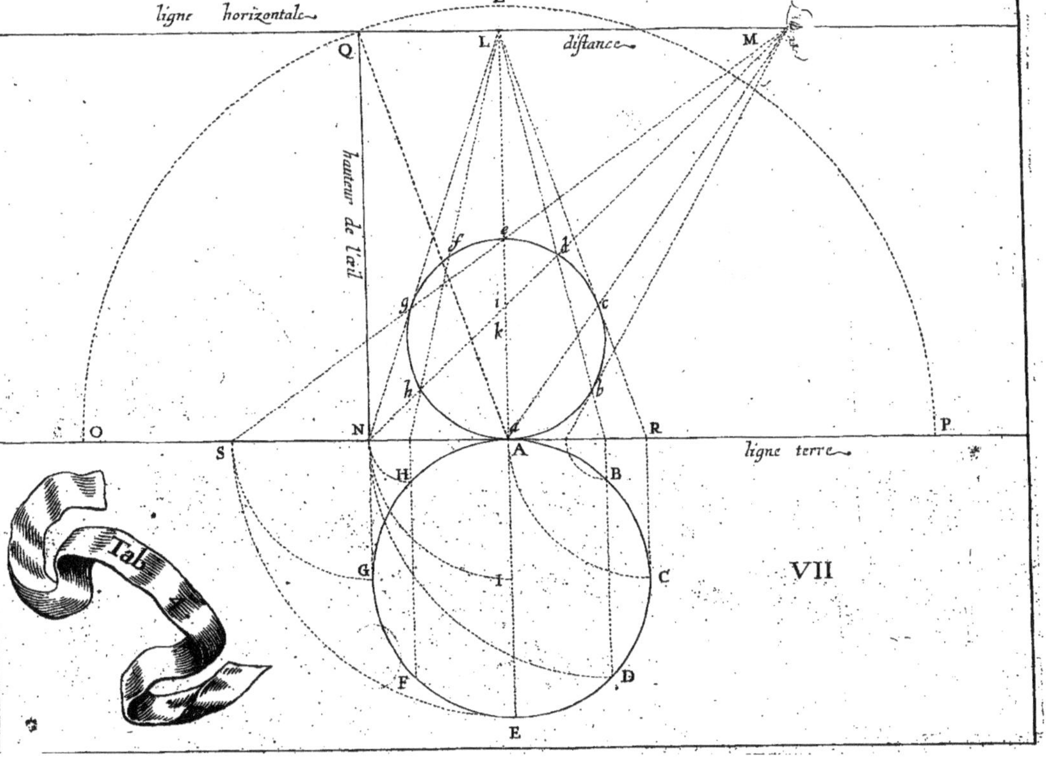

ligne horizontale →

Q L distance → M

hauteur de l'œil

f e d
g c
i
k
h b
O N A R P
S ligne terre →
H B
G I C
F D
E
VII

Tab. I

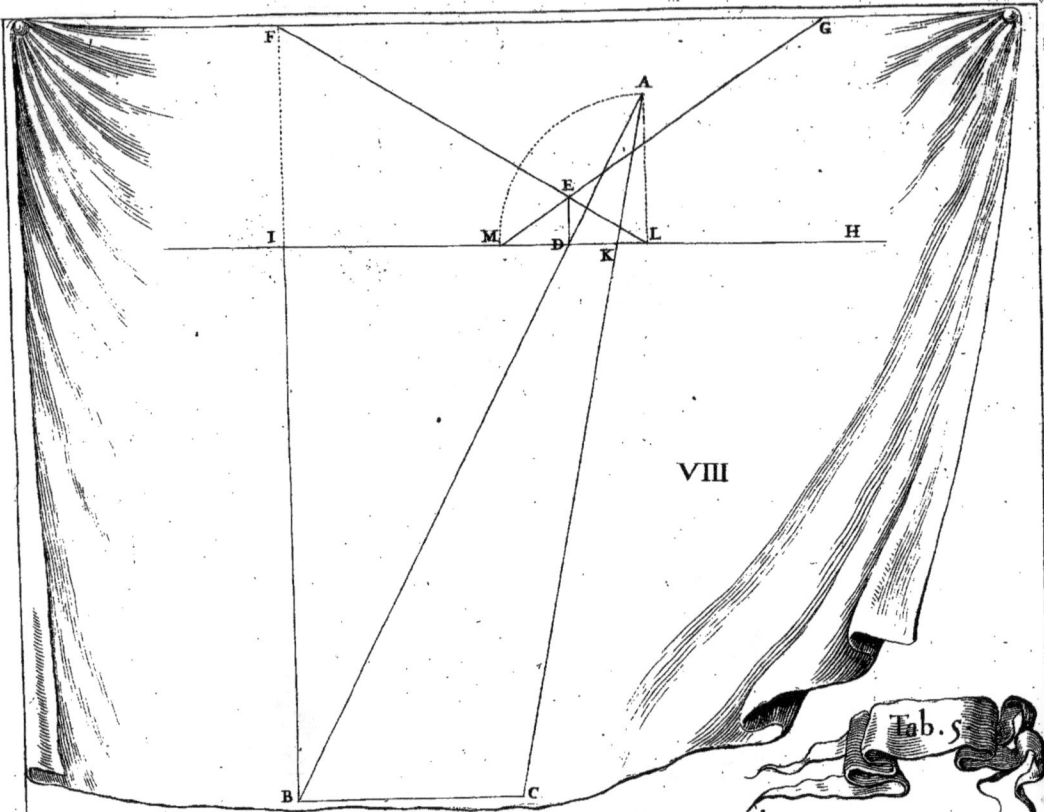

VIII

Tab. S

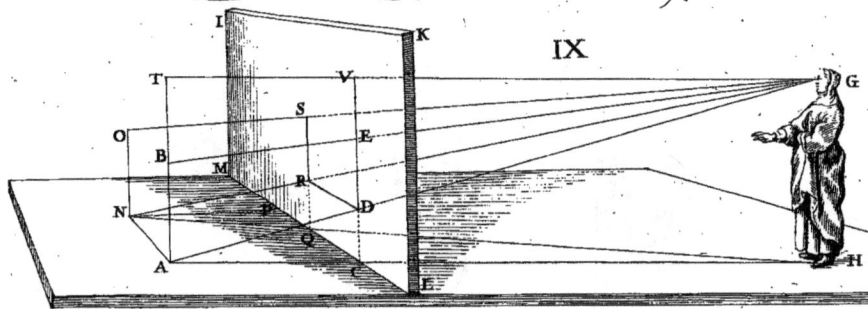

IX

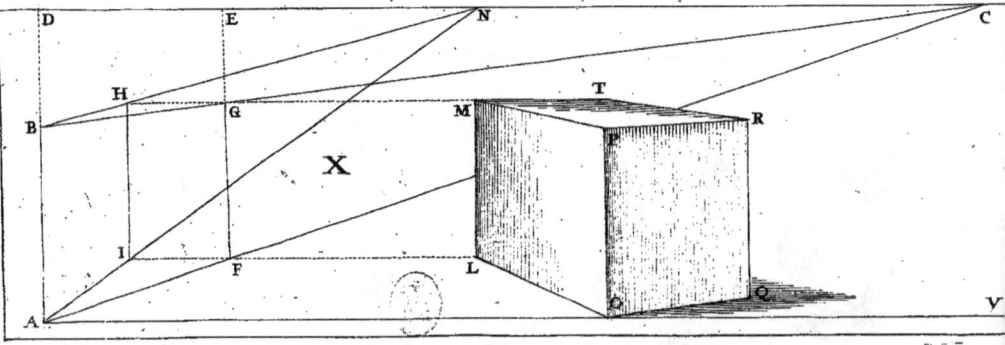

X

Tab. 6.

VIII

IX

X

XI

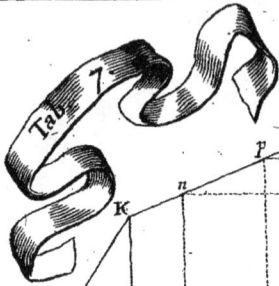

Tab. 7.

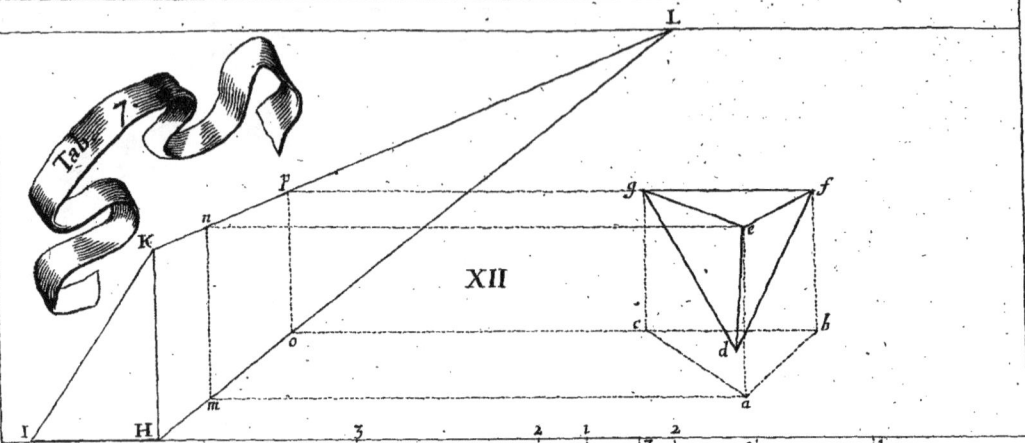

XII

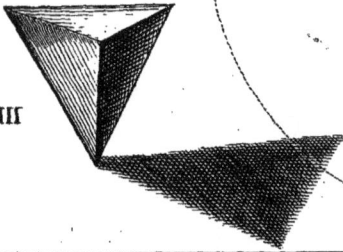

XIII

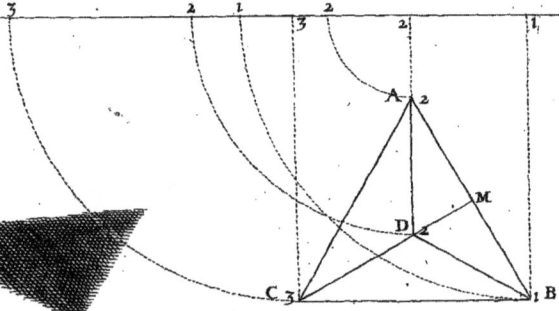

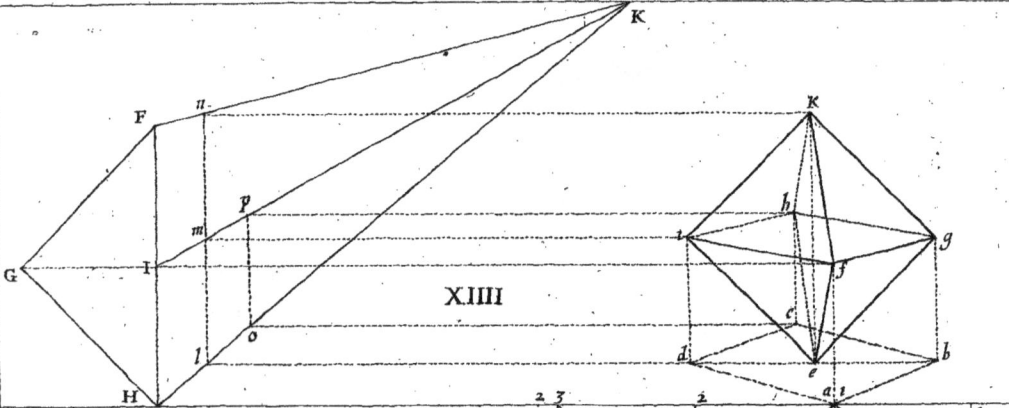

XIIII

XV

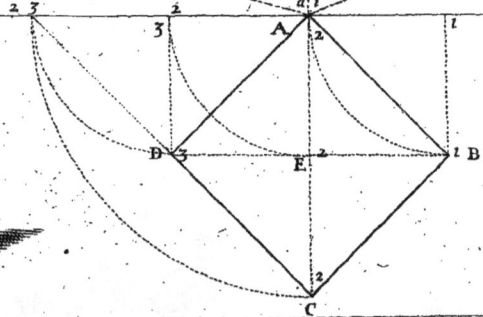

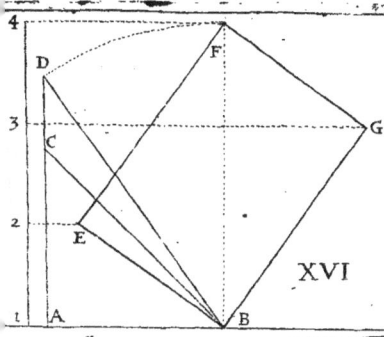

XVI

XIX

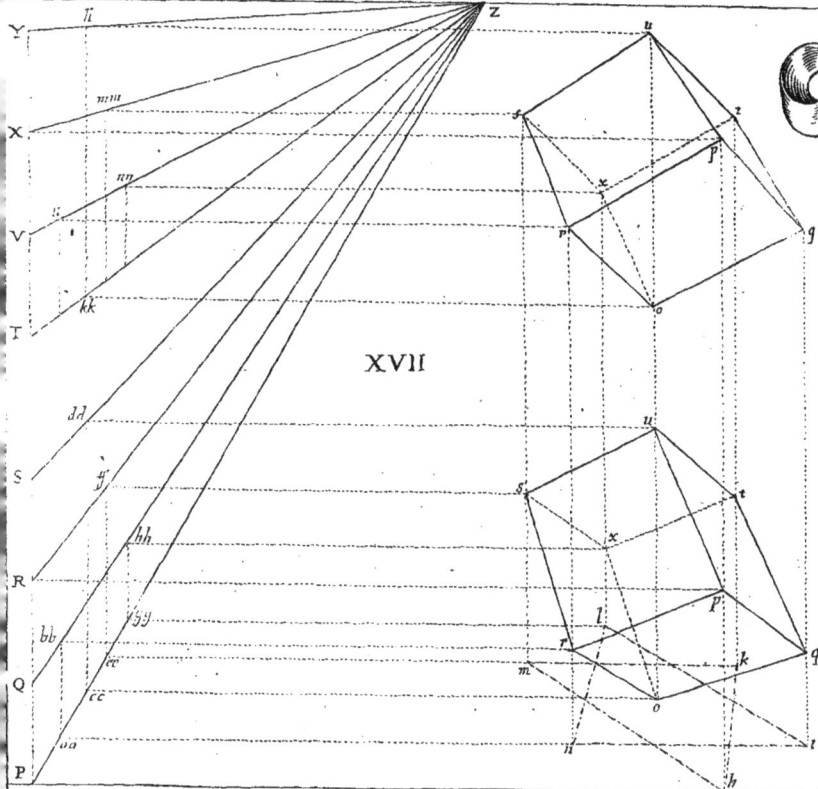

XVII

Tab. 8.

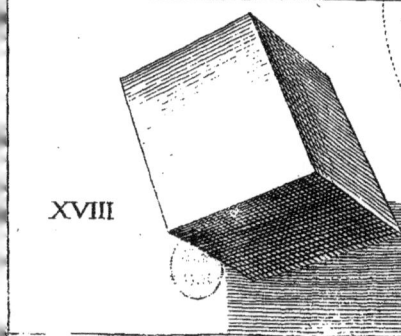

XVIII

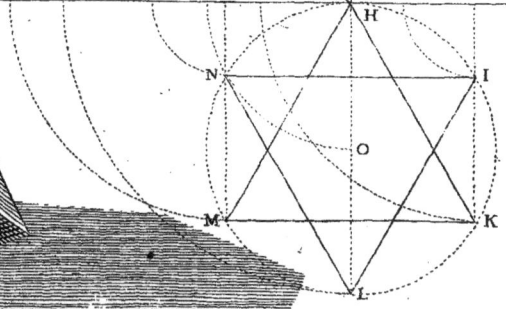

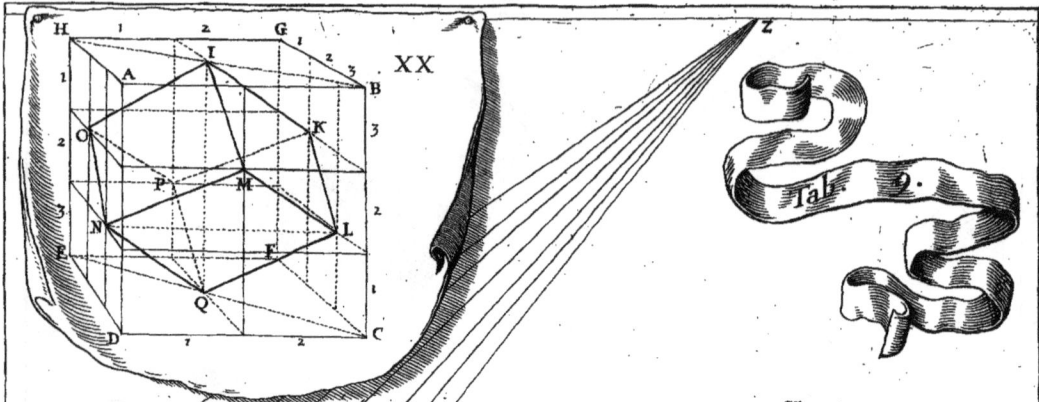

XX

Tab. 9.

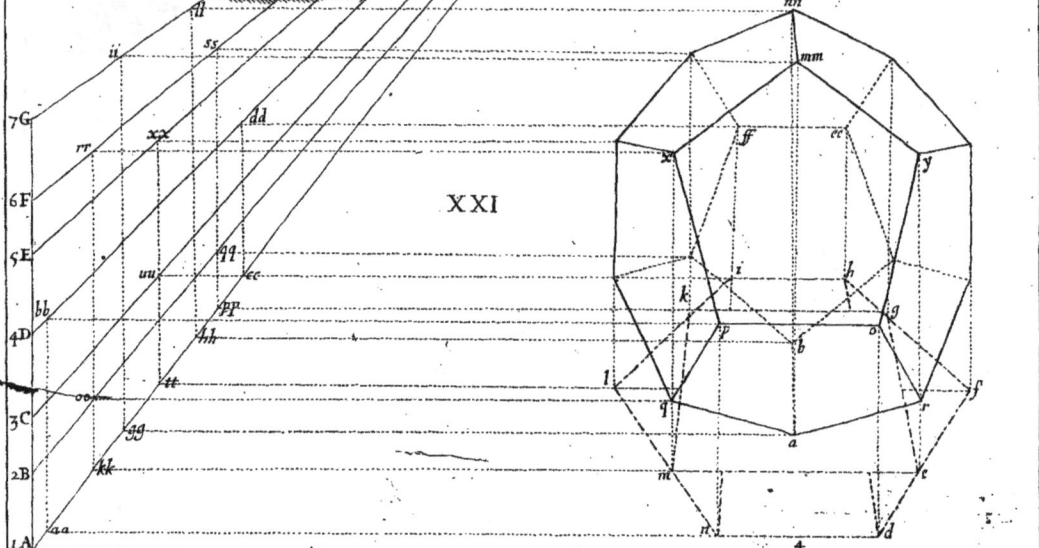

XXI

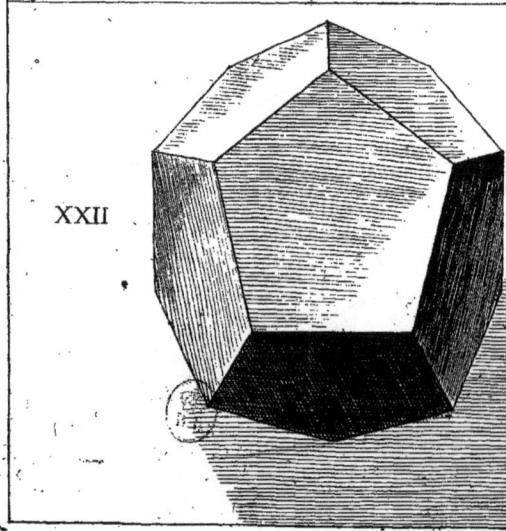

XXII

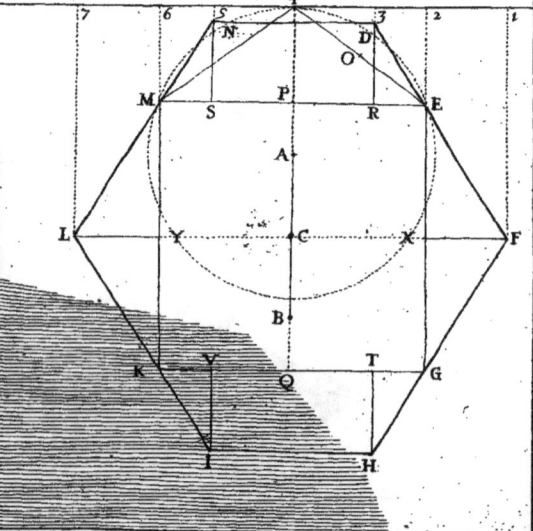

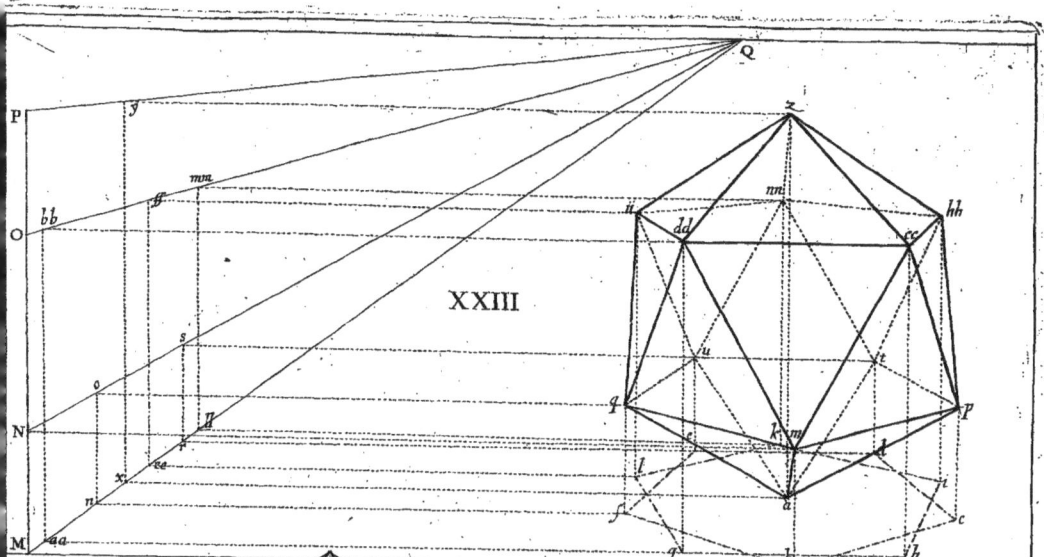

XXIII

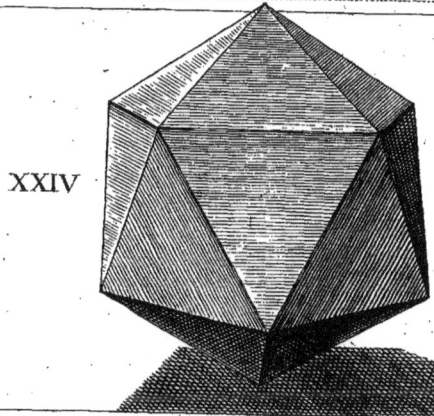

XXIV

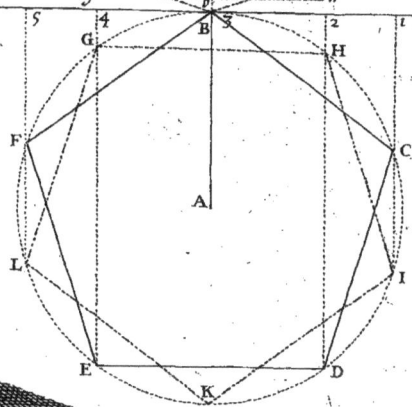

Tab. 10

XXVI

XXV

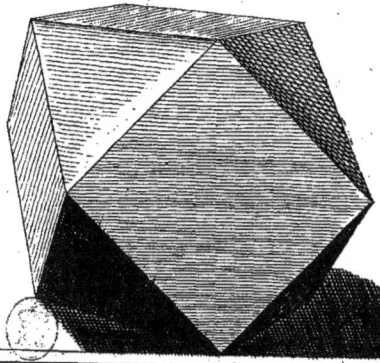

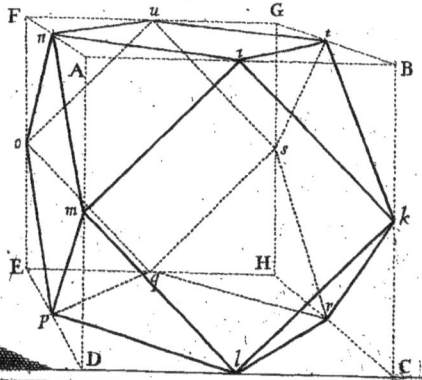

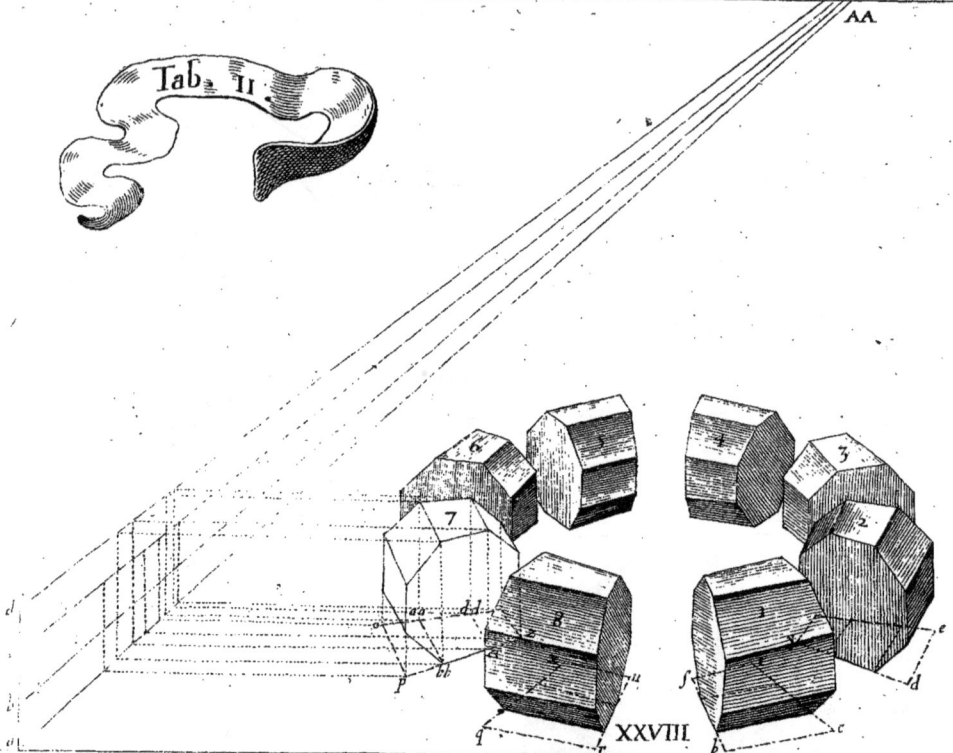

Tab. II.

AA.

XXVIII.

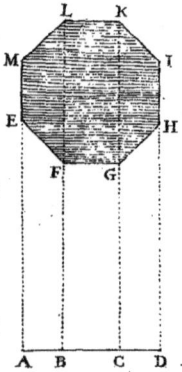

XXVII

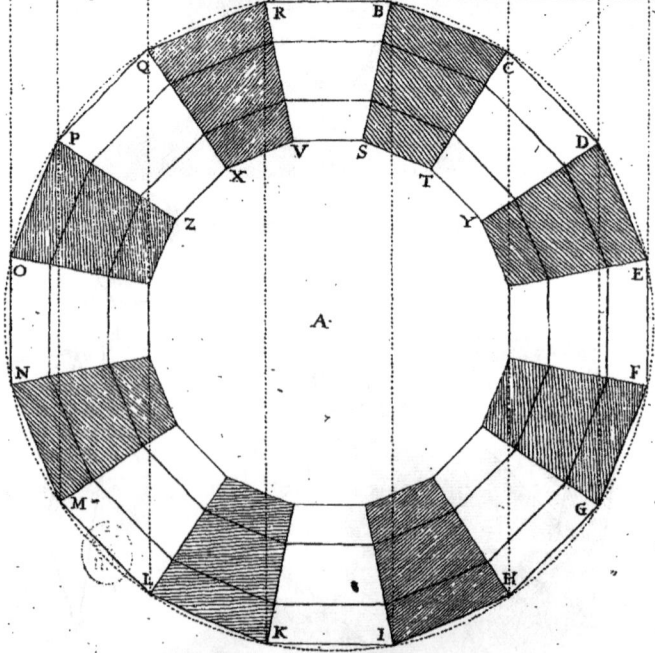

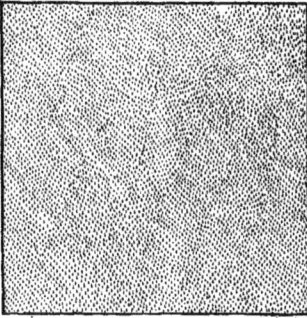

I

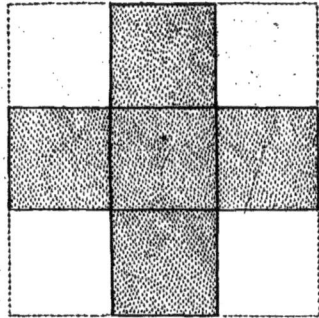

II

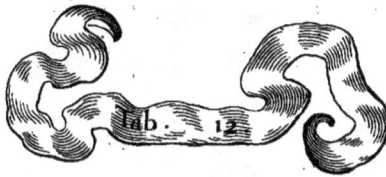

Tab. 12.

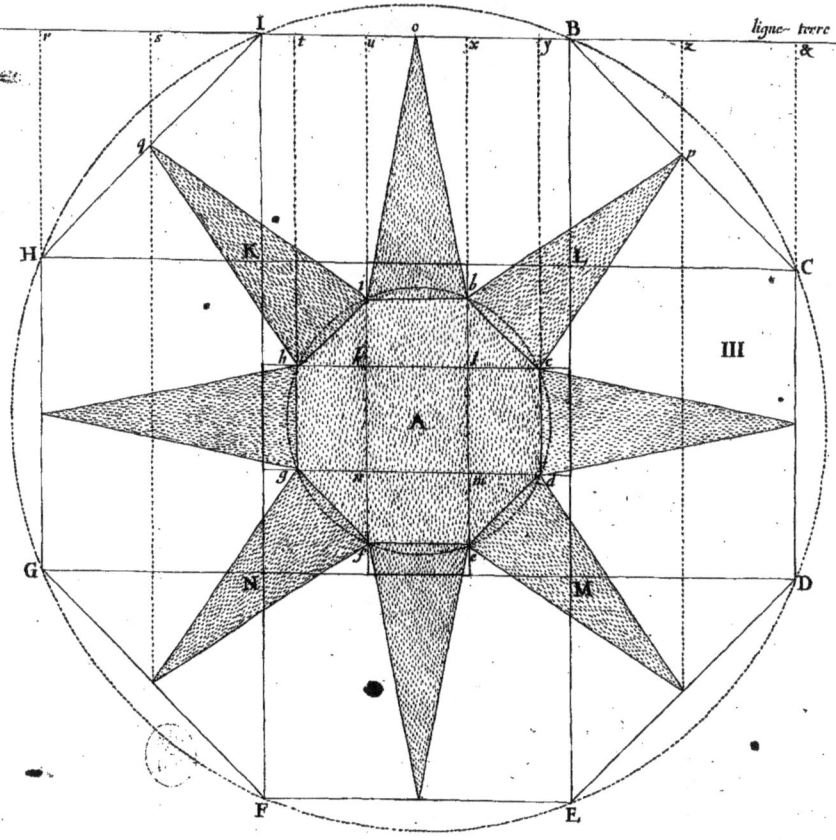

III

ligne-terre

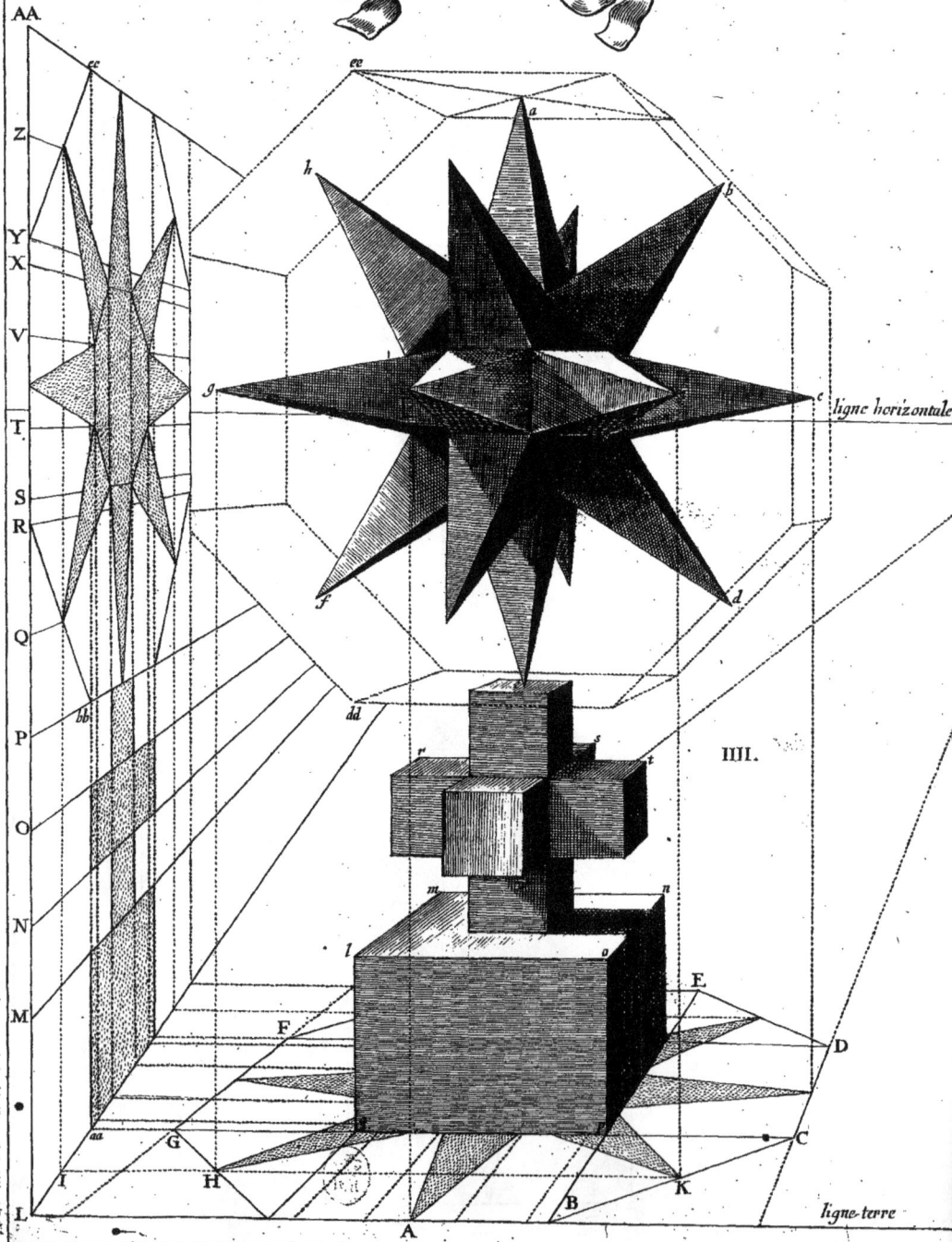

Tab. 3.

AA.

Z

Y
X

V

T.

S
R

Q

P

O

N

M

ee
h
a
b
g
c   *ligne horizontale*
f
d

ec
bb
dd
r
s
t
IIII.
m
n
l
o

F.

F
D
aa
B
C
G
I
H
K
B
A

L
ligne-terre

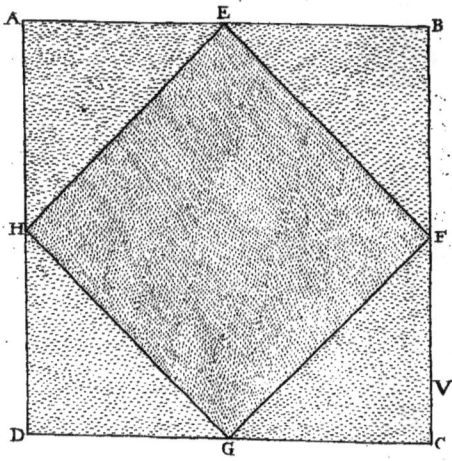

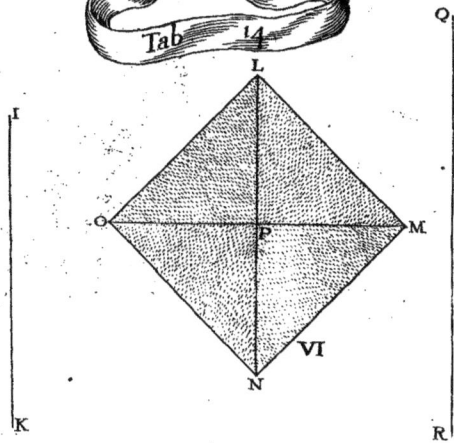

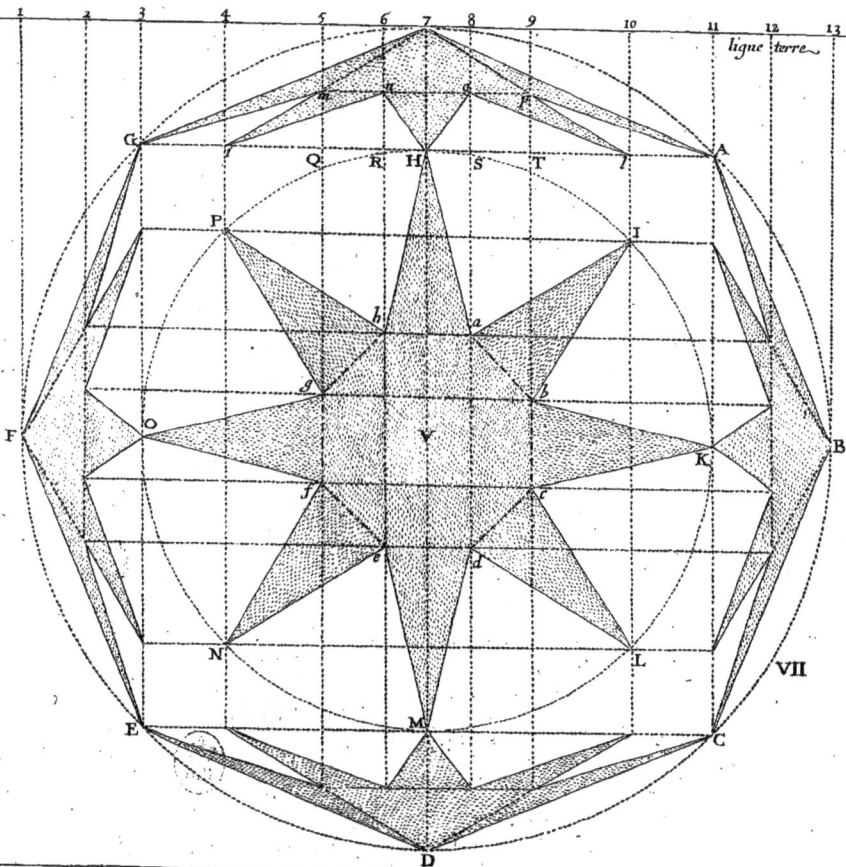

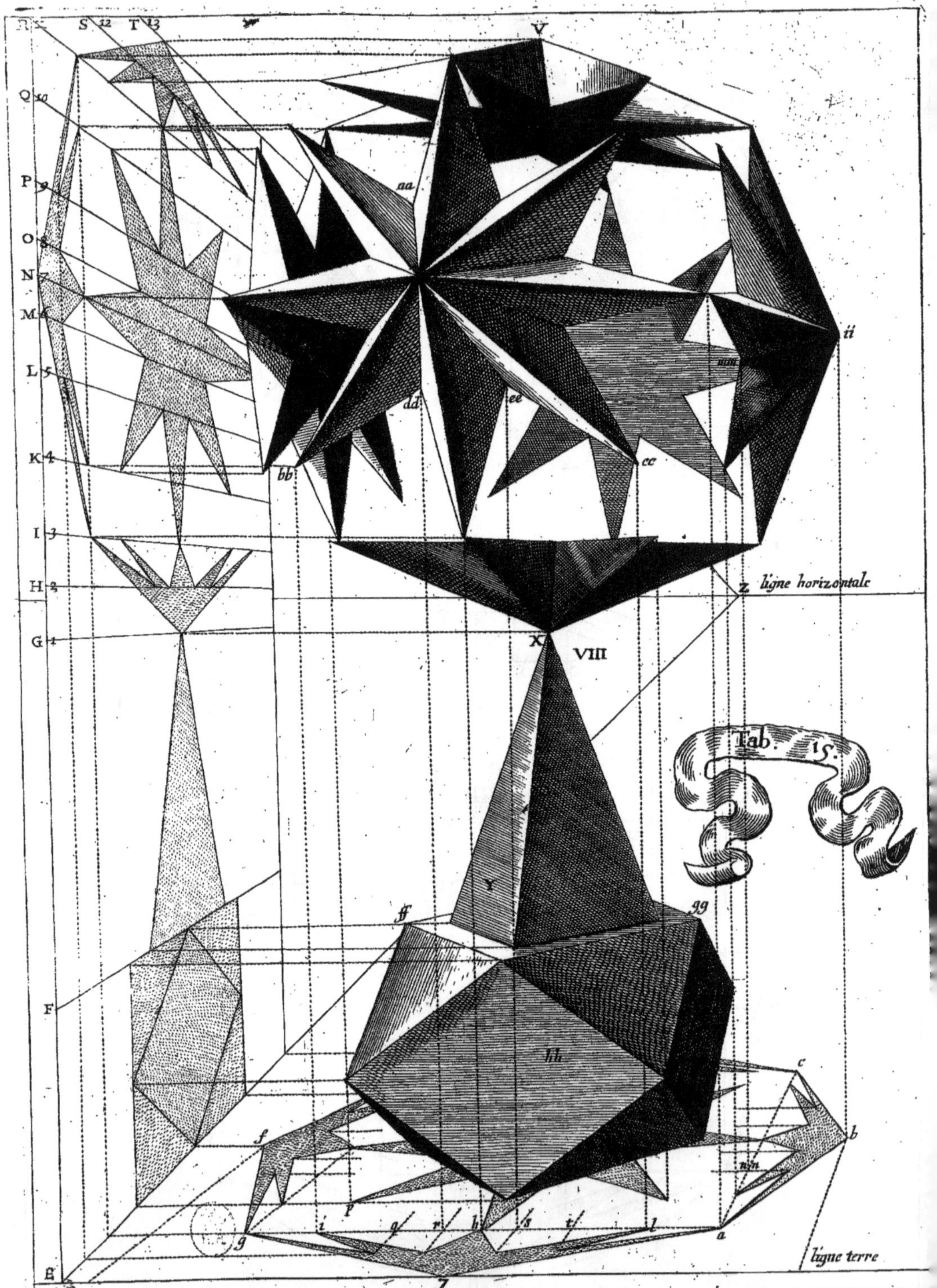

S 12 T 13 V

Q 10

P 9

O 8

N 7

M 6 aa ii

L 5 nn

dd ee cc

K 4 bb

I 3

H 2 z *ligne horizontale*

G 1 X **VIII**

Tab. 15.

Y

ff gg

F hh c

b

f nn

g i g r h s t l a

E 7 *ligne terre*

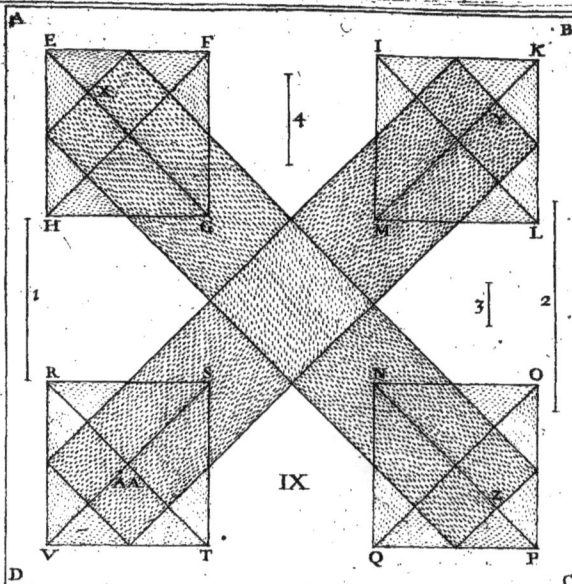

IX

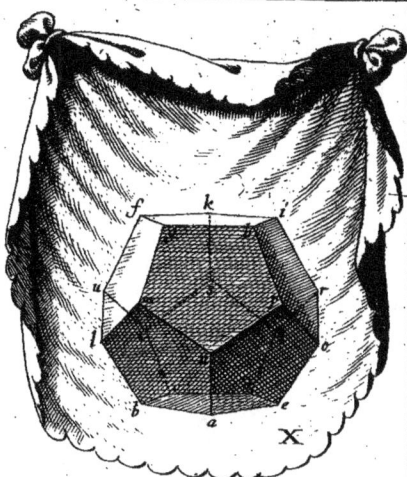

X

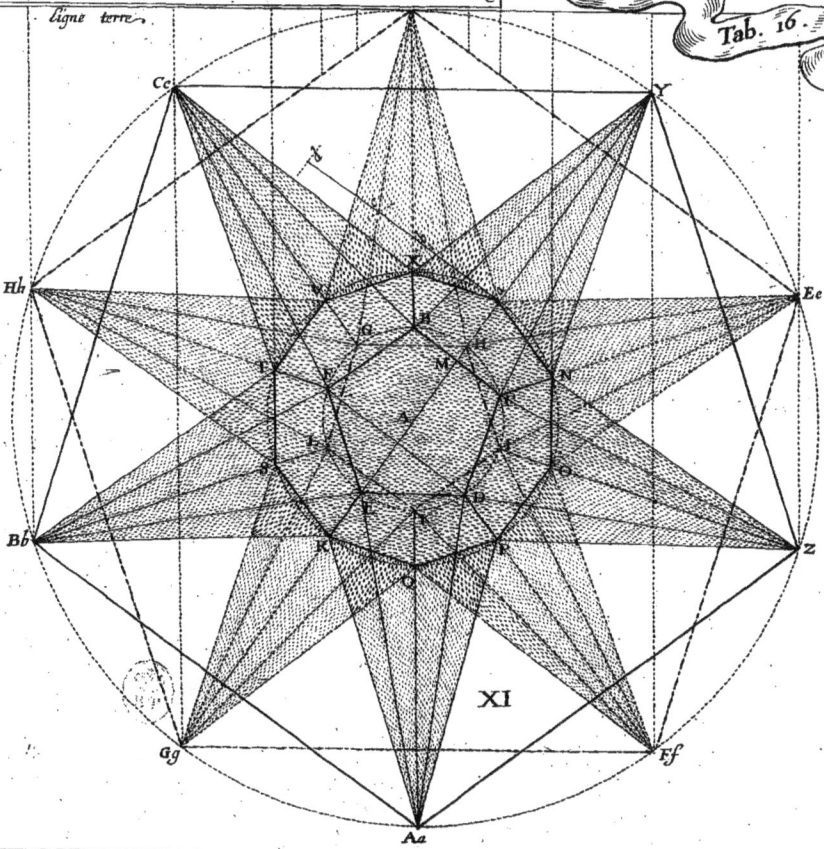

ligne terre

XI

Tab. 16.

Tab. 17.

Ligne   horizontale

XII

Ligne terre

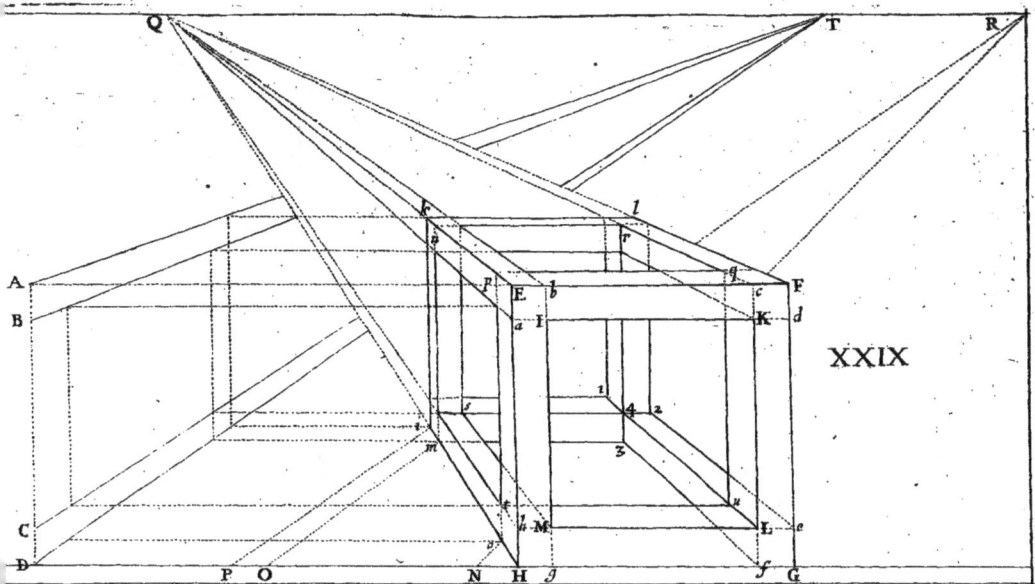

XXIX

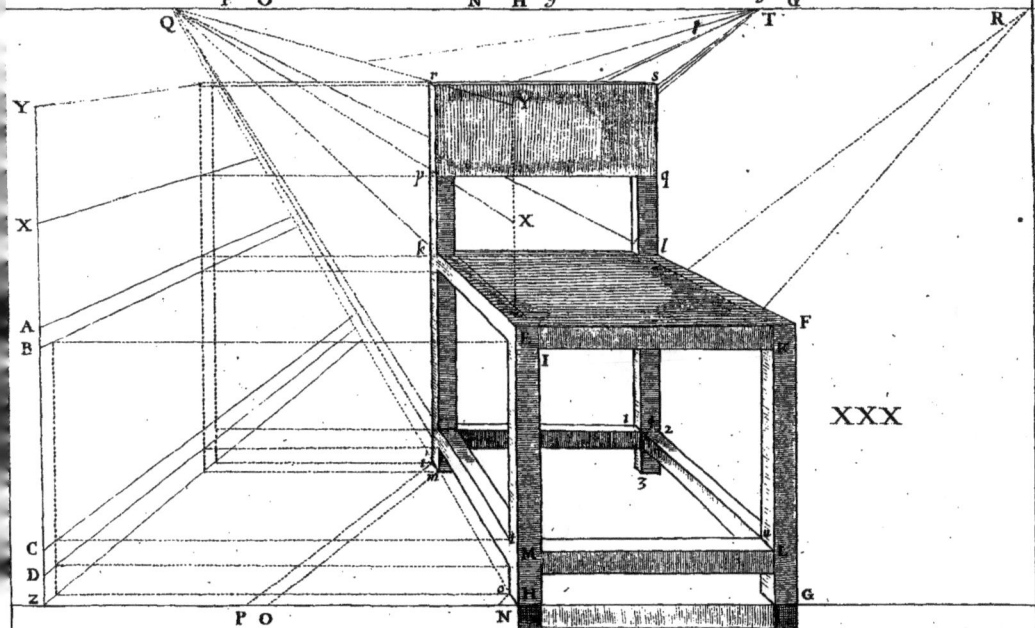

XXX

Tab. 18

Joan. Blanchin incidit

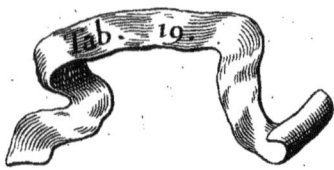

Tab. 19.

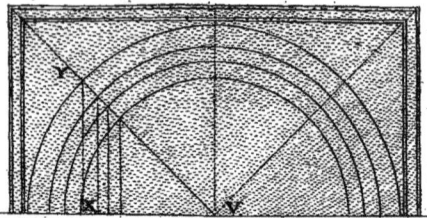

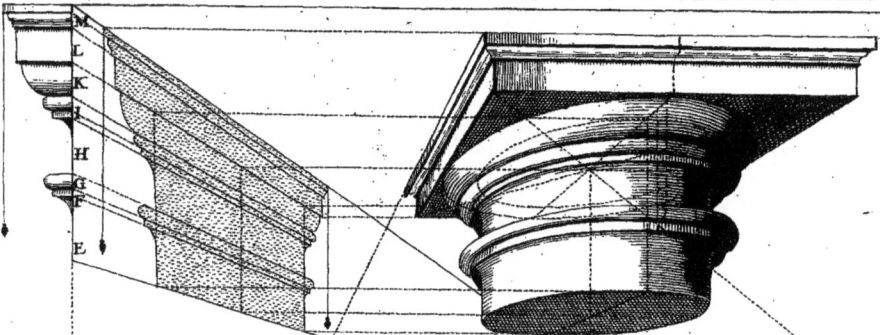

XXXI

Signa horizontale

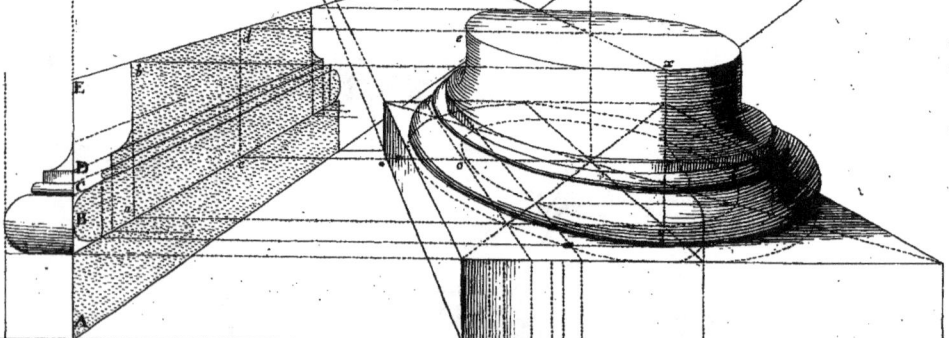

A. *Plinthus.*
B. *Torus.*
C. *Astragalus.*
D. *Imus Scapus.*
E. *Scapus.*
F. *Hypotrachelium.*

G. *Astragalus.*
H. *Zophorus Capitelli.*
I. *Cimatium.*
K. *Echinus.*
L. *Plinthus.*
M. *Cimatium.*

Modulus

N ⊢——————⊣ P

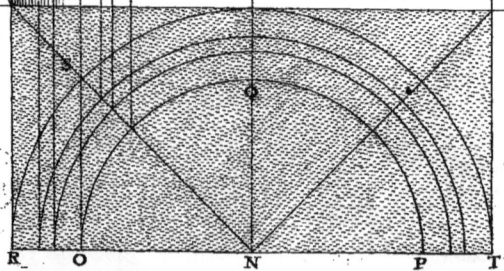

R   O   N   P   T

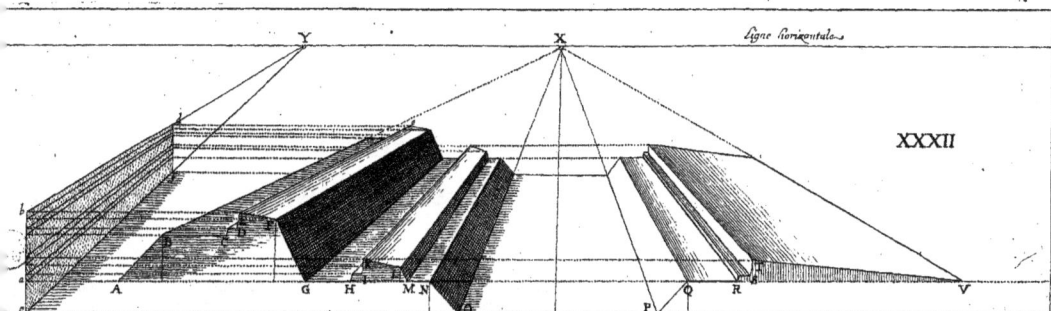

XXXII

Echelle du Profil.

10   20   30   40   50   60   70   80   90   100 pieds

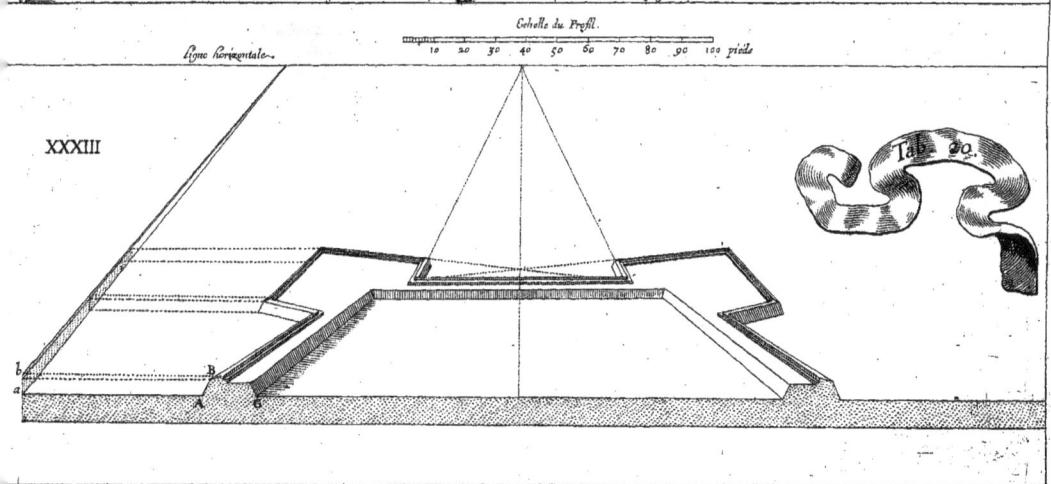

Ligne horizontale

XXXIII

Tab. 20.

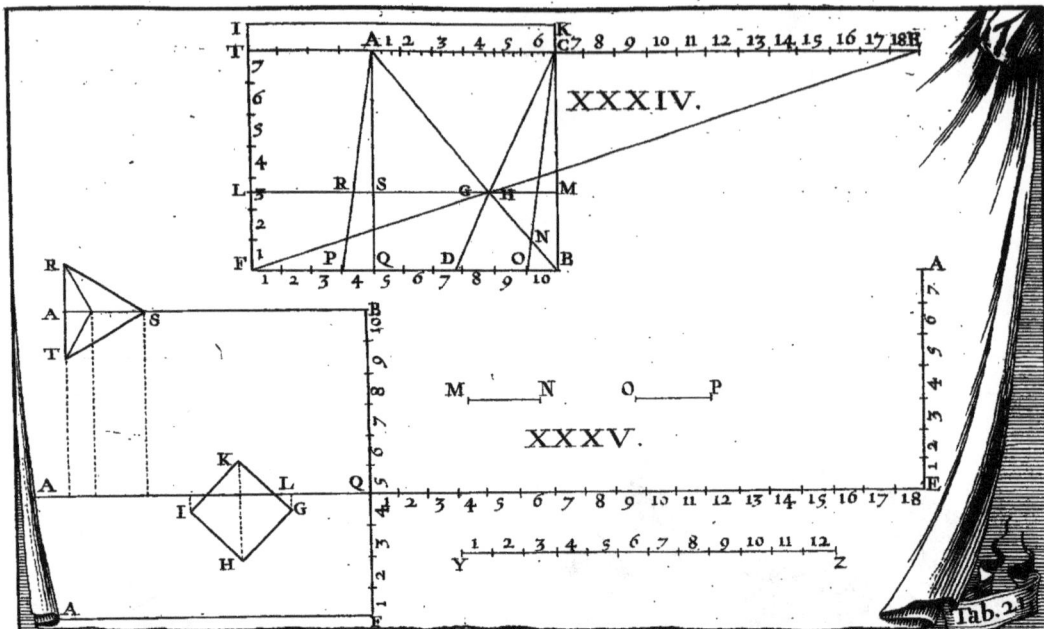

XXXIV.

XXXV.

Tab. 2.

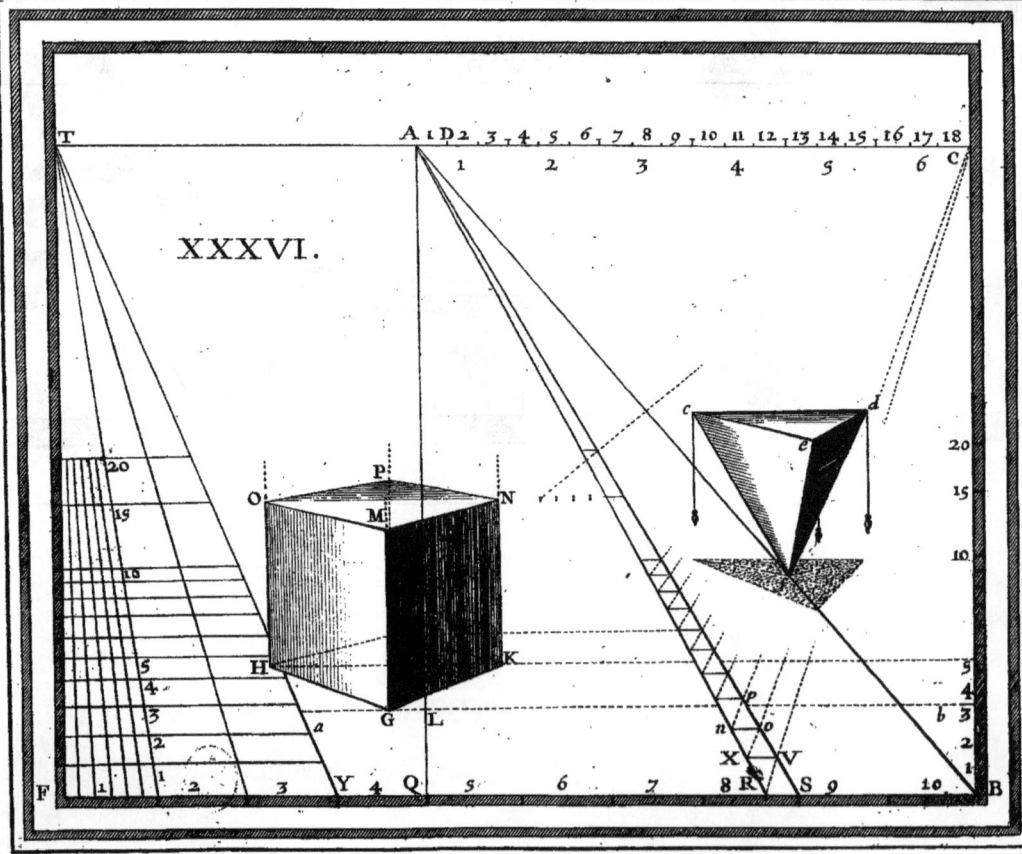

XXXVI.

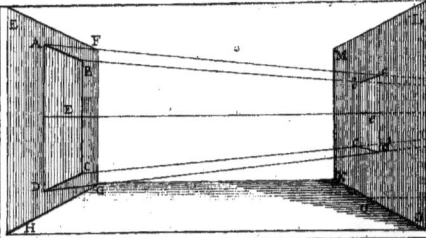
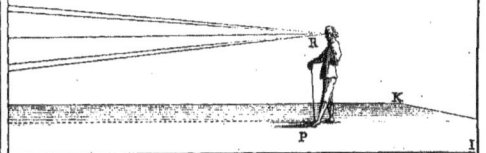

XXXVII.

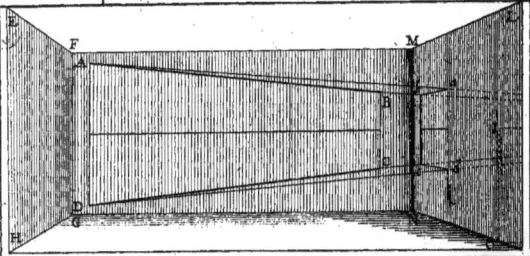
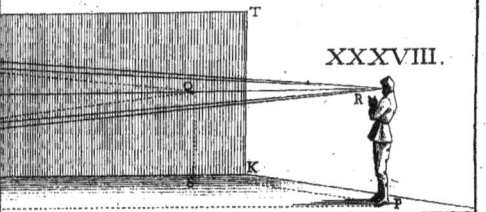

XXXVIII.

Tab. 22.

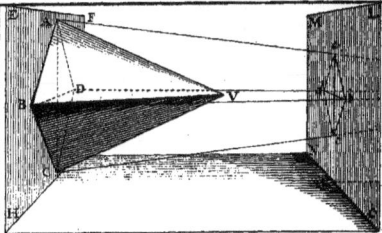
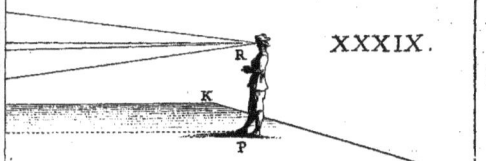

XXXIX.

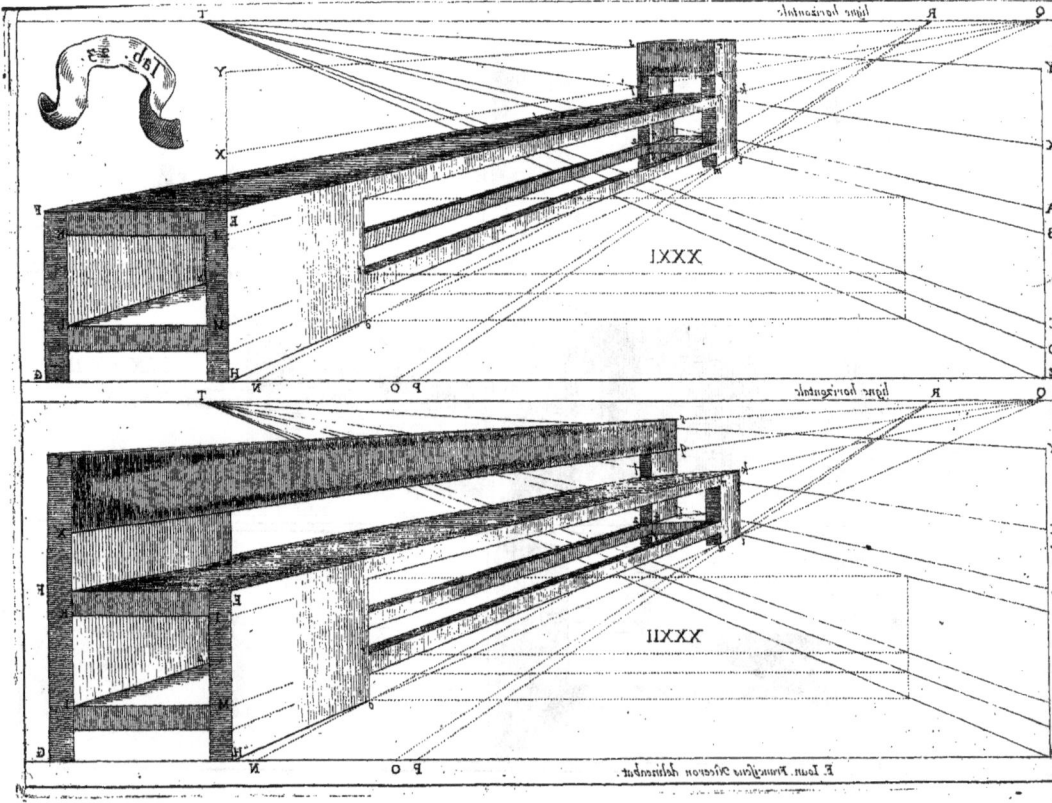

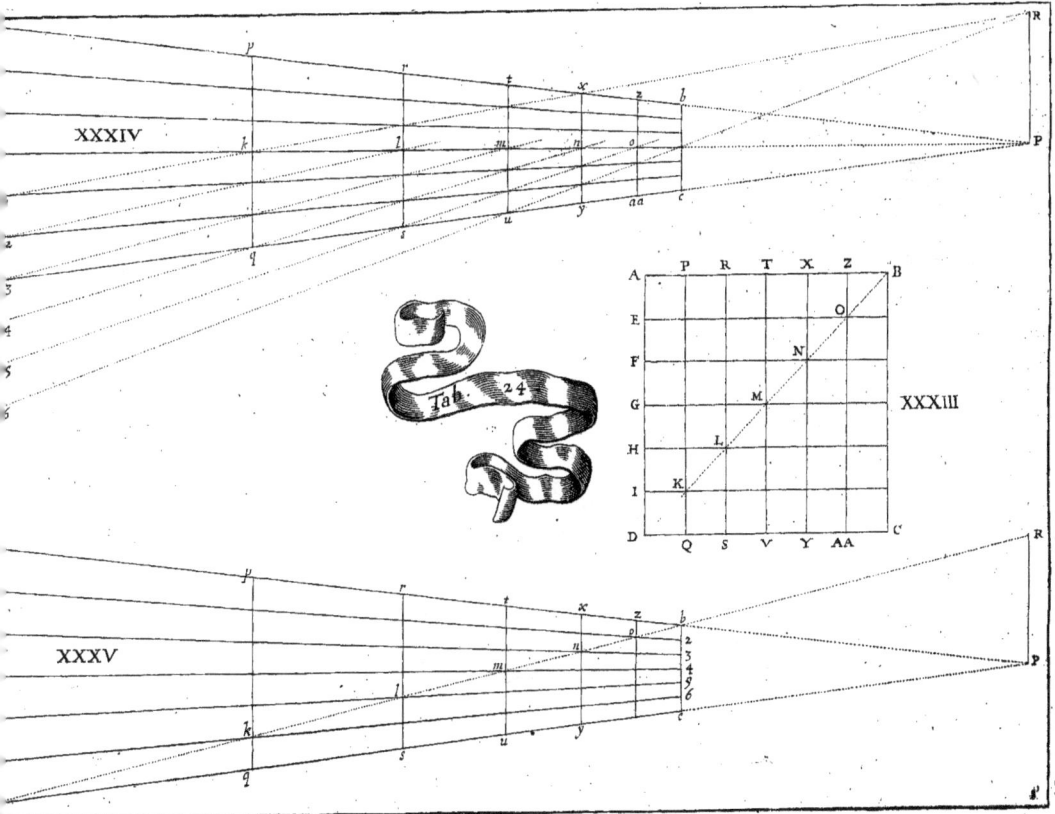

XXXIV

XXXIII

XXXV

Tab 24

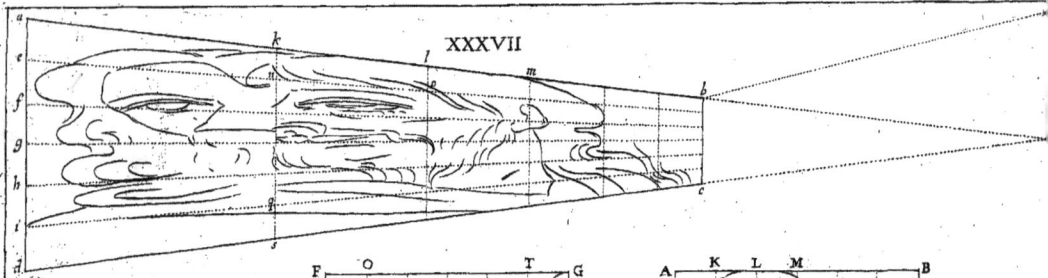

XXXVII

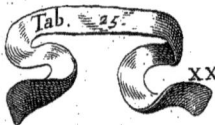

Tab. 25.

XXXVIII

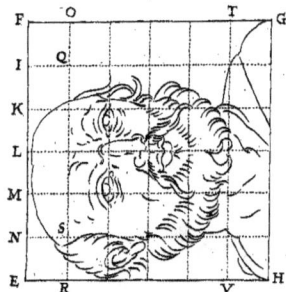

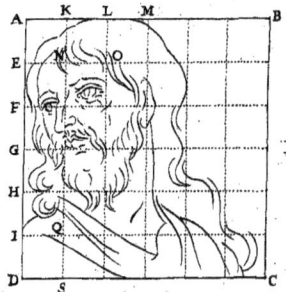

XXXVI

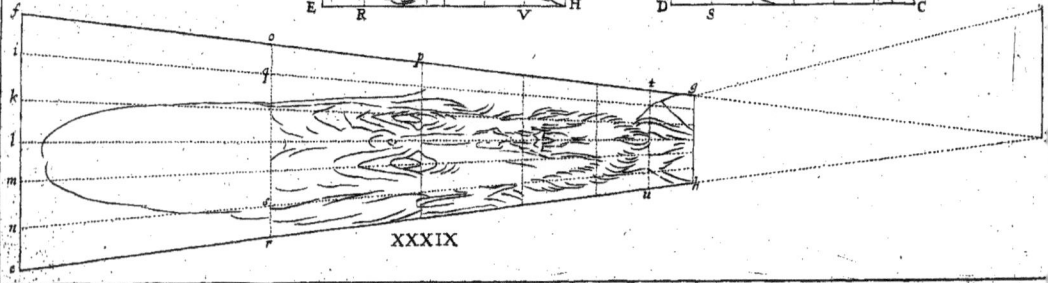

XXXIX

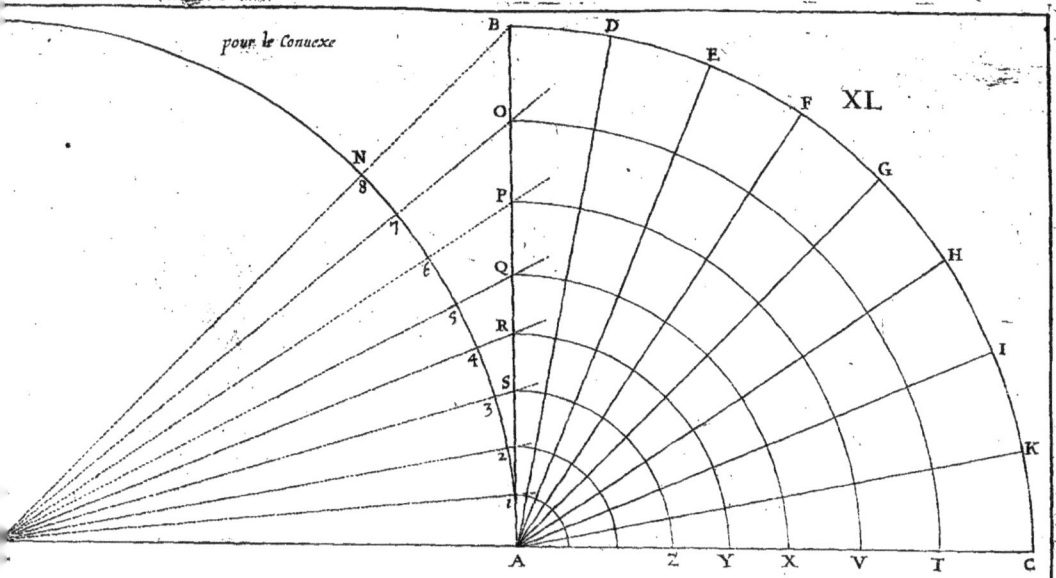

pour le Conuexe

B D E F XL G H I K

O P Q R S

N 8 7 6 5 4 3 2 1

A Z Y X V T C

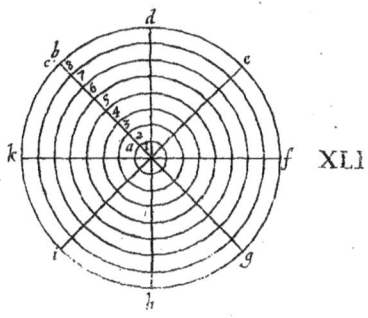

Tab. 26.

XLI

d
c b
e
k f
a
i g
l
h

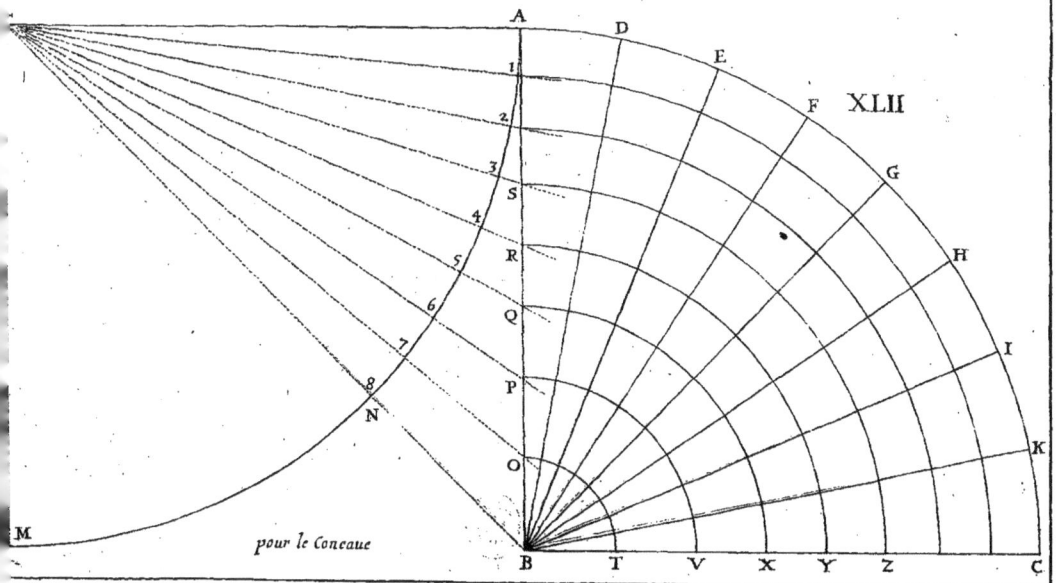

A D E F XLII G H I K

1 2 3 S 4 5 R 6 Q 7 P 8 N O

M

pour le Concaue

B T V X Y Z C

XLIII

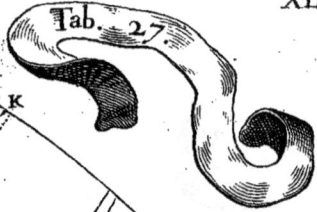

Tab. 27.

XLIV

XLV

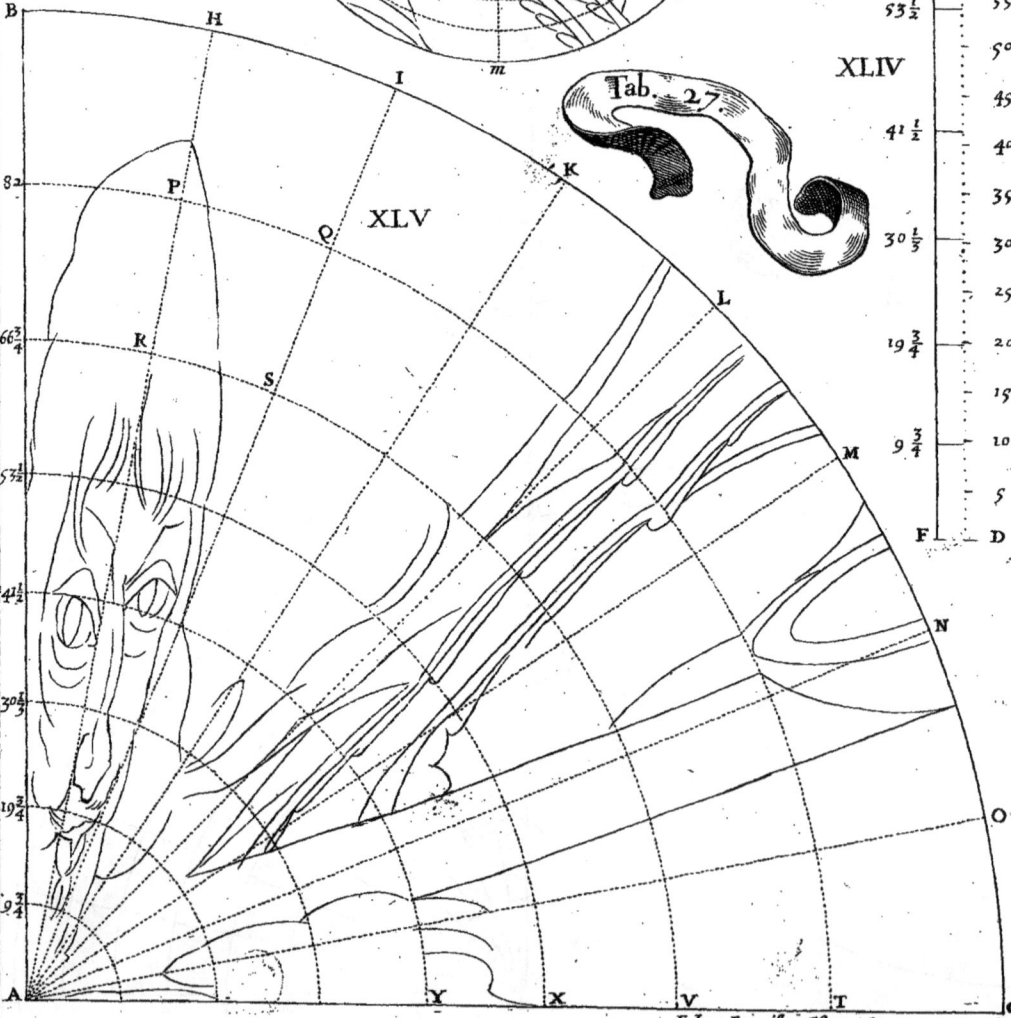

F. Ioan Francifcus Niceron Inuen.

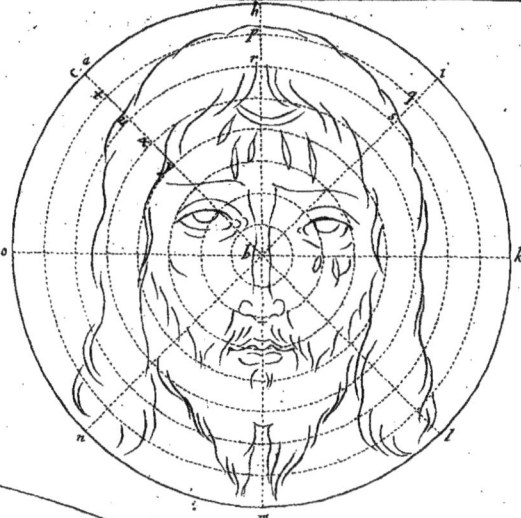

XLVI

F | D

5

$9\frac{3}{4}$ — 10

15

$19\frac{3}{4}$ — 20

25

$30\frac{1}{3}$ — 30

35

$41\frac{1}{2}$ — 40

45

50

XLVII

Tab. 28.

$53\frac{1}{2}$ — 55

60

$66\frac{3}{4}$ — 65

70

75

82 — 80

85

90

95

G — 100

E

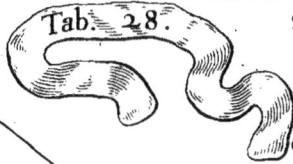

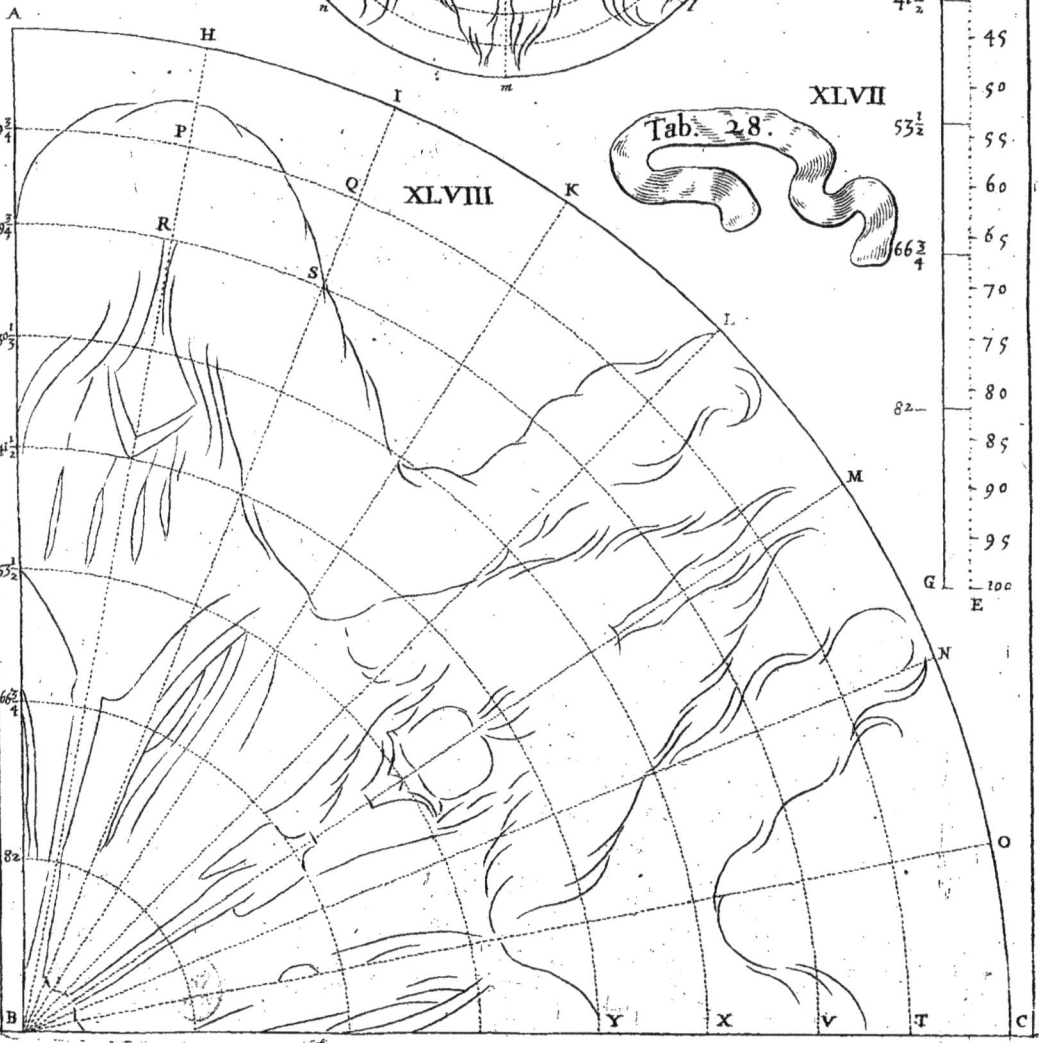

A H I
$9\frac{3}{4}$ P
Q XLVIII K
$19\frac{3}{4}$ R
S
$30\frac{1}{3}$ L
$41\frac{1}{2}$
M
$53\frac{1}{2}$
N
$66\frac{3}{4}$
O
82
B Y X V T C

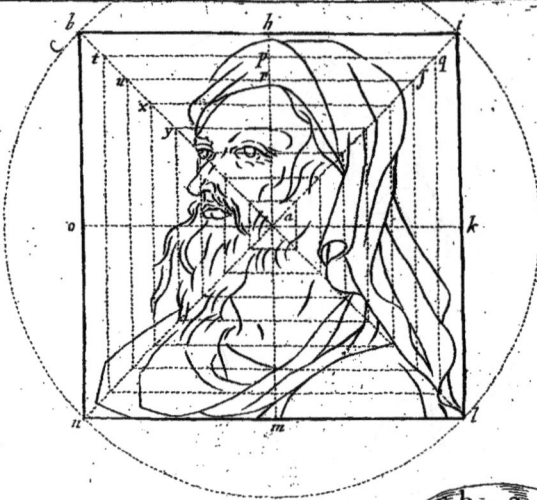

XLIX

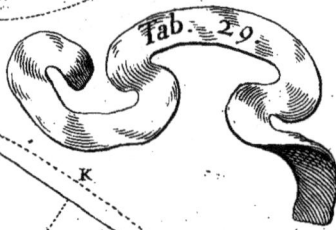

Tab. 29

LI

L

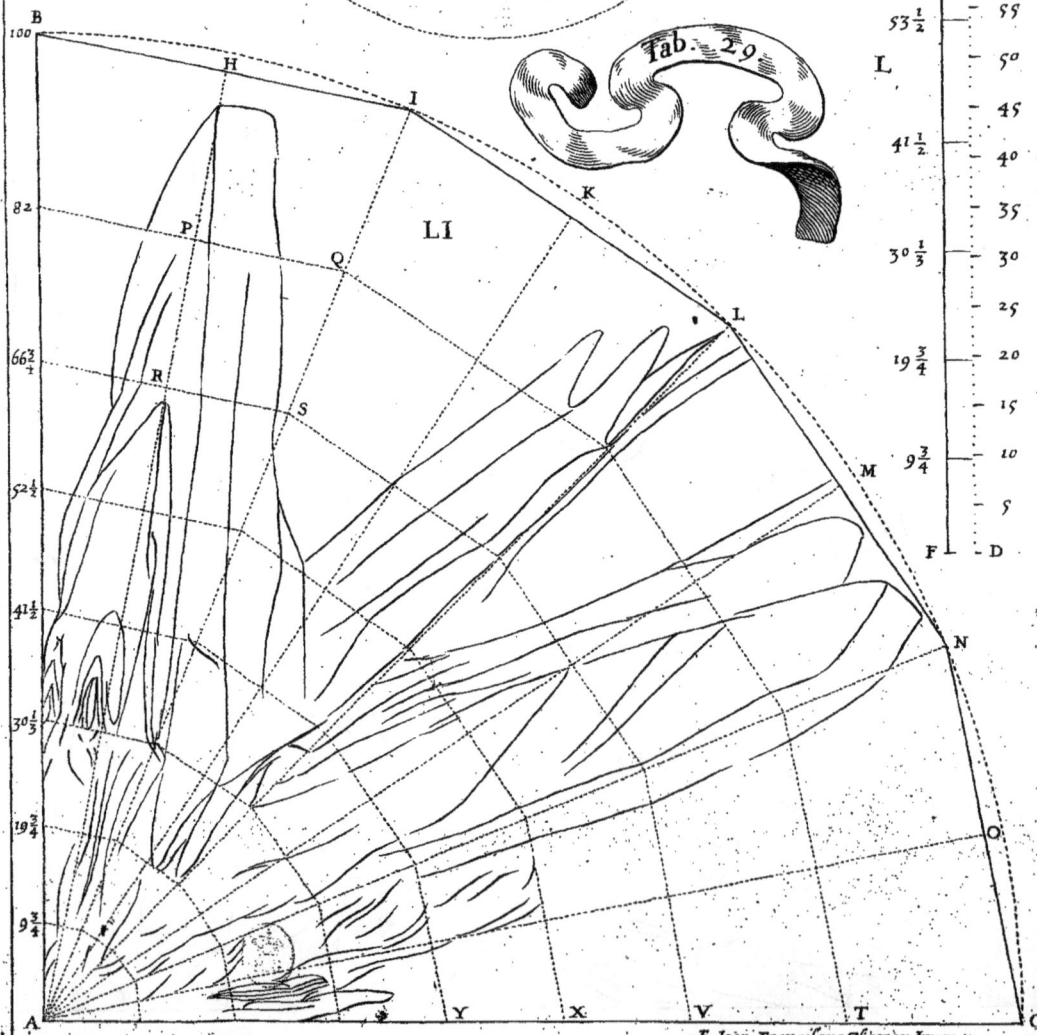

F. Ioan. Franciscus Nicerón Inuen.

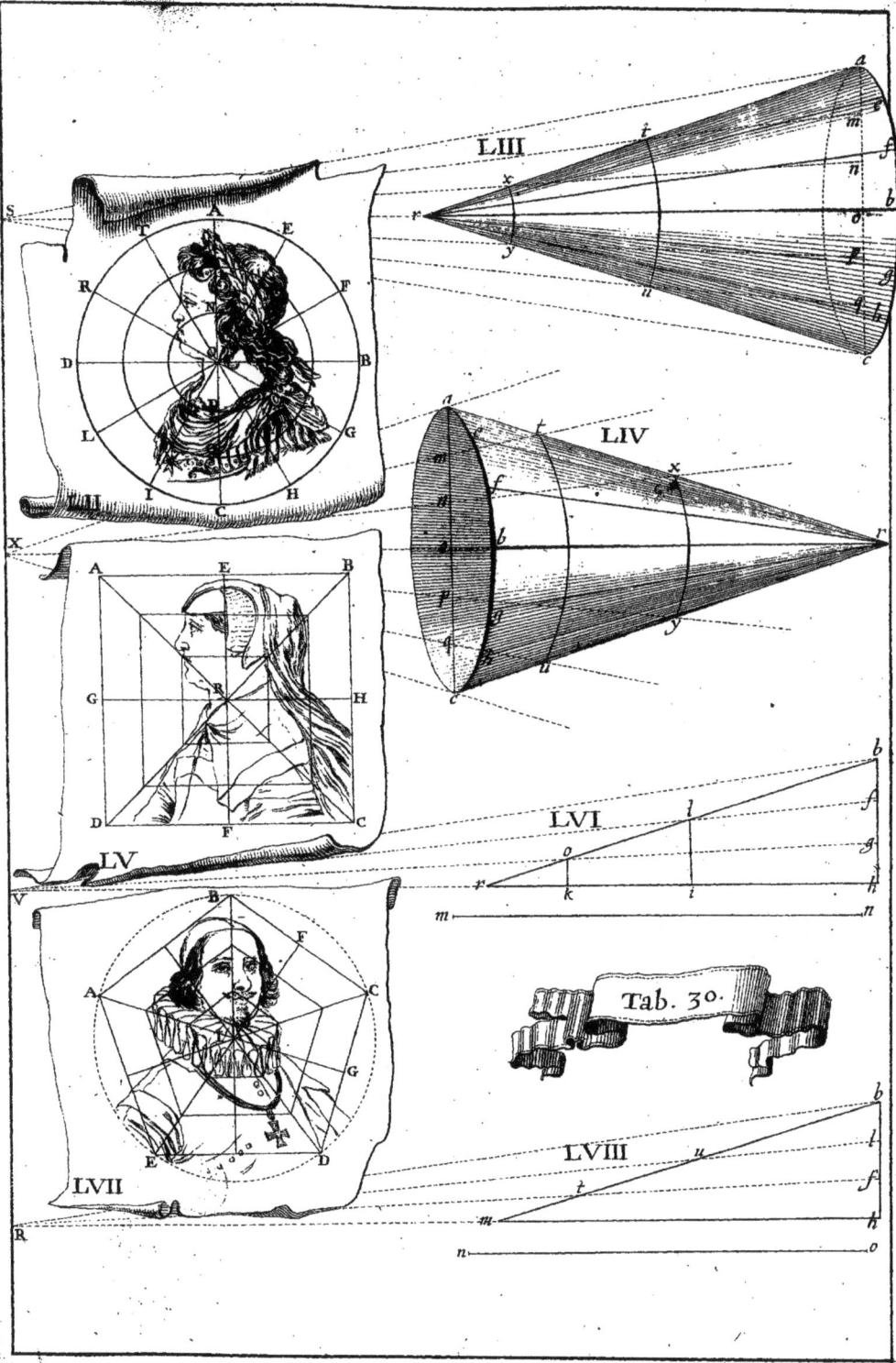

LIII

LIV

LV

LVI

Tab. 30.

LVII

LVIII

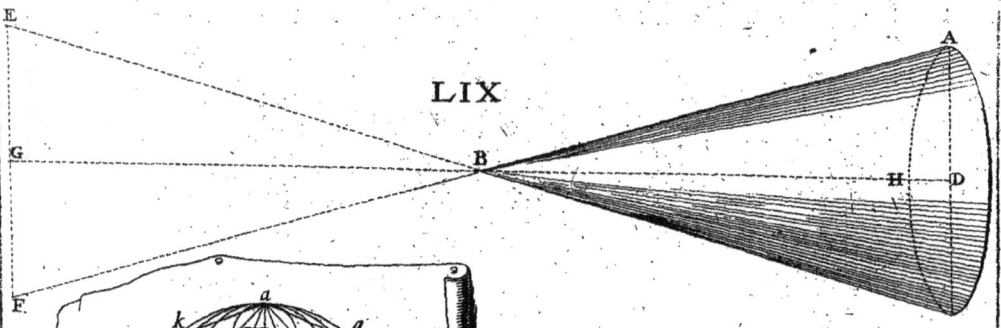

LIX

LX

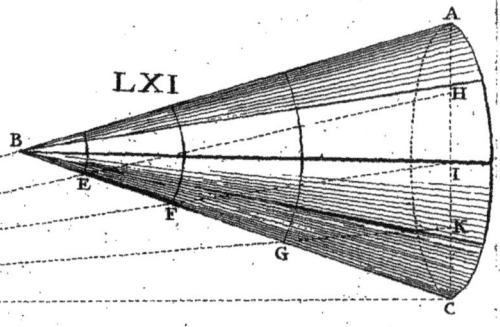

LXI

Tab. 31.

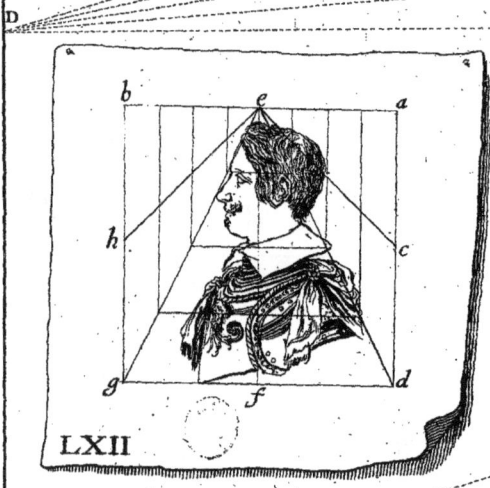

LXII

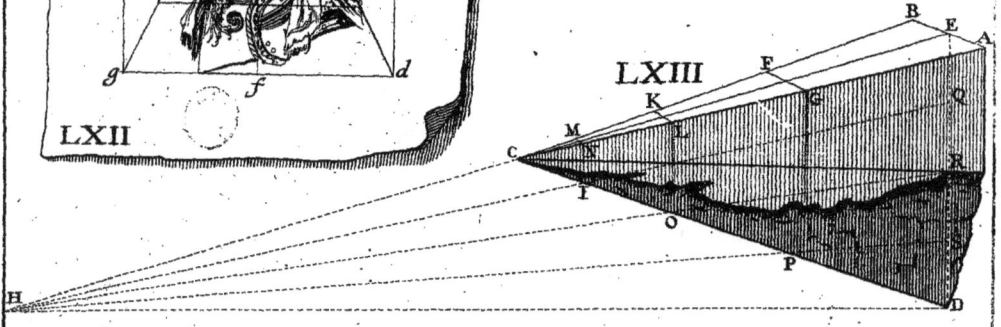

LXIII

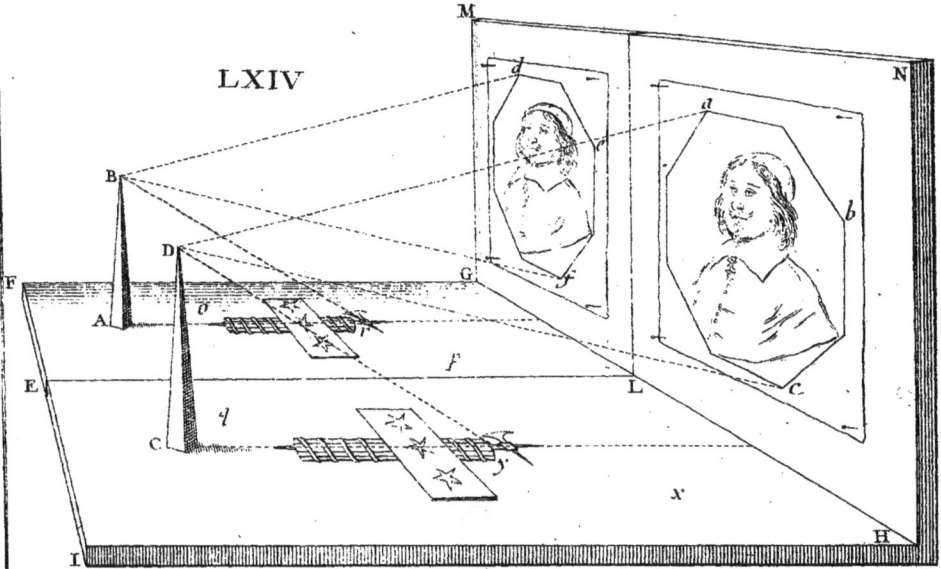

LXIV

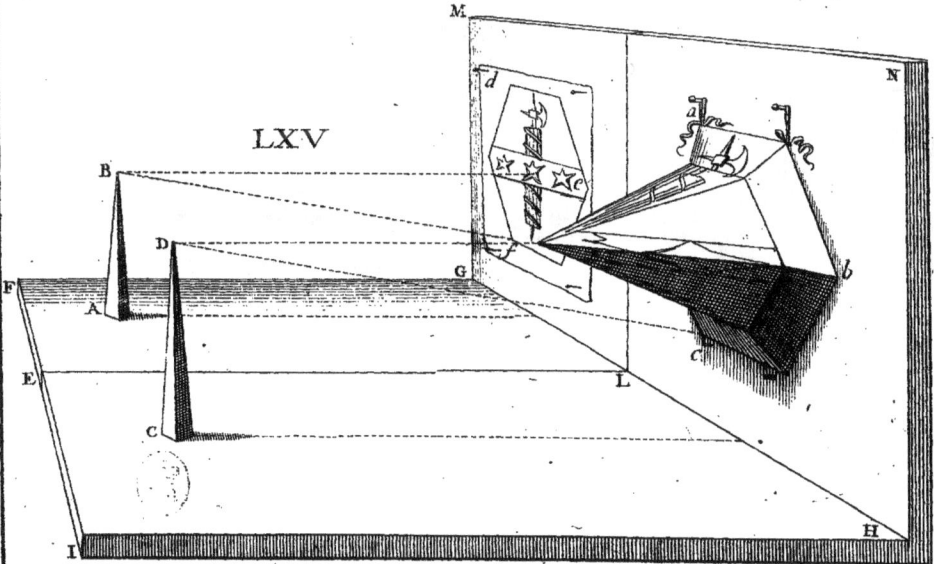

LXV

Tab. 32.

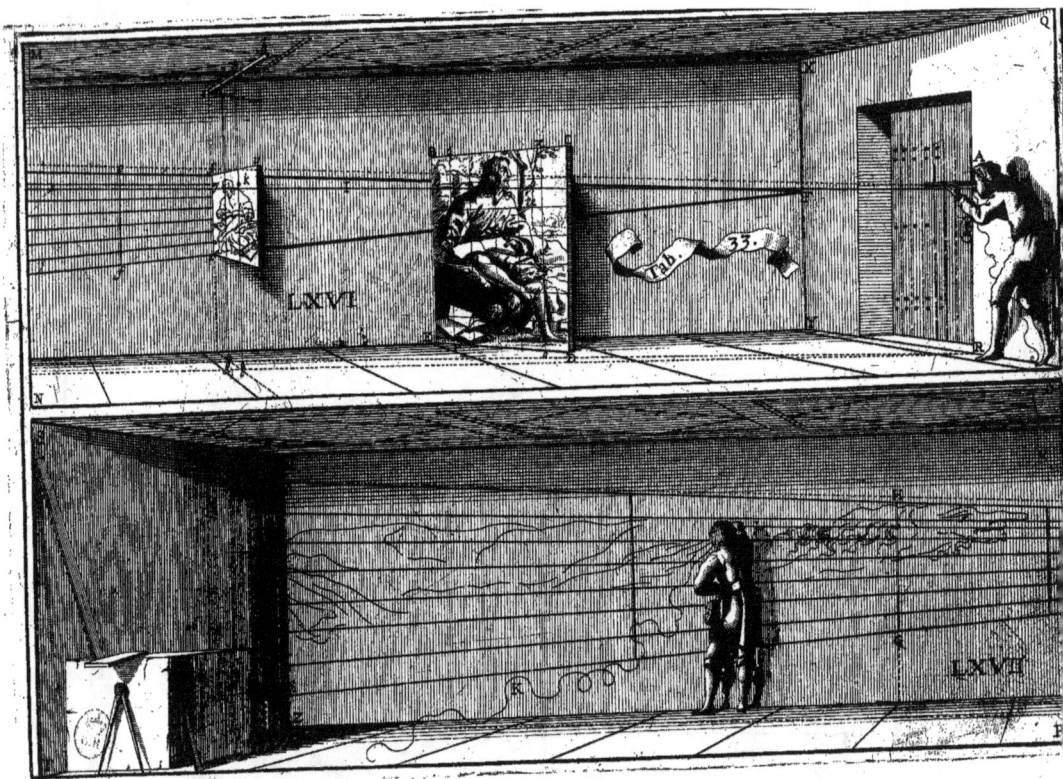

LXVI

LXVII

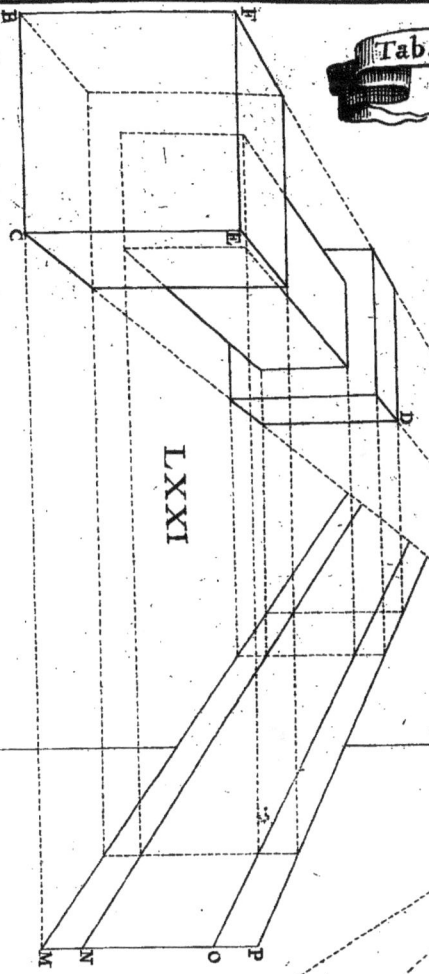
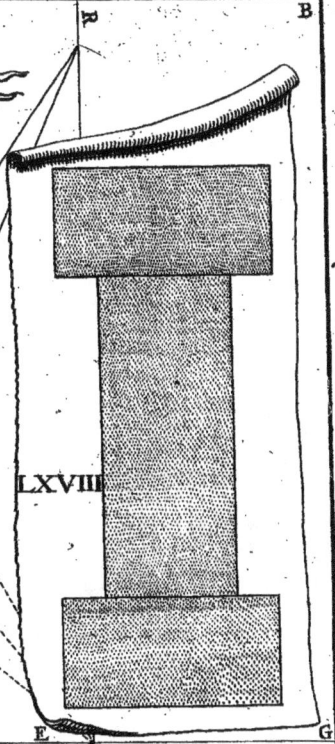
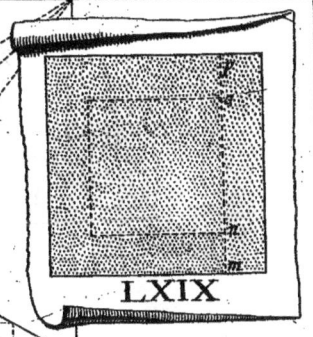
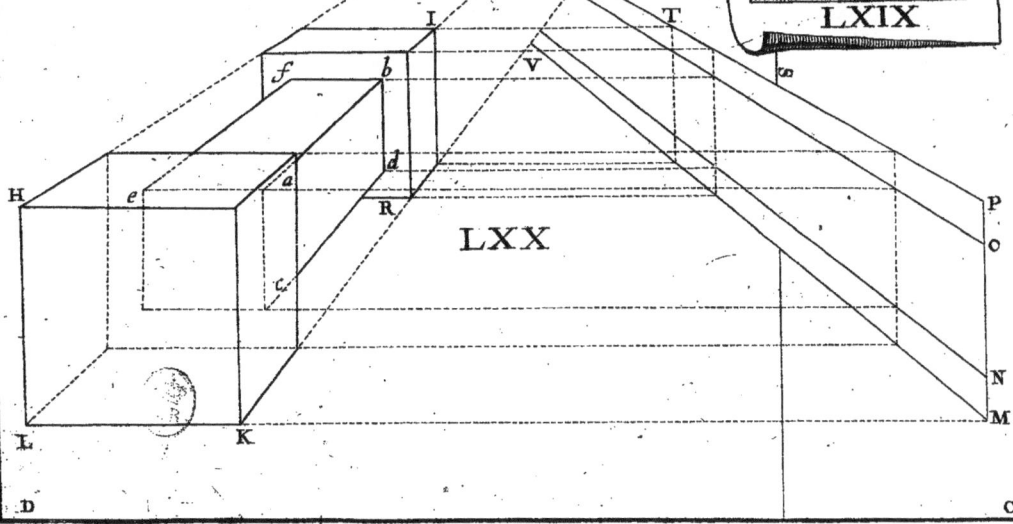

Tab. 34.

LXXI

LXVIII

LXIX

LXX

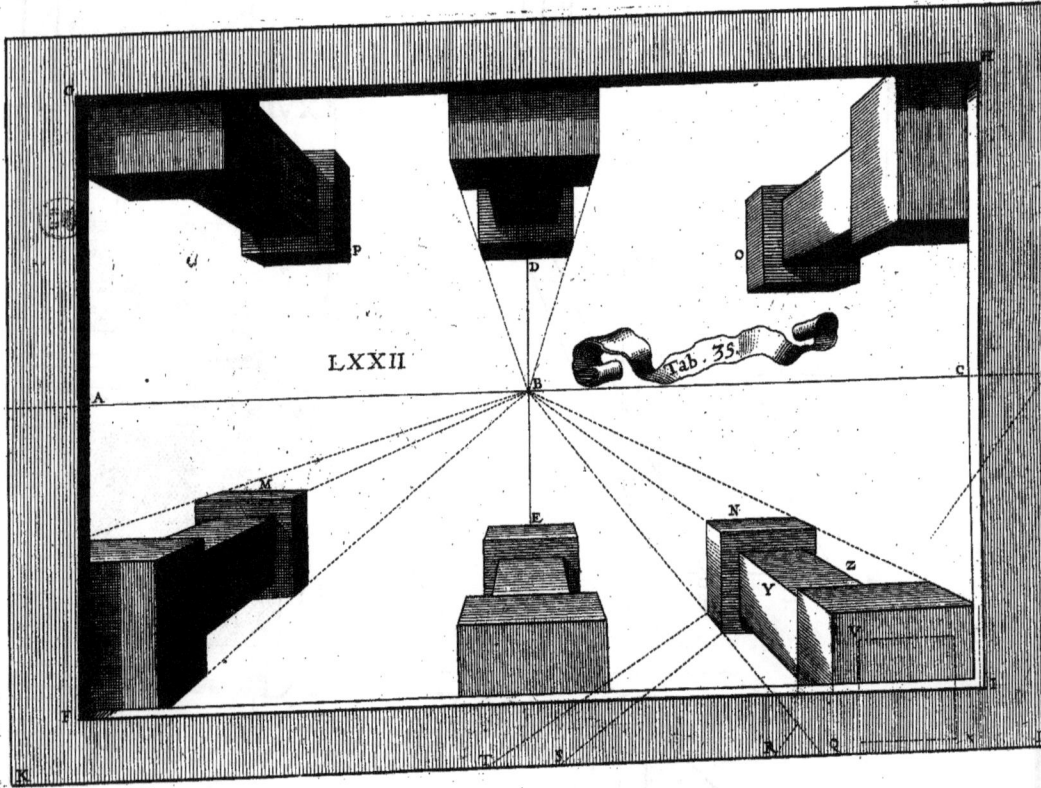

LXXII

Tab. 35.

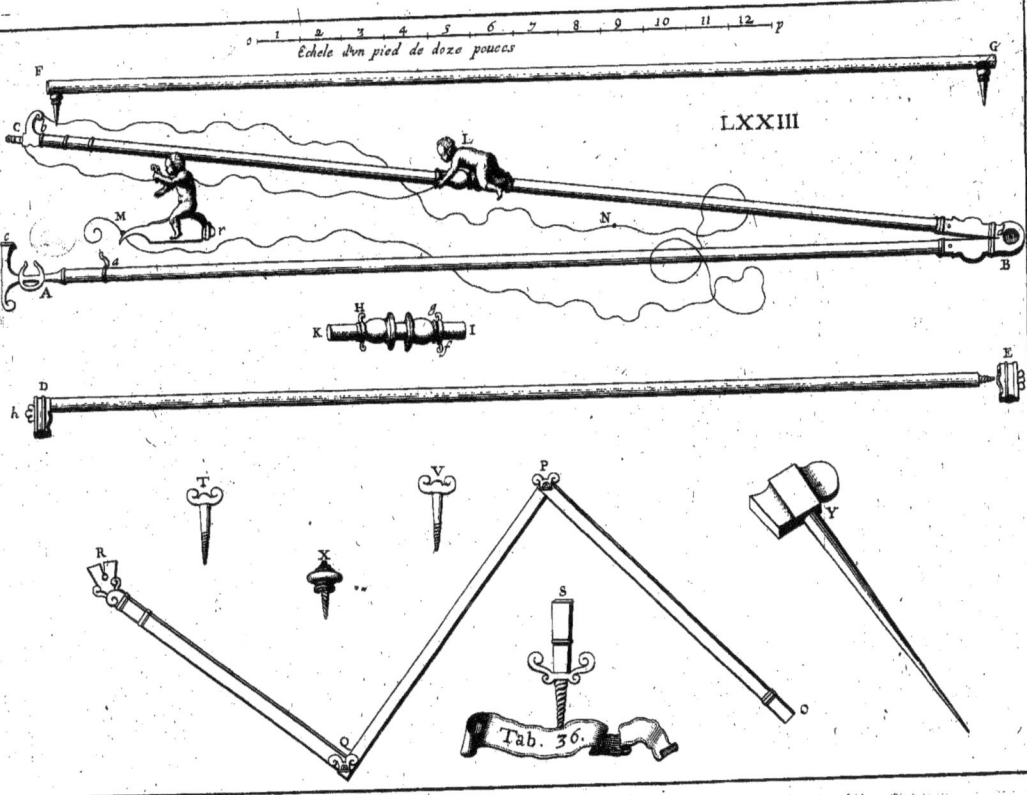

Echele d'vn pied de doze pouces

LXXIII

Tab. 36.

Tab. 37.

LXXIV

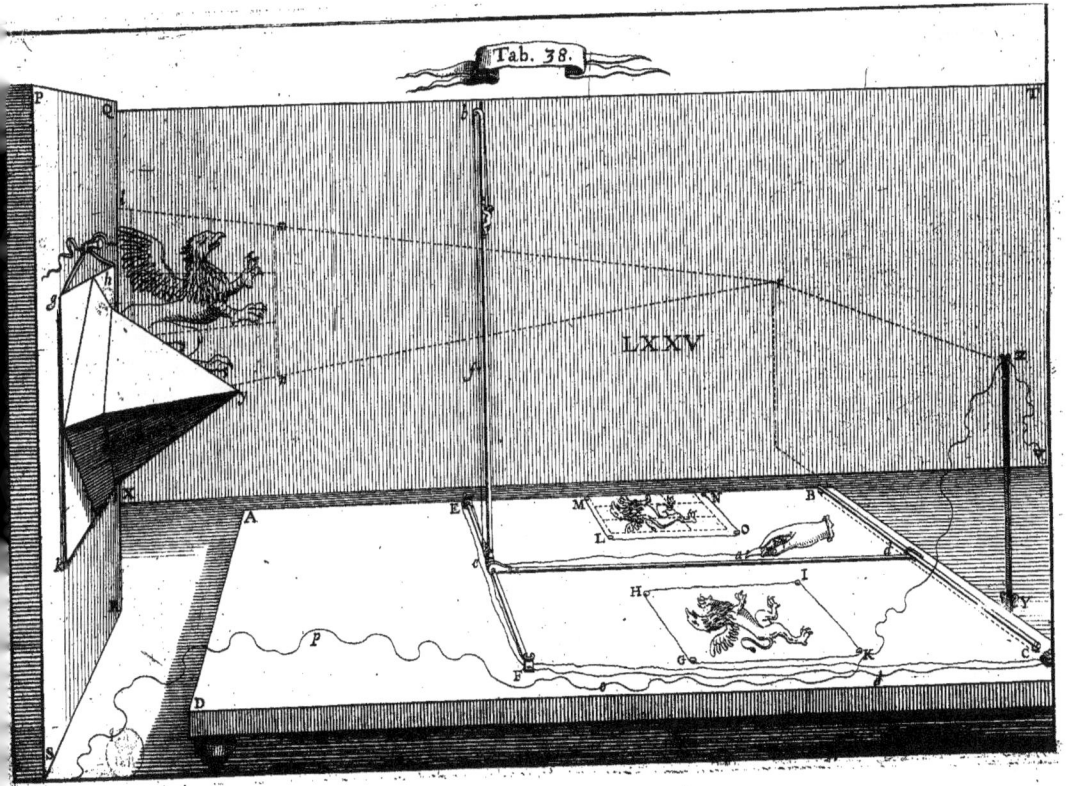

Tab. 38.

LXXV

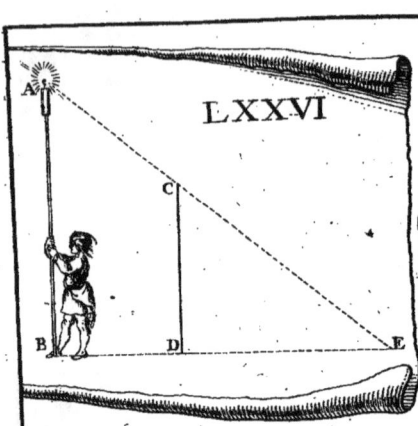

LXXVI

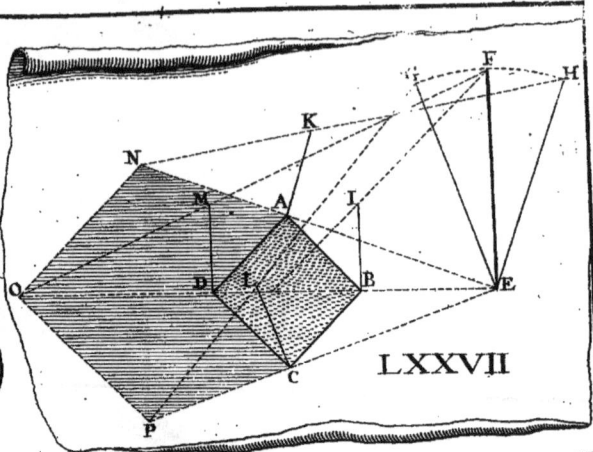

LXXVII

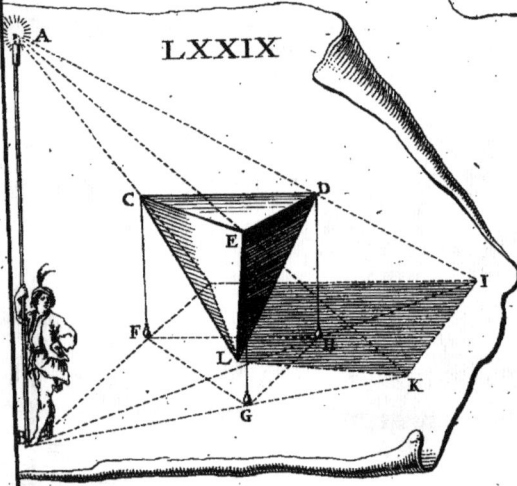

LXXIX

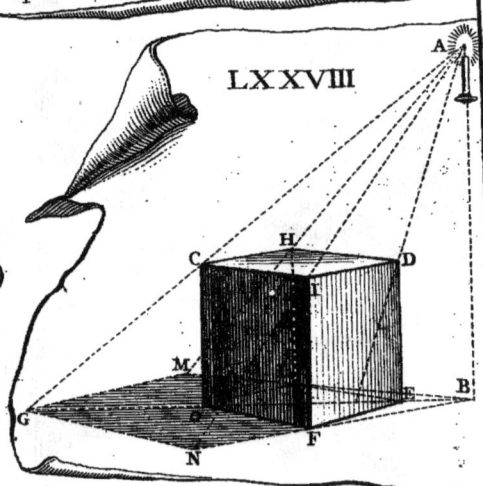

LXXVIII

Tab. 39.

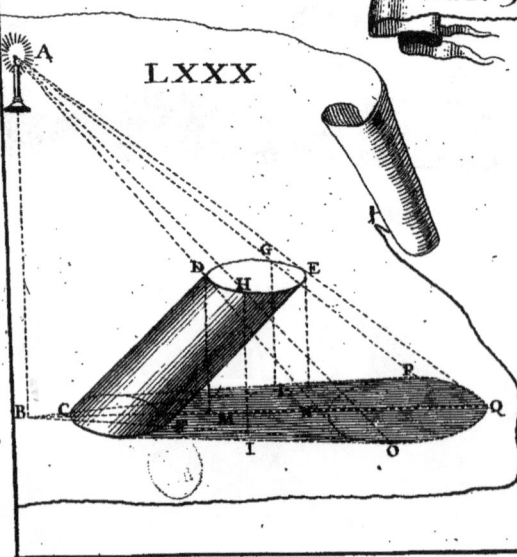

LXXX

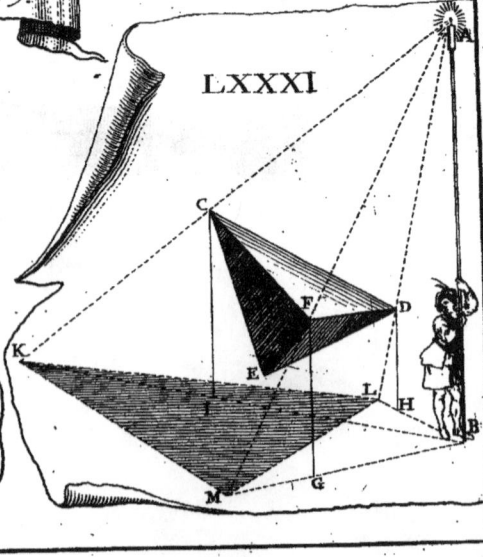

LXXXI

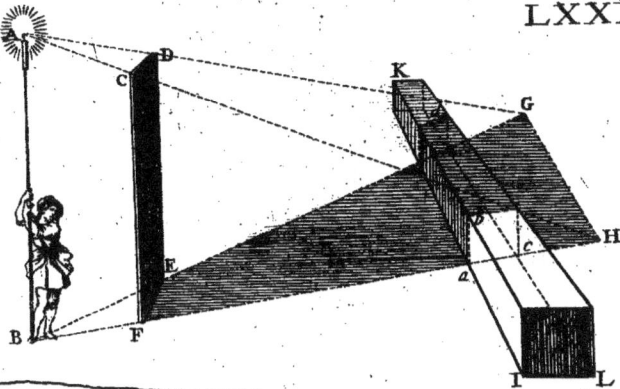

LXXXII

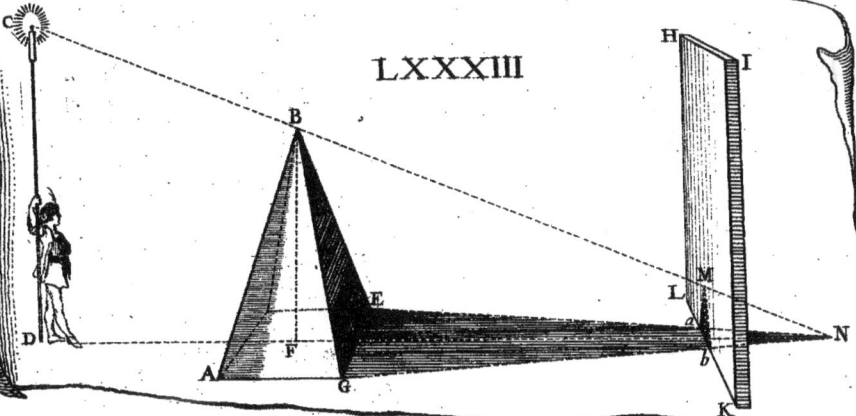

LXXXIII

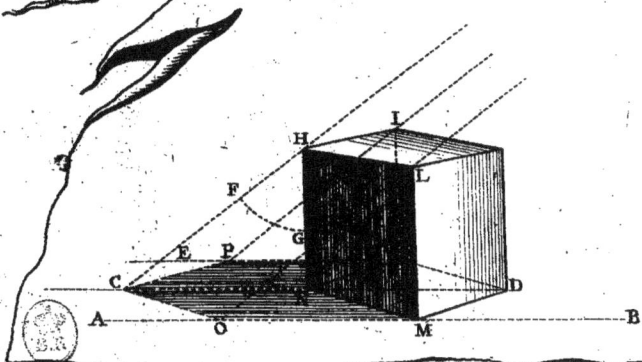

LXXXIV

LXXXV

Tab. 41.

LXXXVI

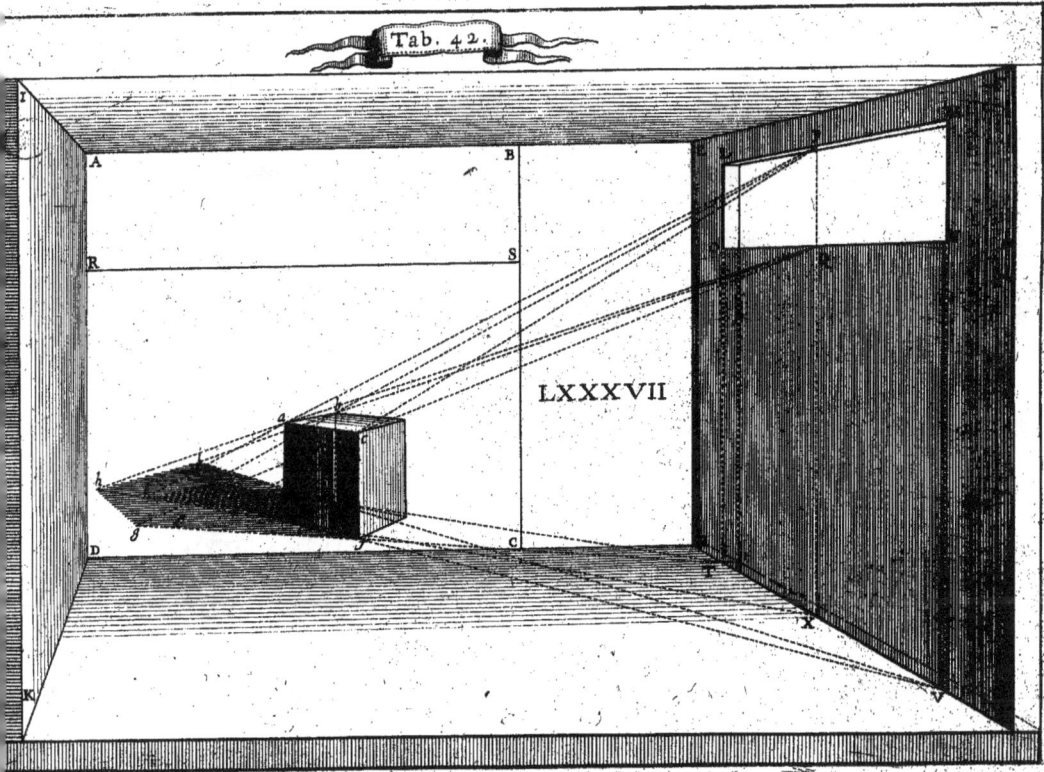

Tab. 42.

LXXXVII

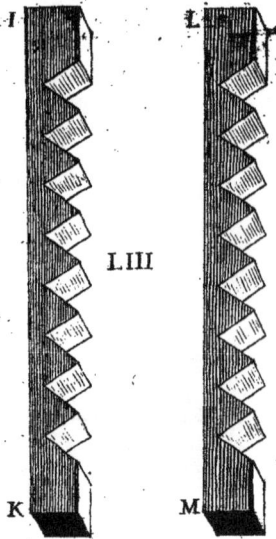

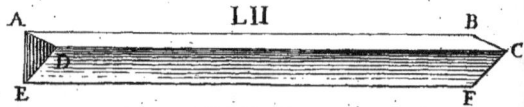

LV

LIII

LI

LIV

A
B
C
D
E
F
G
H

I   L

K   M

FRANCISCVS
PRIMVS
DEI   GRATIA
FRANCORVM
REX
CHRISTIANISSIMVS
ANNO   DOMINI
CIƆIƆ XV.

LVI

A   B
D   C

E   F

A   LII   B
D   C
E   F

Tab.   43

Ioan Blanchin Incidit.

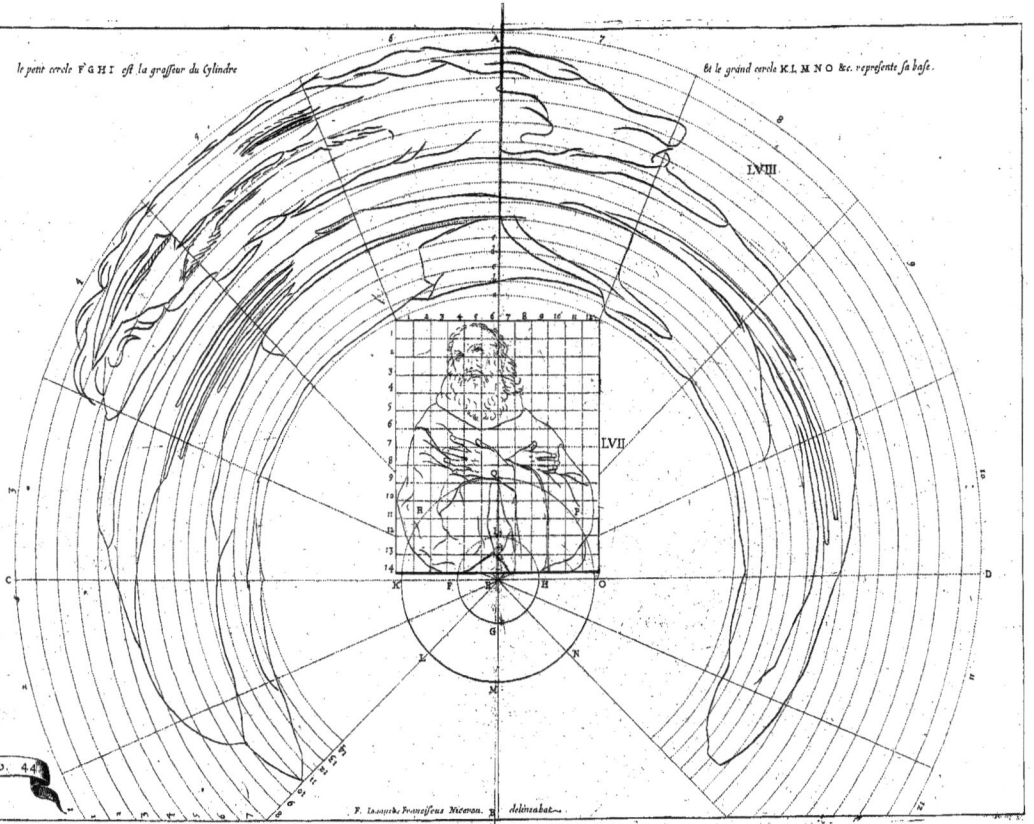

le petit cercle F G H I est la grosseur du Cylindre

& le grand cercle K L M N O &c. represente sa base.

LVIII

LVII

Tab. 44.

F. Iasques François Niceron. delineabat.

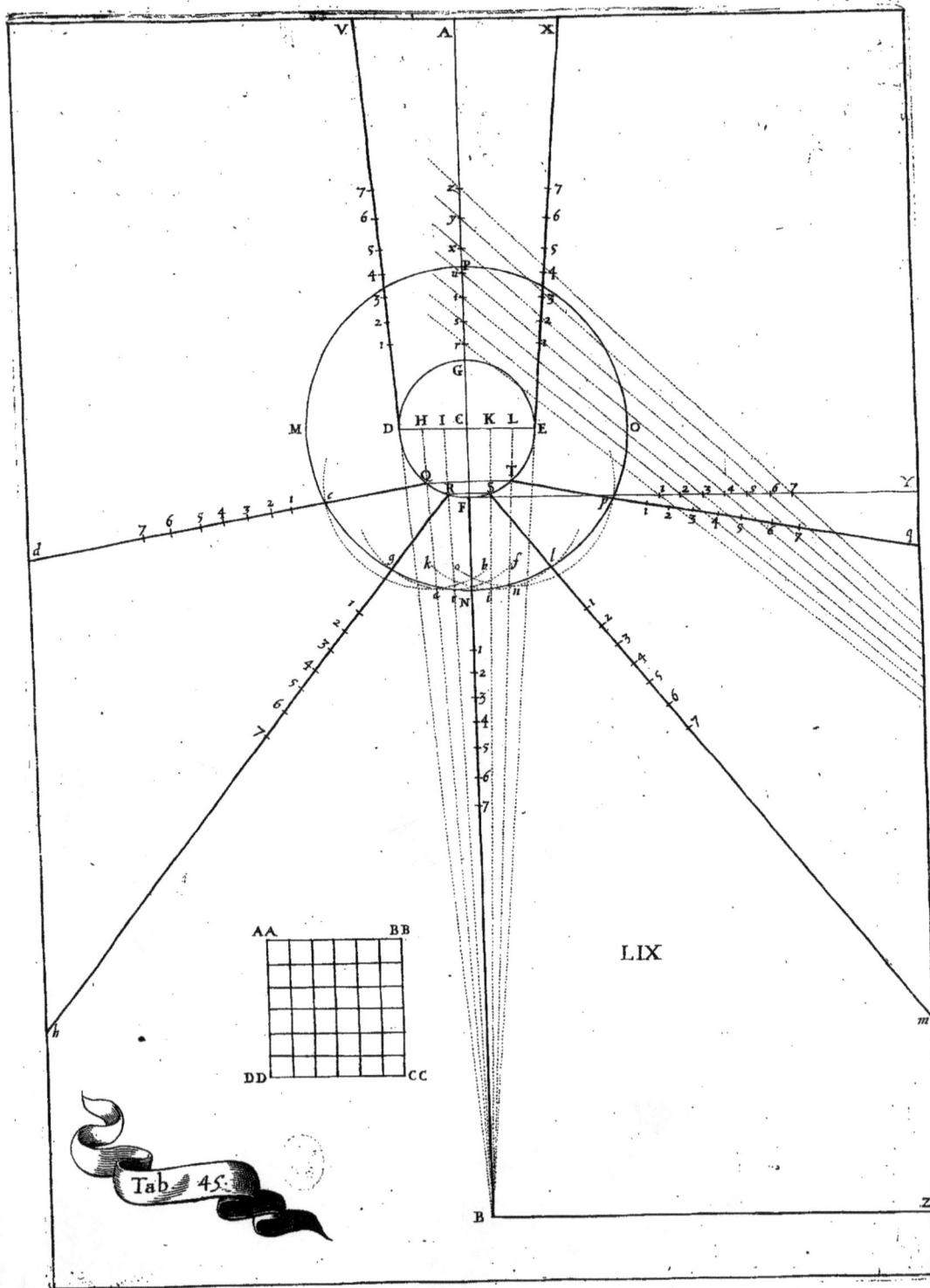

V A X

7
6
5
4
3
2
1

2
3
4
5
6
7

G

M D H I C K L E O

Q T

R   Y

F

7 6 5 4 3 2 1   1 2 3 4 5 6 7

d   q

g k o k f l

d N b u

1
2
3
4
5
6
7

1
2
3
4
5
6
7

AA   BB

LIX

h   m

DD   CC

Tab. 45.

B   z

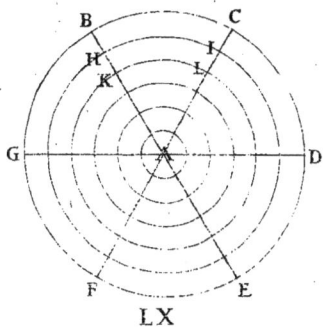

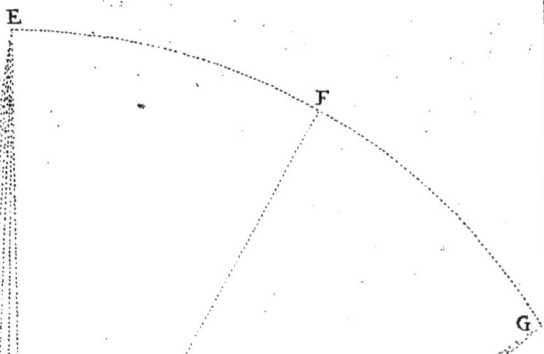

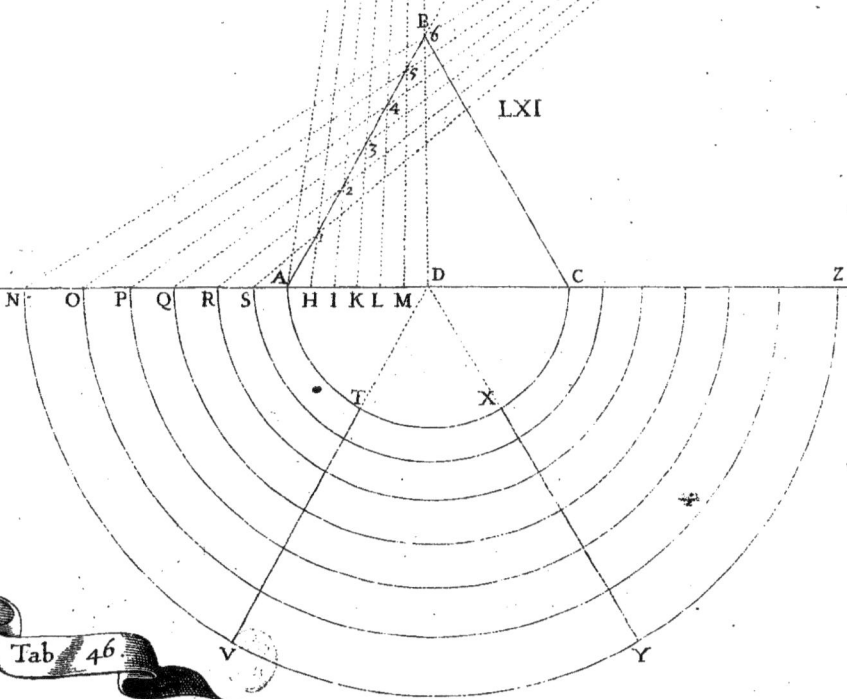

LX

LXI

Tab. 46

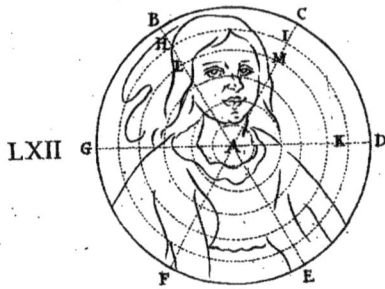

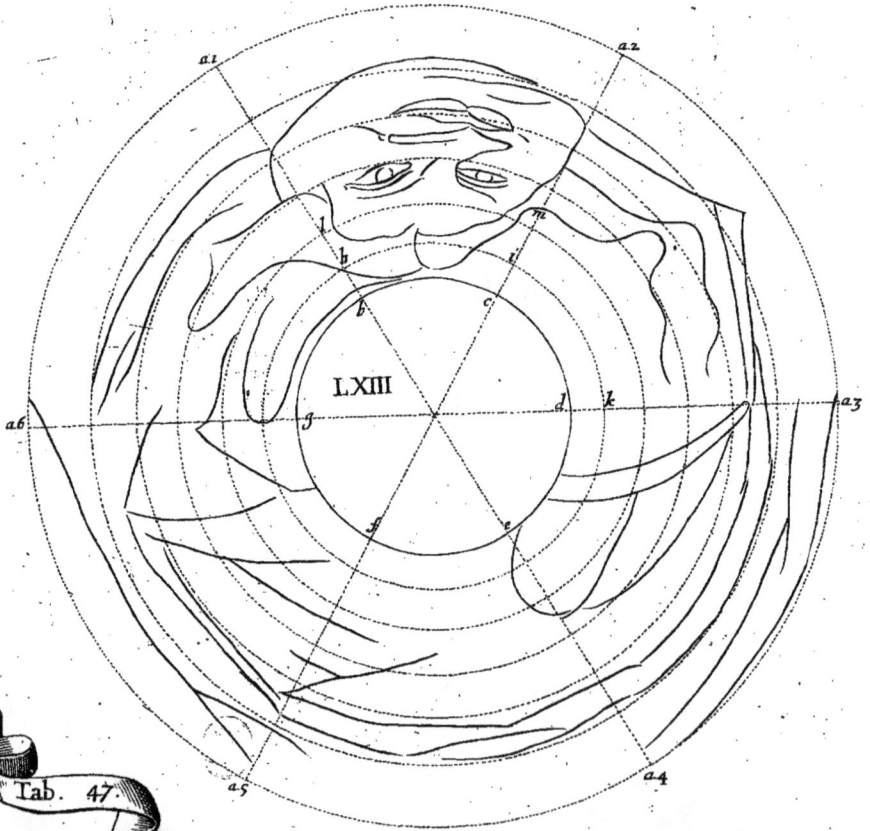

LXII

B

C

H

I

E

M

G A K D

F

E

LXIII

a1

a2

a6 a3

a5 a4

Tab. 47.

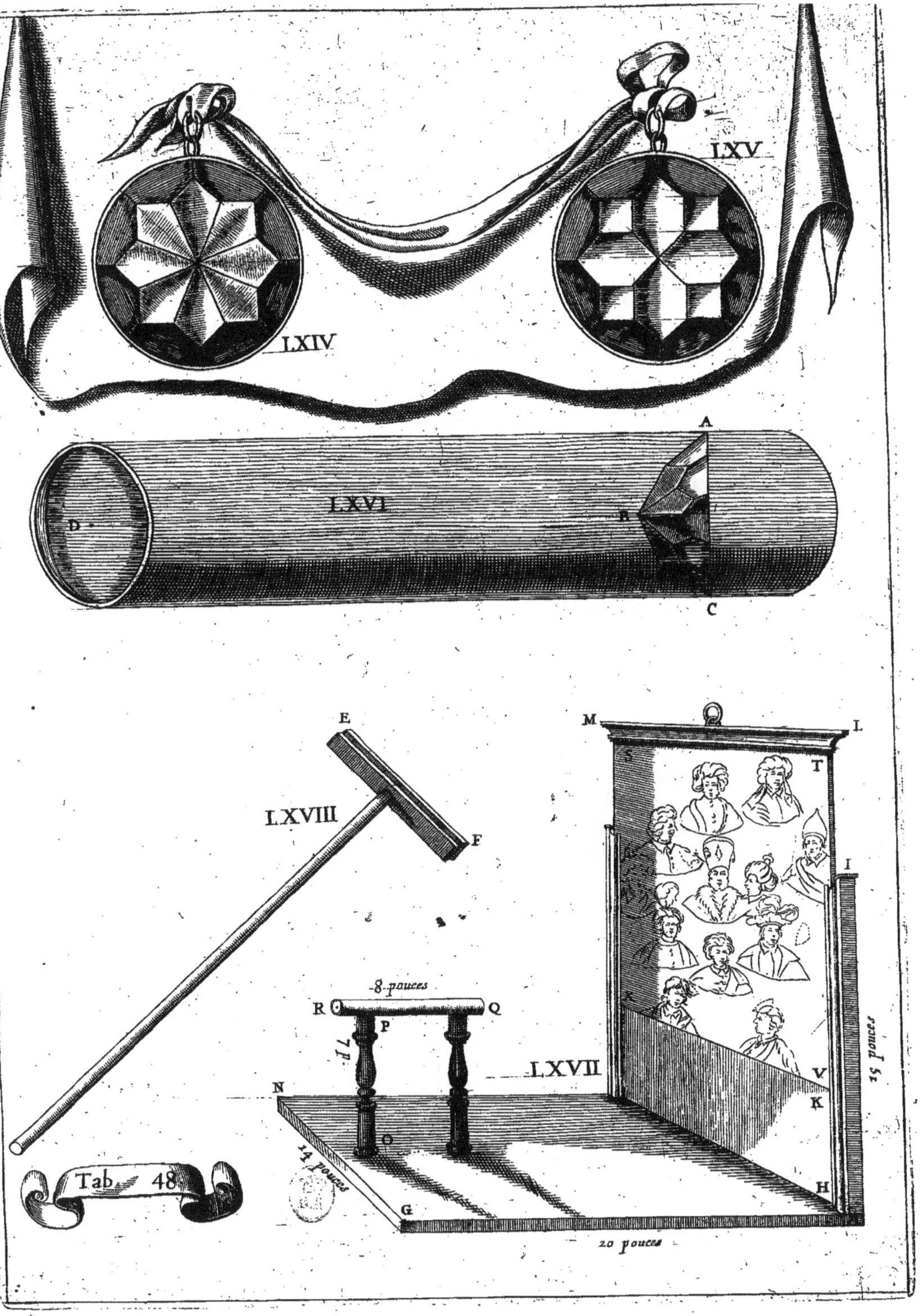

LXV

LXIV

A

LXVI

B

D

C

LXVIII

E

F

M   L

S   T

I

LXVII

8 pouces

R O   Q

P

7 P.

15 pouces

N

V

K

O

Tab. 48

14 pouces

G   H

20 pouces

LXIX

Amurathes IIII.

M N D E F O L C G B A H P K I Q

Tab. 49

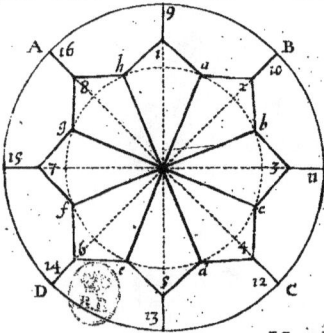

LXX

V T S R

LXXI

F. Ioan Franciscus Niceron Inuen.

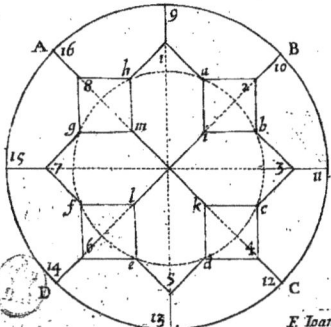

Tab. 50

LXXIII

LXXIV

X
V
T
S
R

F. Ioan. Franciscus Niceron Inuen.

www.ingramcontent.com/pod-product-compliance
Lightning Source LLC
Chambersburg PA
CBHW060549210326
41519CB00014B/3416